"十一五"国家重点图书　　计算机科学与技术学科前沿丛书

计算机科学与技术学科研究生系列教材（中文版）

计算机体系结构
（第2版）

胡伟武　汪文祥　吴瑞阳　陈云霁　肖俊华　章隆兵　著

清华大学出版社

北京

内容简介

这是一本强调从实践中学理念的计算机体系结构的教材。作者结合自身从事国产龙芯高性能通用处理器研制的实践,以准确精练、生动活泼的语言,将计算机体系结构的知识深入浅出地传授给读者。

全书共13章,第1~4章从计算机体系结构的研究内容和发展趋势、二进制和逻辑电路、指令系统结构等方面介绍计算机体系结构的基础内容。第5~7章从静态流水线、动态流水线、多发射数据通路等方面介绍指令流水线结构。第8~11章从转移预测、功能部件、高速缓存、存储管理等方面介绍处理器的模块级结构。第12章介绍多处理器结构。第13章主要介绍作者在龙芯处理器设计过程中的经验教训。

本书适合作为高等学校计算机专业的高年级本科生、研究生的教材,也可以作为相关工程技术人员的学习参考书。

本书封面贴有清华大学出版社防伪标签,无标签者不得销售。
版权所有,侵权必究。举报:010-62782989,beiqinquan@tup.tsinghua.edu.cn

图书在版编目(CIP)数据

计算机体系结构/胡伟武等著. —2版. —北京:清华大学出版社,2017(2023.10重印)
(计算机科学与技术学科前沿丛书)
(计算机科学与技术学科研究生系列教材(中文版))
ISBN 978-7-302-48368-7

Ⅰ.①计… Ⅱ.①胡… Ⅲ.①计算机体系结构-研究生-教材 Ⅳ.①TP303

中国版本图书馆 CIP 数据核字(2017)第 215761 号

责任编辑:张瑞庆
封面设计:傅瑞学
责任校对:李建庄
责任印制:曹婉颖

出版发行:清华大学出版社
网　　址:http://www.tup.com.cn,http://www.wqbook.com
地　　址:北京清华大学学研大厦 A 座　　　邮　编:100084
社 总 机:010-83470000　　　邮　购:010-62786544
投稿与读者服务:010-62776969,c-service@tup.tsinghua.edu.cn
质量反馈:010-62772015,zhiliang@tup.tsinghua.edu.cn
课件下载:http://www.tup.com.cn,010-83470236
印 装 者:三河市龙大印装有限公司
经　　销:全国新华书店
开　　本:185mm×260mm　　　印　张:17.5　　　字　数:421千字
版　　次:2011年6月第1版　2017年11月第2版　印　次:2023年10月第8次印刷
定　　价:49.80元

产品编号:069481-02

序言 1

"计算机体系结构"是计算机科学技术学科中计算机专业的一门专业必修课程。该课程的目标是培养计算机系统设计的专门人才,使其掌握计算机系统设计必须具备的专业知识,以及具有系统设计、分析、集成和评价的能力。

本书紧紧围绕"计算机体系结构"课程目标进行组织,主要内容分为4个部分:①计算机体系结构基础内容,包括计算机体系结构的研究内容和发展趋势、二进制和逻辑电路、指令系统结构等;②指令流水线结构,包括静态指令流水线、动态指令流水线、多发射指令流水线等;③处理器的模块级结构,包括转移猜测、运算部件、高速缓存、存储管理等;④多处理器结构,包括多处理器结构分类、多处理器系统的访存模型、存储一致性协议、cache一致性等。

本书的一大特色是由我国从事自主通用CPU设计的一线科研人员撰写,从一个CPU设计者的角度出发,强调内容选择的基础性(要了解体系结构背后的原理和思路)、体系结构设计者需要具备知识的系统性(要做到"上知天文,下知地理")、体系结构设计的实践性(要做work on silicon 的设计)。

本书作者胡伟武研究员是我国自主通用龙芯CPU的总设计师,他在中国科学技术大学读本科时就研制开发了能够运行8086指令集的处理器,2002年曾研制出我国首款高性能通用处理器龙芯1号,之后陆续研制出龙芯2号和龙芯3号处理器等,在处理器设计方面具有丰富的理论知识和工程经验。

胡伟武研究员的人生目标之一就是为我国培养更多的掌握CPU设计技术的高端人才,使我国在高端CPU方面不受制于人。为此,他坚持在繁忙的龙芯处理器研制工作之余,在中国科学院研究生院讲授"计算机体系结构"课程,本书的出版将是他实现其人生目标的开始,也将对我国计算机科学技术的学科建设以及高素质的人才培养起到积极的推动作用。

陈国良
中国科学院院士
中国科学技术大学

序言 2

本书具有两个鲜明的特点：内容精练而实用，表述清楚而易懂。

作者花了很多心血反复筛选和提炼内容，讲授了二进制电路、指令系统、静态/动态流水线、高速缓存、存储管理、多处理器等计算机体系结构的基础知识，这些基础性的知识是"计算机体系结构"课程所必须讲授的基本内容。学生掌握了这些内容以及背后的原理，也就掌握了计算机体系结构的基本知识，为今后的研究、设计、工程实现、应用等工作奠定了坚实的基础。

本书涵盖了从系统软件支持到集成电路工艺实现的基本知识。比如，学懂了本书内容的学生，对存储管理而言，自己就能够从操作系统支持、体系结构设计到版图级工艺实现，理出一条基本的脉络。

在学习过程中，精读本书的内容，加上与本书配套的课程作业和动手动脑实践，可能比阅读几本翻译过来的冗长的国外教科书更有助于理解和掌握"计算机体系结构"的基本知识。本书比国外教科书更适合作为一学期的"计算机体系结构"课程教材。

"计算机体系结构"是一门比较难的必修课，一个原因是该领域里的创新多而杂，使得很多教科书变得冗长，尤其是国外原版书，往往有近千页的篇幅。本书的写作，从内容提炼、谋篇布局、概念表达到语言风格，都花费了很多心血，以求在近三百页的篇幅中清楚地表述出"计算机体系结构"的基本知识，使得全书内容可以在一学期之内讲完。

本书在布局上，特别强调循序渐进。例如，在讲述指令流水线这个计算机体系结构的核心内容时，先讲静态流水线（高速路），后讲动态流水线（可超车），再讲多发射（多车道）。本书中的概念和原理都有对应的具体实例，避免了一些教科书中存在的概念和原理陈述空洞的缺点。本书全篇使用了"授课型"语言，使得其内容更通俗易懂。

本书还是一本历经了十余年实践检验的教科书，凝聚了作者多年来研制龙芯处理器的科研和工程实践经验以及多年在中科院研究生院授课的实践经验。

自 1978 年走进大学校门以来，我读过上百部《计算机体系结构》教科书。但读完这本《计算机体系结构》，我体会到了本书写作风格的最大特点：它是以第一人称方式写成的。以第一人称方式写出的计算机科学技术领域的教科书，我还是第一次看见。第一人称写作方式缩短了作者与读者、教师与学生的距离，体现了作者的承诺。

中科院计算所正在与高校和出版社合作，以龙芯和 LAMP 等开放式平台为基础，构建计算机体系结构二级学科的精品课程。《计算机体系结构》的出版，为这项战略性工作奠定了一块基石，也为我国"计算机体系结构"的教学提供了一部高质量的、实用的教科书，对于推动我国计算机科学技术学科的建设和加快高质量人才的培养计划，都具有现实意义。

徐志伟
中国科学院计算技术研究所

前　言

2002年初，我刚开始龙芯处理器的研制没多久，中科院计算技术研究所负责研究生教育的徐志伟老师就找我说有没有可能在计算技术研究所开设一门计算机系统结构方面的"大课程"。他进一步解释说，在国外很好的学校经常有这样的课程，让学生每天都忙得"死去活来"，熬夜到凌晨两三点才能完成作业，但从中还"真正能学到东西"。我便欣然应允。

我从2002年秋季开始给计算技术研究所博士生开设"处理器设计"课程，讲课后才知道给学生上课比做研究难。一方面是因为授课比做研究在内容上要求更加全面系统，尤其是讲体系结构课程，除了体系结构本身外，还需要对操作系统、编译器原理、晶体管原理和基本工艺流程等相关领域的知识融会贯通；另一方面做研究时很多内容只要宏观了解就可以了，但授课就必须对其搞清楚，不清楚就不敢讲或者讲起来不生动。例如，在龙芯处理器设计时我安排了专门的人负责浮点模块，因为自己对于IEEE的浮点数据格式标准只是大致了解，但要给学生讲自己就得搞清楚；又如，在讲TLB时，就得搞清楚操作系统的存储管理，否则越讲学生就越糊涂。基于上述原因，这门课程几乎花掉了我前3年的所有业余时间，每一讲都至少需要花一周的时间做准备，而且每一年都要对讲义做大幅度调整，成为一个沉重的负担。经过3年的积累，课程的章节框架才基本定型。

在此基础上，2005年开始在中国科学院研究生院同时针对硕士和博士讲授"高性能计算机系统结构"课程。硕士和博士课程的主要区别在于作业和考试内容不同。由于要针对硕士讲授，因此在基础性方面又做了补充和加强，并根据授课的实际需要每年再对各章的内容进行了调整和完善。到2008年，准备根据讲课的内容出版一部教材，因此对2008年的讲授进行了录音整理。为了增加教材的可读性和趣味性，在整理教材时保持了第一人称的形式，同时尽量做到句子及内容的简洁和严谨。

本教材具有如下几个特点。

一是基础性，在快速变化的体系结构学科中总结出其中不变的原理性东西。计算机体系结构发展得很快，不断有新的内容出现，但几十年来积淀下来的东西并不多。关键是要发现快速变化中不变的原理性的东西，如果掌握了这些原理，就能以不变应万变。因此，在教材编写时"不赶时髦"且"不跟风"，把计算机体系结构在几十年的发展过程中形成的里程碑的工作讲透，重点介绍具体结构背后的原理和思路。

二是系统性，做到对体系结构、基础软件、电路和器件的融会贯通。根据我自己从事处理器设计的经验，一个体系结构的设计者就像一个带兵打仗的将领，结构设计就是"排兵布阵"。更重要的是要"上知天文，下知地理"。所谓"上知天文"，指的是在结构设计过程中要充分地了解与处理器联系紧密的操作系统、编译器以及应用程序的原理和行为；所谓"下知地理"，指的是在做结构设计时要充分考虑到所设计的模块和功能部件的电路和版图结构。

要做到一以贯之。例如在打字时,要很清楚地知道从按键盘到屏幕上出现一个字的过程中应用程序、操作系统、硬件、芯片、晶体管等的完整的交互行为。

三是实践性,做"在硅上工作(work on silicon)"的设计。在龙芯处理器的研发中深刻感觉到,计算机体系结构是实践性很强的学科。因此,在本教材的内容中充分结合了龙芯处理器研发过程中获得的体验,强调要做 work on silicon 的设计,而不要停留在 work on paper 的设计上。本教材的最后一章"实践是最好的课堂",通过龙芯研制过程中发生的 10 个故事来进一步强调学习计算机体系结构设计实践的重要性。此外,在教材的习题部分安排了不少需要学生动手实践的内容。这些习题是对内容的延伸,需要学生在领会教材内容的精神之后进行发挥。

由于体系结构这门学科发展迅速,涉及面广,因此本教材中难免有不当和疏漏之处,敬请批评指正。同时我也意识到,以活泼生动的形式编写教材是一种大胆的尝试,需要面临很多挑战。因此,非常欢迎使用本教材的教师和学生对本教材提出宝贵意见。

胡伟武

2017 年暑期

目 录

第1章 引言 ··· 1
   1.1 什么是 CPU ·· 1
   1.2 一以贯之 ·· 3
   1.3 本书的内容 ·· 4
   1.4 本书的习题与参考文献说明 ·· 5

第2章 计算机系统结构基础 ··· 6
   2.1 什么是计算机 ·· 6
   2.2 计算机的基本组成 ··· 7
   2.3 计算机系统结构的发展 ··· 9
   2.4 摩尔定律和工艺的发展 ··· 11
   2.5 计算机应用的发展趋势 ··· 14
   2.6 计算机系统结构发展趋势 ·· 15
   2.7 多核结构的发展及其面临的问题 ·· 18
   2.8 衡量计算机的指标 ·· 21
   2.9 性能评价 ·· 22
   2.10 成本评价 ·· 28
   2.11 功耗评价 ·· 30
   2.12 本章小结 ·· 32
   习题 ··· 32

第3章 二进制与逻辑电路 ··· 34
   3.1 计算机中数的表示 ·· 34
   3.2 MOS 管工作原理 ·· 37
   3.3 MOS 基本工艺 ··· 40
   3.4 逻辑电路 ·· 44
   3.5 CMOS 电路的延迟 ··· 47
   3.6 Verilog 语言 ·· 49
   3.7 本章小结 ·· 52
   习题 ··· 52

第 4 章 指令系统结构 ⋯⋯ 55

- 4.1 指令系统结构的设计原则 ⋯⋯ 55
- 4.2 影响指令系统结构设计的因素 ⋯⋯ 56
- 4.3 指令系统的分类 ⋯⋯ 58
- 4.4 指令系统的组成部分 ⋯⋯ 60
- 4.5 RISC 指令系统结构 ⋯⋯ 62
- 4.6 RISC 的发展历史 ⋯⋯ 64
- 4.7 不同 RISC 指令系统结构的比较 ⋯⋯ 65
- 4.8 本章小结 ⋯⋯ 71
- 习题 ⋯⋯ 71

第 5 章 静态流水线 ⋯⋯ 73

- 5.1 数据通路设计 ⋯⋯ 74
- 5.2 控制逻辑设计 ⋯⋯ 76
- 5.3 时序 ⋯⋯ 78
- 5.4 流水线技术 ⋯⋯ 79
- 5.5 指令相关和流水线冲突 ⋯⋯ 83
- 5.6 流水线的前递技术 ⋯⋯ 86
- 5.7 流水线和例外 ⋯⋯ 89
- 5.8 多功能部件与多拍操作 ⋯⋯ 90
- 5.9 本章小结 ⋯⋯ 93
- 习题 ⋯⋯ 93

第 6 章 动态流水线 ⋯⋯ 102

- 6.1 影响流水线效率的因素 ⋯⋯ 102
- 6.2 指令调度技术 ⋯⋯ 103
- 6.3 动态调度原理 ⋯⋯ 106
- 6.4 Tomasulo 算法 ⋯⋯ 109
- 6.5 例外与动态流水线 ⋯⋯ 114
- 6.6 本章小结 ⋯⋯ 122
- 习题 ⋯⋯ 123

第 7 章 多发射数据通路 ⋯⋯ 127

- 7.1 指令级并行技术 ⋯⋯ 127
- 7.2 保留站的组织 ⋯⋯ 128
- 7.3 保留站和寄存器的关系 ⋯⋯ 131
- 7.4 重命名寄存器的组织 ⋯⋯ 133
- 7.5 乱序执行的流水线通路 ⋯⋯ 137

7.6 多发射结构 ……………………………………………………………… 139
7.7 龙芯 2 号多发射结构简介 ……………………………………………… 140
7.8 本章小结 ………………………………………………………………… 142
习题 ……………………………………………………………………………… 143

第 8 章 转移预测 ……………………………………………………………… 146

8.1 转移指令 ………………………………………………………………… 146
8.2 程序的转移行为 ………………………………………………………… 148
8.3 软件方法解决控制相关 ………………………………………………… 151
8.4 硬件转移预测技术 ……………………………………………………… 155
8.5 一些典型商用处理器的分支预测机制 ………………………………… 162
8.6 本章小结 ………………………………………………………………… 164
习题 ……………………………………………………………………………… 164

第 9 章 功能部件 ……………………………………………………………… 167

9.1 定点补码加法器 ………………………………………………………… 167
9.2 龙芯 1 号的 ALU 设计 ………………………………………………… 172
9.3 定点补码乘法器 ………………………………………………………… 176
9.4 本章小结 ………………………………………………………………… 183
习题 ……………………………………………………………………………… 183

第 10 章 高速缓存 …………………………………………………………… 185

10.1 存储层次 ………………………………………………………………… 185
10.2 cache 结构 ……………………………………………………………… 187
10.3 cache 性能和优化 ……………………………………………………… 191
10.4 常见处理器的存储层次 ………………………………………………… 199
10.5 本章小结 ………………………………………………………………… 201
习题 ……………………………………………………………………………… 202

第 11 章 存储管理 …………………………………………………………… 204

11.1 虚拟存储的基本原理 …………………………………………………… 204
11.2 MIPS 处理器对虚存系统的支持 ……………………………………… 207
11.3 Linux 操作系统的存储管理 …………………………………………… 210
11.4 TLB 的性能分析和优化 ………………………………………………… 215
11.5 本章小结 ………………………………………………………………… 217
习题 ……………………………………………………………………………… 217

第 12 章 多处理器系统 ……………………………………………………… 219

12.1 共享存储与消息传递系统 ……………………………………………… 219

12.2 常见的共享存储系统 ………………………………………………………… 223
12.3 共享存储系统的指令相关 …………………………………………………… 225
12.4 共享存储系统的访存事件次序 ……………………………………………… 228
12.5 存储一致性模型 ……………………………………………………………… 229
12.6 cache一致性协议 …………………………………………………………… 233
12.7 本章小结 ……………………………………………………………………… 238
习题 …………………………………………………………………………………… 238

第 13 章 实践是最好的课堂 …………………………………………………………… 240
13.1 龙芯处理器简介 ……………………………………………………………… 240
13.2 硅是检验结构设计的唯一标准 ……………………………………………… 244
13.3 设计要统筹兼顾 ……………………………………………………………… 251
13.4 设计要重点突出 ……………………………………………………………… 257
13.5 皮体系结构设计 ……………………………………………………………… 260
13.6 本章小结 ……………………………………………………………………… 261

参考文献 …………………………………………………………………………………… 262

后记 ………………………………………………………………………………………… 265

第 1 章 引 言

本章的目的是围绕CPU的设计介绍计算机系统结构，希望通过本章的学习能够做到对CPU不仅知其然，而且知其所以然。

1.1 什么是CPU

什么是CPU？我女儿6岁的时候给了一个答案，她说CPU就是在一张纸上画些方块，然后用线和箭头把这些方块连起来，再写上几个字，涂上点颜色，最后一烧，烧出一个亮晶晶的小方块。这是因为那时候我在设计龙芯1号的结构，经常在纸上画来画去，她问我画的是什么，我说是CPU。这就是一个6岁孩子心目中的CPU。

关于CPU，我们比她多知道些什么东西？我相信大多数人都会用计算机，会用计算机一点儿不稀奇，计算机能够普及，就是因为它好用。我女儿在摇篮里就开始玩计算机(见图1.1)，我一个同事的孩子5岁的时候就可以用计算机画出很有创意的画(见图1.2)。

图 1.1 在摇篮里玩计算机

言归正传，开设计算机体系结构这门课程的主要目的，不是学习怎么用计算机，而是学习怎么造计算机。很多非计算机专业的学生用计算机用得比计算机专业的学生都好。计算机体系结构、操作系统、编译原理、数据库原理等计算机专业的核心课程就是研究怎么造计算机的，是计算机专业学生的看家本领。可惜改革开放以来，我国主要使用国外的CPU和操作系统"攒"计算机，我们自己没有造计算机的机会，所以这个看家本领也就慢慢生疏了。

图 1.2 一个5岁孩子在计算机上完成的作品

从体系结构图的角度，设计CPU确实就是画一些方块，再用线把它们连起来。图1.3

是一个 5 岁孩子画的 CPU 结构图。图 1.4 是一个 8 岁孩子画的 CPU 结构图，里边还有一个 PCI 模块。图 1.5 是我画的龙芯 2 号 CPU 结构图。

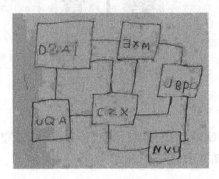

图 1.3　一个 5 岁孩子画的 CPU 结构图

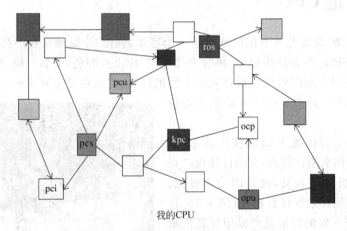

图 1.4　一个 8 岁孩子画的 CPU 结构图

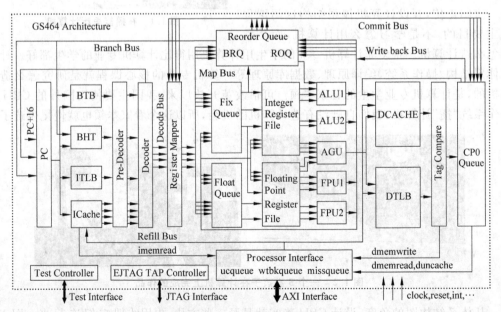

图 1.5　龙芯 2 号 CPU 结构图

这几个图有什么区别？与那两个小孩画的图相比，我画的结构图除了线直一些、方框方一些、字多一些、布图规整一些以外，还有其他不同吗？我们当然不能把对计算机体系结构的认识仅停留在画方框和连线的阶段。

1.2　一以贯之

请看一个很简单、很平常的问题：演示 PPT 时，为什么按一下键盘，PPT 会翻一页？这是一个什么样的过程？在这个过程中，应用程序（PowerPoint）、操作系统（Windows）、硬件系统、CPU 是怎么协同工作的？

下面介绍在用龙芯 CPU 构建的系统中，从按一下键盘到翻动一页幻灯片的原理性过程。

按一下键盘，键盘会产生一个信号送到南桥芯片，南桥芯片把键盘送过来的编码保存在一个寄存器中，并向处理器发出一个外部中断信号。

这个外部中断信号被传送到龙芯 CPU 的控制寄存器模块，保存在其中一个称为 Cause 的控制寄存器中。MIPS 架构中另外一个称为 Status 的控制寄存器有屏蔽位来确定是否处理这个外部中断信号。

没有被屏蔽的中断信号被附在一条译码后的指令上传送到重排序缓存中（Reorder Buffer）。在龙芯处理器中，外部中断被作为一种例外来处理，发生例外的指令不会被送到运算部件去执行，当这条指令成为重排序缓存的第一条指令时，CPU 处理例外（为了给操作系统一个精确的现场，要把例外指令前面的指令都执行完并把后面的指令都取消）。

重排序缓存向所有的模块发出一个取消信号，取消该指令后面的所有指令；修改控制寄存器，把系统设为核心态；把例外原因、发生例外的程序计数器（Program Counter, PC）等保存到指定的控制寄存器中；然后把程序计数器的值置为 0x80000180 这个例外处理入口地址进行取指。

0x80000180 是 MIPS 结构指定的操作系统例外处理入口地址。处理器跳转到 0x80000180 后执行操作系统代码。操作系统首先保存处理器现场，包括寄存器内容等。保存现场后，操作系统向 CPU 的控制寄存器读例外原因，发现是外部中断例外，就向南桥的中断控制器读中断原因，读的同时清除南桥的中断位。读回来后发现中断原因是有人按了空格键。

接下来，操作系统要查找读到的空格是给谁的，有没有进程处在阻塞状态等待键盘输入。大家都学过操作系统的进程调度，知道进程至少有 3 个状态：运行态、阻塞态、睡眠态，进程在等待 I/O 输入时处在阻塞态。这时，操作系统发现有一个名为 PowerPoint 的进程处于阻塞态，这个进程会对空格键有所响应，将 PowerPoint 唤醒。

PowerPoint 被唤醒后处在运行态，它发现操作系统传过来的数据是一个键盘输入空格，表示要翻页。PowerPoint 就把下一页要显示的内容准备好，调用显示驱动程序，把要显示的内容送到显存里面。主板上的显示控制器会定期自动地访问显存、刷新屏幕。这就达到了翻页的效果。

如果有读者对上述过程非常了解，非常清楚从按下键盘到屏幕翻页这个过程中，计算机硬件系统、CPU、操作系统、应用程序都干了些什么事，怎么干的，互相是怎么协同的，那他就不用学习本教程了,因为这正是我想通过本教材让大家知道的。

这门课程的名称叫计算机体系结构,是研究怎么造计算机的,而不是怎么用计算机的。换言之,我们不是要学习驾驶汽车,而是要学习如何造汽车。一个计算机体系结构设计者就像一个带兵打仗的将领,要学会"排兵布阵"。但如果他不知天文、不知地理就不会"排兵布阵",或者只会纸上谈兵地"排兵布阵"就会贻误军机。对计算机体系结构设计者来说,"排兵布阵"指的就是体系结构设计,"上知天文"就是要了解和熟悉应用程序、操作系统、编译器的行为特征,"下知地理"就是要了解和熟悉逻辑、电路、工艺的特点。要做到对应用、系统、结构、逻辑、电路、器件等方面知识的融会贯通。就像《论语》中说的,"吾道一以贯之"。

在本教程中,"系统结构"和"体系结构"两个词混合使用,并不作严格区分。但一般来说,"体系结构"更侧重处理器结构,而"系统结构"则更强调整个计算机系统。

1.3 本书的内容

本书主要内容分为4部分。第1~4章为第一部分,从计算机体系结构的研究内容和发展趋势、二进制和逻辑电路、指令系统结构等方面介绍计算机系统结构的一些基础内容。第5~7章为第二部分,从静态流水线、动态流水线、多发射数据通路等方面介绍指令流水线结构。第8~11章为第三部分,从转移预测、功能部件、高速缓存、存储管理等方面介绍处理器的模块级结构。第12章为第四部分,介绍多处理器结构。另外,第13章作为附加部分,主要介绍在龙芯处理器设计过程中的实际故事及体会。

第1章为引言,主要引出什么是CPU,学习本教材的目的以及教材内容。

第2章介绍计算机系统结构基础。主要内容包括计算机的基本概念,影响计算机系统结构的主要因素及其发展趋势,计算机中性能、功耗、成本等重要指标的计算等。

第3章介绍二进制与逻辑电路。主要内容包括计算机中数的表示,CMOS电路原理,组合逻辑和时序逻辑,电路的延迟,从一个行为级描述到版图的设计过程等。

第4章介绍指令系统结构。主要内容包括影响指令系统结构的因素,指令系统的组成,RISC指令系统结构特点及其发展历史,不同指令系统结构的比较以及指令应用与实现的一些例子等。

第5章介绍静态指令流水线。通过完成一个简单CPU的设计来介绍CPU的数据通路、静态指令流水线、指令相关对流水线的影响、静态流水线的数据前递(Forward)技术、流水线与例外处理等。

第6章介绍动态指令流水线。主要内容包括程序中指令相关与流水线阻塞的关系,通过软件优化避免指令相关引起的阻塞,以及通过保留站、寄存器重命名、重排序缓存实现指令在流水线中"有序进入、乱序执行、有序结束"。打个比方,静态指令流水线相当于在车道上不能超车,前面有辆拖拉机在慢慢地开,时速200km的保时捷也只能跟在拖拉机后面跟着;动态指令流水线就是可以超车;多发射就是多车道。

第7章介绍乱序执行流水线以及多发射流水线的指令和数据通路。首先从保留站的组织方式、保留站和寄存器的关系以及寄存器重命名方式等方面,对乱序执行流水线的组织结构进行归纳,然后在此基础上对多发射流水线的特点进行深入分析。

第8章介绍转移预测技术。在对程序中转移指令的行为进行分析的基础上,分别从软件和硬件的角度介绍解决转移指令引起的控制相关的方法，并介绍常见处理器的转移预测机制。

第9章以定点补码加法器和乘法器为例，介绍计算机体系结构中算术算法的原理、结构和设计。定点加法的重点是进位链的设计，定点减法可以通过定点加法实现；定点补码乘法要掌握补码乘法的原理、两位 Booth 乘法以及华莱士树。

第10章介绍高速缓存设计和存储层次。冯·诺依曼结构中一个永恒的主题是怎样给处理器提供稳定的指令和数据流，喂饱"饥饿"的 CPU。因此，转移猜测技术和高速缓存（cache）技术一直是计算机系统结构的研究热点，前者给处理器提供稳定的指令流，后者给处理器提供稳定的数据流。即使经过几十年的研究，目前也只是给处理器喂了个半饱。例如在4发射结构中，平均 IPC（每拍执行的指令数）能够达到2就相当不错了。本章首先介绍存储层次的概念，然后介绍 cache 的基本概念、性能和优化技术，最后介绍一些常见处理器的存储层次。

第11章介绍存储管理技术。处理器的存储管理部件（Memory Management Unit, MMU）支持虚实地址转换、多进程空间等功能，是通用处理器体现其"通用"性的重要单元，也是处理器与操作系统交互最紧密的部分。本章的主要内容包括虚拟存储的基本原理，MIPS 处理器对虚存系统的支持，Linux 操作系统的存储管理以及虚存系统的优化等。

第12章介绍多处理器技术。多处理器已经成为目前高性能通用处理器设计的主流。本章主要内容包括多处理器结构分类，多处理系统的访存模型，存储一致性模型，cache 一致性协议等。

第13章主要通过在龙芯处理器设计过程中发生的10个真实的故事（其中多数是教训）来说明在学习计算机结构设计中实践的重要性。在课堂上学习的东西，如果不能在实践中灵活地运用，终究是纸上谈兵，没有学通。硅是检验结构设计的唯一标准，好的结构设计既要统筹兼顾，又要重点突出。在硅上工作（work on silicon）而不是在纸上工作（work on paper）的设计态度，对软件、硬件及工艺的融会贯通，以及坚持精益求精的持续改进，是一个优秀计算机系统结构设计者应该具备的3个必要品质。

1.4 本书的习题与参考文献说明

本书主要面向博士和硕士研究生、高年级本科生以及相关专业的工程技术人员。

本书安排的习题，不仅仅是对书中内容的复习，更是对书中内容的补充和提高。有些习题具有实验的性质，需要动手做一些简单的设计。全书习题一共有100道，安排在每章后面，其中带 * 的题难度较大，尤其是具有较强的实践性，只要求计算机专业的博士生完成。

本书后面的参考文献，都是计算机体系结构方面的经典著作，从几百篇文献的列表中精心挑选出来，剩下不超过50篇，值得去精读。

第 2 章
计算机系统结构基础

2.1 什么是计算机

什么是计算机？大多数人认为计算机就是桌面上的电脑，实际上计算机已经深入到人类信息化生活的方方面面。除了大家熟知的个人电脑、服务器和工作站等通用计算机外，像手机、数码相机、数字电视、游戏机、打印机、路由器等设备的核心部件也都是计算机，都属于计算机体系结构的研究范围。也许此刻你的身上就有好几台计算机。

看几个计算机应用的例子。美国国防部有一个为期 10 年的加速战略计算计划（1994—2005）（Accelerated Strategic Computing Initiative，ASCI），为核武器模拟制造高性能计算机。20 世纪 90 年代，拥有核武器的国家签订了全面禁止核试验条约，凡是签了这个条约的国家都不能进行核试验，或者准确地说不能做带响声的核武器试验。这对如何保管核武器提出了挑战。核武器在仓库里放了 100 年以后，拿出来扔还能不能响？会不会放着放着它自己响起来？美国人就依靠计算机模拟来进行核试验。据美国国防部估计，为了满足 2010 年核武器管理的需要，需要每秒完成 $10^{16}\sim10^{17}$ 运算的计算机。现在桌面电脑的频率在 1GHz 的量级，G 就是 10^9，加上多发射和多核的并行，2010 年左右先进 CPU 的性能大约在 10^{10} 量级，即每秒百亿次运算。10^{16} 就需要几十万到上百万个这样的 CPU。2008 年美国发布了一台高性能计算机叫 Roadrunner，速度达到 10^{15}（PetaFlops），就是用于核模拟的。

高性能计算机的应用还有很多。例如，波音 777 是第一台完全用计算机模拟设计出来的飞机，日本的地球模拟器用来模拟地球的地质活动。高性能计算已经成为继实验和理论推理之后的第三种科学研究手段。图 2.1 是国产曙光 5000 超级计算机的图片。这么一台计算机需要一个大厅才放得下，其浮点运算速度为每秒两百多万亿次。

图 2.1 曙光 5000 超级计算机

计算机的另外一个极端就是我们的手机。手机里面至少有一个 CPU，有的甚至有几个。我们的手机能听歌、能播放媒体，甚至能处理邮件，这些都是靠其中的 CPU 来实现的，只不过受到功耗限制，手机中的 CPU 速度还比较慢。

所以，希望大家建立一个概念：计算机不光是桌面上的个人计算机（PC）。计算机可以大到一个厅都放不下,甚至需要专门为它建一个电站供电;也可以小到揣在衣服兜里,充电两个小时就能用一个星期。计算机是人们为了满足各种不同的计算需求而设计的自动化设备。随着人类科技的进步和需求的提高,有的计算机会越来越大,有的计算机会越来越小。但是,不管计算机的规模有多大,都是计算机体系结构的研究对象。

2.2 计算机的基本组成

我们从小就学习十进制的运算,0、1、2、3、4、5、6、7、8、9 这 10 个数字,逢十进一。计算机中使用二进制,只有 0 和 1 两个数字,逢二进一。为什么用二进制而不用我们所习惯的十进制呢?因为二进制最容易实现。自然界的二值系统非常多,电压的高低,水位的高低,门的开和关,电流的有无,等等,都可以组成二值系统,都可以用来做计算。人类对二进制的了解已经有很长的历史。二进制是由莱布尼茨最早发现的,而最早将二进制引入计算机应用的是冯·诺依曼。从某种意义上说,我们古人的八卦也是一种二进制的表现形式。

计算机的组成非常复杂,但其基本单元非常简单。打开一台 PC 机箱,可以发现电路板上有很多芯片;一个芯片就是一个系统,由很多模块组成,如加法器、乘法器等;而一个模块由很多逻辑门组成,如非门、与门、或门等;逻辑门由晶体管组成,如 PMOS 管和 NMOS 管等;晶体管则通过复杂的工艺过程加工而成,如图 2.2 所示。所以,计算机是一个很复杂的系统,由很多可以存储和处理二进制运算的基本元件组成。就像盖房子一样,再宏伟、高大的建筑都是用基本的砖瓦、钢筋水泥等材料构成的。

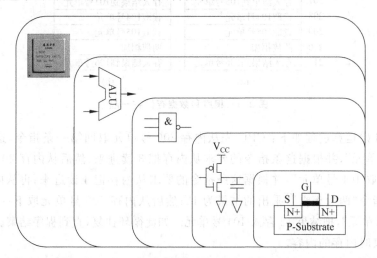

图 2.2 芯片、模块、逻辑门、晶体管和器件

现代计算机结构的基本思想是由冯·诺依曼提出的,因此这种结构被称为冯·诺依曼结构。下面,通过一个具体的例子来介绍冯·诺依曼结构。例如求式子(3×4+5×7)的值,人脑是怎么算的呢?先算 3×4=12,把 12 记在脑子里;接着算 5×7=35;再算 12+35=47。在计算的过程中,计算和记忆(存储)都在一个脑袋里(式子很长的时候需要把临时结果记在纸上)。

计算机的计算和记忆是分开的,负责计算的部分称为 CPU(Central Processing Unit),

负责记忆的部分称为内存。内存里存放了两样东西：一样是数据，如 3、4、5、7；另一样是指令，就是运算及其次序。也就是说，操作对象和怎么做操作，都存放在内存里面。

下面来看看计算机是如何完成（3×4＋5×7）的计算的。计算机把 3、4、5、7 这几个数都存在内存中，把计算过程中的临时结果（12，35）和最终结果（47）也存在内存中。此外，计算机还要把对计算过程的描述（程序）也存在内存中，而程序则由很多条指令组成。图 2.3（a）给出了在开始计算前内存中存储数据和指令的情况，假设数据被存储在 100 号单元开始的区域，程序被存储在 200 号单元开始的区域。

	(a)	(b)
100	3	3
101	4	4
102	5	5
103	7	7
104		12
105		35
106		47
⋮	⋮	⋮
200	读取100号单元	读取100号单元
201	读取101号单元	读取101号单元
202	两数相乘	两数相乘
203	存入结果到104号单元	存入结果到104号单元
204	读取102号单元	读取102号单元
205	读取103号单元	读取103号单元
206	两数相乘	两数相乘
207	存入结果到105号单元	存入结果到105号单元
208	读取104号单元	读取104号单元
209	读取105号单元	读取105号单元
210	两数相加	两数相加
211	存入结果到106号单元	存入结果到106号单元

图 2.3　程序和数据存储在一起

计算机开始运算过程如下：CPU 先从内存 200 号单元取回第一条指令，这条指令就是"读取 100 号单元"，并根据这条指令的要求从内存把 3 读进来；然后从内存 201 号单元取下一条指令"读取 101 号单元"，并根据这条指令的要求从内存把 4 读进来；再从内存 202 号单元取下一条指令"两数相乘"，乘出的结果为 12；然后从内存 203 号单元取下一条指令"存入结果到 104 号单元"，把结果 12 存入 104 号单元。如此循环往复，直到程序结束。图 2.3（b）是程序执行结束时内存的内容。

大家看看刚才的这个过程，好像比人脑的运算啰嗦一些。人脑算 3 步就算完了，而计算机需要那么多步，又取指令又取数据，挺麻烦的。这就是冯·诺依曼结构的基本思想：数据和程序都存放在存储器中，CPU 从内存中取指令和数据进行运算，并把结果也存放到内存中。把指令和数据都存放在内存中，可以让计算机按照事先规定的程序自动完成运算，这是一种实现图灵机的简单方法。冯·诺依曼结构很好地解决了自动化的问题：把程序放在内存里，CPU 把指令一条条取进来，自己就做起来了，不用人来干预。如果没有这样一种自动执行的机制，让人去控制计算机做什么运算，按一下开关按钮算一下，程序没有被保存在内存中而是被保存在人脑中就成算盘了。计算机的发展日新月异，尽管冯·诺依曼结构有很多缺点,例如把什么都保存在内存中使访存成为性能瓶颈,但 60 年后的今天我们依旧沿用它。

我面试研究生的时候经常问一个问题：冯·诺依曼结构最核心的思想是什么？回答往往五花八门,有人说是由计算器、运算器、存储器、输入和输出 5 部分组成,有人说是程序计数器导致串行执行等。实际上,冯·诺依曼结构就是数据和程序都存放在存储器中,CPU 从内存中取指令和数据进行运算,并且把结果也存放在内存中。概括起来就是 4 个字：存储程序。

2.3 计算机系统结构的发展

从事一个领域的研究,要先了解这个领域的发展历史。计算机系统结构也是一个发展的概念。

20 世纪五六十年代的时候,由于受到工艺技术的限制,计算机都做得很简单。计算机系统结构主要研究怎么做加、减、乘、除,Computer Architecture 基本上等于 Computer Arithmetic。以后我们会讲到先行进位加法器、Booth 补码乘法算法、华莱士树等都是那时候的主要研究成果。在研制龙芯 CPU 的过程中,不少好心人写信给我,给我们提供意见,怎样来提高加、减、乘、除的运算速度。但是,现在体系结构的主要矛盾不在运算部件,CPU 中用于做加、减、乘、除的部件只占 CPU 面积的很小一部分,CPU 中的大部分面积被用来给运算部件提供足够的指令和数据。

20 世纪七八十年代的时候,计算机系统结构主要研究的是指令系统结构,就是 ISA (Instruction Set Architecture)。我上大学的时候,教系统结构的老师告诉我们,计算机系统结构就是指令系统结构,是计算机软件与硬件之间的界面。需要指出的是,指令系统绝非把加、减、乘、除等操作进行定长或不定长编码那么简单,而是体现了结构设计者对应用及其算法的深刻理解,并通过性价比最高的方式归约为通过硬件实现的算子。

20 世纪 90 年代以后,研究计算机系统结构要考虑 CPU、存储系统、I/O 系统和多处理器等,研究的范围大大地扩展了。到了 21 世纪,网络就是计算机,计算机系统覆盖的面就更广了。从研究范围来说,计算机体系结构(Computer Architecture)是描述计算机各组成部分及其相互关系的一组规则和方法,是程序员所看到的计算机属性。计算机体系结构主要研究内容包括指令系统结构(Instruction Set Architecture,ISA)和计算机组织结构(Computer Organization)。微体系结构(Micro-architecture)是微处理器的组织结构,并行体系结构是并行计算机的组织结构。冯·诺依曼结构的存储程序和指令驱动执行原理是现代计算机体系结构的基础。

计算机体系结构可以有不同层次和形式的表现方式。计算机体系结构通常用指令系统手册和结构框图来表示,结构框图中的方块表示计算机的功能模块,线条和箭头表示指令和数据在功能模块中的流动,结构框图可以不断分解一直到门级或晶体管级。计算机体系结构也可以用高级语言如 C 语言来表示,形成结构模拟器,用于性能评估和分析。用硬件描述语言(如 Verilog)描述的体系结构可以通过电子设计自动化(Electronic Design Automation,EDA)工具进行功能验证和性能分析,转换成门级及晶体管级网表,并通过布局布线最终转换成版图,用于芯片制造。

计算机系统结构是一个综合的概念。计算机系统涉及 3 个层次,如图 2.4 所示。最上面一层是应用、操作系统和编译系统;最下面一层是逻辑设计、电路设计和工艺制造;计算机系统结构在中间,要考虑性能、价格和功耗。从事计算机系统结构设计要做到"上知天文,下知地理"。"上知天文"就是要了解应用程序的特征,了解操作系统、编译系统等跟硬件交互的行为;"下知地理"就是要了解逻辑、电路和工艺。做结构设计时在纸上画一个个方块,要清楚每个方块对提高应用程序的性能有什么好处,大概需要多少个晶体管,对主频和功耗有多大影响。

应用、操作系统、编译系统
计算机系统结构(性能、价格、功耗)
逻辑设计、电路设计、工艺制造

图 2.4　计算机系统层次

现在有一种趋势,就是计算机系统结构的软硬件界面越来越模糊。按理说,指令系统把计算机划分为软件和硬件是清楚的,但随着虚拟机、二进制翻译系统的出现,软硬件的界面模糊了。当包含二进制动态翻译的虚拟机执行一段程序时,这段程序可能被软件执行,也可能直接被硬件执行;可能被优化过,也可能没被优化过;可能被并行化,也可能没有被并行化。因此,软硬件的界面变得模糊了,设计计算机结构需要更多地对软件和硬件进行统筹考虑。另外,随着工艺技术的发展,设计计算机系统结构还需要更多地考虑电路和工艺的行为。20 世纪的结构设计主要考虑晶体管的行为,例如考虑流水线的延迟时主要考虑每个流水级包含多少级逻辑电路;随着纳米级工艺的发展,现在的结构设计需要更多地考虑连线的延迟,很多情况下即使逻辑路径很短,由于连线太长也会导致关键路径。所以,现在的计算机系统结构所涵盖的东西越来越多,对结构设计提出了更高的要求。

既然计算机系统结构处在 3 个层次的中间层,它必然跟另外两个层次的研究内容分别发生关系。

先看半导体工艺技术与计算机系统结构的关系。半导体工艺技术与计算机系统设计技术互为动力,互相促进,推动着计算机工业的蓬勃发展。一方面,半导体工艺水平的提高为计算机系统的设计提供了更多、更快的晶体管以实现更多功能、更高性能的系统。例如,20 世纪五六十年代发展起来的虚拟存储技术把虚拟地址和物理地址分开,使每个程序有了独立、完整的地址空间,大大地方便了编程,促进了计算机的普及。但是,虚拟存储技术需要 TLB(Translation Lookaside Buffer)结构在处理器访存时进行虚实地址转换,而 TLB 的实现需要足够快、足够多的晶体管。所以,半导体工艺的发展为结构的发展提供了很好的基础。另一方面,计算机系统结构的发展是半导体技术发展的直接动力。世界上最先进的半导体工艺都被用来生产计算机用的处理器芯片,为处理器生产厂家(如 IBM 和 Intel)所拥有。

应用需求也是计算机系统结构的发展动力。最早的计算机都是用于科学工程计算,只有少数人能够使用;20 世纪 80 年代,IBM 公司把计算机搬上桌面,大大地促进了计算机工业的发展;20 世纪 90 年代开始普及的网络,又一次促进了计算机工业的发展。但总体上来说,都是计算机厂家先精心地发明出应用,然后让大家去接受。例如,Intel 公司和 Microsoft 公司为了利润而不断地发明应用,从 DOS 到 Windows,到 Office,再到 3D 游戏,每次都是他们发明了计算机的应用,然后告诉用户为了满足新的应用需求要换更好的计算机。互联网也一样,互联网发展之初,人们根本没有想到它能干这么多事情,更没有想到互联网会成为这么大的一个产业,会对社会的发展产生如此巨大的影响。在这个过程中,计算机厂商为追求利润,不断地推出新的应用。做计算机系统结构的人总要问一个问题:摩尔定律发展所提供的这么多晶体管可以用来干什么?然而却很少有人问:满足一个特定的应用需要多少个晶体管?

2.4 摩尔定律和工艺的发展

1. 工艺技术的发展

需要强调的是,摩尔定律不是一个自然规律,跟数学和物理的定律是不一样的。摩尔定律不是一个客观规律,而是一个关于主观能动性的规律。摩尔是 Intel 公司的创始人,他在 20 世纪六七十年代预测,集成电路厂商大约每 18 个月能把工艺提高一代,即在相同面积中可以把晶体管的数目提高一倍。大家就朝这个目标去努力,还真做到了。所以,摩尔定律是主观努力的结果,是投入很多钱才做到的。现在工艺发展的速度变慢了,变成 2~3 年才更新一代,一个重要原因是成本变得越来越高,厂商收回投资需要更多的时间。正是由于摩尔定律,芯片的集成度和运算能力都大幅度地提高了。图 2.5 通过一些历史图片展示了国际上集成电路和微处理器的发展历程。

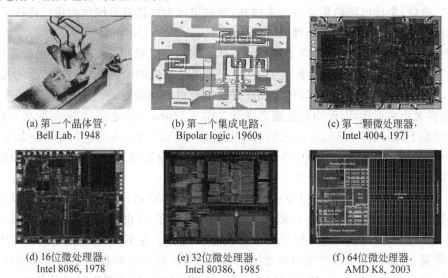

(a) 第一个晶体管,
Bell Lab, 1948

(b) 第一个集成电路,
Bipolar logic, 1960s

(c) 第一颗微处理器,
Intel 4004, 1971

(d) 16 位微处理器,
Intel 8086, 1978

(e) 32 位微处理器,
Intel 80386, 1985

(f) 64 位微处理器,
AMD K8, 2003

图 2.5 国际上集成电路和微处理器的发展历程

图 2.6 给出了由我国自行研制的部分计算机和微处理器的历史图片。可以看出,随着工艺技术的发展,计算机从一个需要放到大机房里的大型电子设备发展成一个小芯片,并且运算能力大幅度提高。这里值得一提的是 109 丙机,这台机器为"两弹一星"的研制立下了"汗马功劳",被称为"功勋机"。

2. 摩尔定律与计算机结构

由摩尔定律带来的工艺进步和计算机系统结构之间互为动力、互相促进。从历史上看,工艺技术与系统结构的关系已经经历了 3 个阶段。

第一个阶段是晶体管不够用的阶段。那时的计算机由很多个独立的芯片构成,由于集

(a) 103机，我国第一台小型通用数字电子计算机，每秒1800次

(b) 104机，我国第一台大型通用数字电子计算机，每秒1万次

(c) 109丙机，晶体管大型通用数字电子计算机，每秒5万次

(d) 757机，我国第一台向量机，每秒1000万次

(e) KJ8920大型计算机系统，每秒5000万次

(f) 龙芯1号，我国第一个通用微处理器，每秒4亿次

图 2.6　我国自行研制的部分计算机和微处理器

成度的限制，计算机系统结构不可能设计得太复杂。

第二阶段，集成电路的集成度越来越高，摩尔定律为计算机系统结构设计提供了"更多、更快、更省电"的晶体管，使微处理器蓬勃发展。

"更多"指的是摩尔定律提供了更多的晶体管来满足计算机系统结构发展的需求。"更快"指的是晶体管的开关速度不断提高，从而提高了计算机的频率。"更省电"指的是随着工艺技术的进步，工作电压降低，晶体管和连线的负载电容也降低，而功耗跟电压的平方成正比，跟电容大小成正比，因此功耗也随之降低。在 $0.13\mu m$ 工艺之前，工艺每发展一代，电压就成比例地下降，例如 $0.35\mu m$ 工艺的工作电压是 $3.3V$，$0.25\mu m$ 工艺的工作电压是 $2.5V$，$0.18\mu m$ 工艺的工作电压是 $1.8V$，$0.13\mu m$ 工艺的工作电压是 $1.2V$。此外，随着线宽的缩小，晶体管和连线电容也相应变小。

这个阶段摩尔定律发展的另外一个显著特点就是尽管处理器的速度越来越快，但存储器只是容量的增加，速度却没有显著地提高。这个问题在20世纪80年代还不突出，那时的内存和CPU主频都不高，CPU运算和访问内存在速度上差不多快。但是后来，CPU的主频不断提高，存储器增加了容量但速度提高较慢，CPU的速度和存储器的速度形成了剪刀差，形成了"存储墙（Memory Wall）"问题。什么叫剪刀差？就是差距像张开的剪刀一样，刚开始只差一点，到后来越来越大。从20世纪80年代中后期开始到21世纪初，体系结构研究的很大部分都是在解决处理器速度和内存速度之间的差距。甚至CPU的含义也发生了变化。CPU就是指中央处理器，最初主要由控制器和运算器组成，而现在的CPU中有80%的晶体管用于一级、二级甚至三级cache。摩尔定律的发展使得CPU不仅包含了运算器和控制器，还包含了一部分存储器，甚至包括了一部分I/O接口。

现在进入了第三个阶段，晶体管越来越多，但是越来越难用，晶体管变得"复杂、不快、不省电"。

"复杂"指的是纳米级工艺的物理效应，如线间耦合、片内漂移、可制造性等问题增加了物理设计的难度。早期的工艺线间距大，连线之间干扰小，而纳米级工艺两根线挨得很近，容易互相干扰；90nm工艺之前，制造工艺比较可控，生产出来的硅片工艺参数分布得比较均匀,90nm工艺之后,工艺越来越难以控制,在同一个硅片上的不同部位的晶体管也有快有慢,这叫做工艺漂移;纳米级工艺中物理设计还需要专门考虑可制造性问题以提高芯片的成品率。此外,晶体管的数目继续呈指数增长,设计和验证能力的提高赶不上晶体管数目增加的速度,设计和验证能力的提高与晶体管数目增加也形成剪刀差。

"不快"主要是由于晶体管的驱动能力越来越小,连线电容相对变大,连线延迟越来越长。在这种情况下,再改进工艺,频率也很难提高了。

"不省电"有3个方面的原因。一是随着工艺的更新换代,漏电功耗不断增加,原来晶体管关掉之后就不导电了,纳米级工艺以后晶体管关掉之后还有漏电,有直流电流。二是电压不再随着工艺的更新换代而降低。在 $0.13\mu m$ 工艺之前,电压随线宽线性下降,但到90nm工艺之后,不论工艺怎么进步,工作电压始终在1V左右,降不下去了。为什么?晶体管的P管和N管都有一个开关的阈值电压,很难把阈值电压降得很低,而且降低阈值电压会增加漏电。三是纳米级工艺以后连线功耗占主导,降低晶体管功耗对降低总功耗贡献不大。

以前摩尔定律对结构研究的主要挑战在于"存储墙"问题。对"存储墙"的研究不知道成就了多少个博士和教授。现在可研究的内容更多了,存储墙问题照样存在,还多了两个问题:连线延迟成为主导,要求结构设计更加讲究互联的局部性;性能功耗比取代性能价格比成为结构设计的主要指标。当有新问题的时候,就可以做研究,可以写论文。第三阶段计算机结构的一个特点是不得已向多核发展,以降低设计和验证复杂度,增加设计局部性,降低功耗。

3. CMOS工艺的物理极限

CMOS工艺正在面临物理极限。在半导体工艺发展的前35年,发展半导体场效应管的努力集中在提高器件速度以及在芯片上集成更多的器件和功能。21世纪以来,不断增加的器件特性变化和芯片功耗密度成为半导体工艺发展的主要挑战。随着线宽尺度的不断缩小,CMOS的方法面临着原子和量子机制的边界。一是蚀刻等问题越来越难处理,可制造性问题突出;二是片内漂移问题突出,同一个硅片内不同位置的晶体管都有不一样的电参数;三是栅氧(晶体管中栅极下面作为绝缘层的氧化层)厚度难以继续降低,65nm工艺的栅氧厚度已经降至了1.2nm,也就是5个硅原子厚,漏电急剧增加,再薄的话就挨着了,无法绝缘了。

通过采用新技术和新工艺来克服这些困难可以继续延续摩尔定律。在90/65nm制造工艺中,采用了多项新技术和新工艺,包括应力硅(Strained Silion)、绝缘硅(SOI)、铜互连技术、低k介电材料等。最近,45/32nm工艺所采用的高k介质和金属栅材料技术是晶体管工艺技术的又一个重要突破。采用高k介质(SiO_2 的k为3.9,高k材料k为20以上)如氧氮化铪硅(HfSiON),理论上相当于提升栅极的有效厚度,使漏电电流下降到10%以下。高k介质材料和原有的硅栅电极并不相容,而采用新的金属栅电极材料可以增加驱动电流。这种技术打通了通往32nm及22nm的通路,扫清工艺技术中的一大障碍。摩尔称此举是CMOS工艺技术中的又一个里程碑,将摩尔定律又延长了另一个10~15年。

现在最乐观的预测是,摩尔定律还能持续发展到2020年左右。大多数集成电路生产厂家在45nm后已经停止了新工艺的研究,一方面是由于技术上越来越难,另一方面是由于研发成本越来越高。在32nm节点上,目前比较明确的只有IBM、Intel和台积电3家还在继续研发,多数厂家采取了跟这3家进行合作的策略。摩尔定律是半导体产业界的一个共同预测和奋斗目标,现在大家都说到2020年左右就不做了,做不下去了。摩尔定律在发展过程中被判了多次"死刑",20世纪90年代我上研究生的时候,就有人说摩尔定律要终结了,可是它每次都能起死回生。但这次2020年左右的大限可能是真的。

4. 新器件与新材料

在不断改进和发展晶体管技术的同时,业界也开始考虑后CMOS时代的技术措施并开始积极寻找新的替代产品,以便在更小的技术节点中超越硅CMOS技术。伴随着新材料和器件结构的发展,半导体制造已经转向"材料时代"。在ITRS(International Technology Roadmap for Semiconductors)中提出的非传统CMOS器件包括超薄体SOI、能带工程晶体管、垂直晶体管、双栅晶体管、FinFET等。未来有望被广泛应用的新兴存储器件主要有磁性存储器(MRAM)、纳米存储器(NRAM)、分子存储器(Molecular Memory)等。新兴的逻辑器件主要包括谐振隧道二极管、单电子晶体管器件、快速单通量子逻辑器件、量子单元自动控制器件、自旋电子器件(Spintronic Storage)、碳纳米管(Carbon Nanotubes)、硅纳米线(Silicon Nanowires)、分子电子器件(Molecular Electronics)等。

在未来的各种新兴集成电路器件中,大量运用了纳米技术。除了在存储器和逻辑器件中作为晶体管的主要材料,某些形态的碳纳米管可在晶体管中取代硅来控制电子流,并且碳纳米管也可取代铜作为互联材料。碳纳米管直径只有1~2nm,是硅晶体管尺寸的1/500。碳纳米管因其超常的能量及半导体性能而被认为是最有可能在未来取代硅,成为生产晶体管及微处理器的主要材料。此外,碳纳米管运行时所产生的热量和功耗都比晶体管要小得多。不过,碳纳米管还处在研究试验阶段,在产品中使用碳纳米技术的时间可能需要10年或更长。

最早的计算机采用电子管,属于电子技术,英文叫electronics;后来使用微电子技术,英文叫micro-electronics;现在又有了一个新名词纳电子,英文叫nano-electronics。很多人会问:纳电子会不会取代微电子成为信息产业的基础材料?目前人类已经建立起来的庞大的硅体系会不会过期,被纳电子所取代?2007年我参加了一个纳电子方面的香山科学会议,与会的专家包括做半导体的、做纳电子的、做分子材料的等。大家的一致意见是在我们这些人的有生之年看不到硅产业被取代,就好比飞机出来以后,汽车还照样满地跑一样。硅体系的一个重要特点就是非常易于大规模地工业化生产,而目前所有的分子器件还没有找到一种大规模制备的方法。现在100元人民币可以买一只10亿个晶体管的芯片,即1分钱可以买10万个晶体管,而1分钱最多买100粒大米,也就是说,买一粒大米的钱可以买1000个晶体管。相信人类很难找到新材料和工艺制备方法比晶体管更便宜。硅工艺前几十年都是一维发展,就是晶体管不断变小,以后还可以多维发展,例如通过在硅上长出新的材料来降低功耗,还可以跟应用相结合在硅上长出适合各种应用的晶体管来。

2.5 计算机应用的发展趋势

计算机应用是随着时间扩展和变迁的。早期计算机的主要应用是科学工程计算,所以叫计算机;后来用来做事务处理,例如金融系统和大企业的数据库管理等;现在网络、媒体和办公逐渐成为计算机的主要应用领域。

在计算机应用的发展过程中,一个里程碑的事件是桌面计算机的出现。当IBM公司把计算机从装修豪华的专用机房搬到桌面上时,无疑是计算机技术和计算机工业的一个划时代的革命。它一下子扩张了计算机的应用领域,极大地解放了生产力。当然并不是原来的应用就没了,科学和工程计算还在发展,只是其占整个计算机市场的比例变小了。

未来计算机应用的发展趋势可以从"高"和"广"两个方面来看。

在"高"的方面,高性能计算机和服务器还会持续发展。人类对高性能计算的需求是永无止境的,高性能计算机还需要继续提高性能以解决人类面临的巨大挑战问题。服务器的处理能力还需要不断提高,尤其是用于云计算中心的服务器需要不断地提高其吞吐率;另外,服务器会越来越普及,甚至普及到社区和家庭。以后每个家庭可能都需要一台服务器作为家庭数据中心,用来存放照片、电影等家庭数据,并可以通过家用计算机、手机、电视等方便地访问。

在"广"的方面,计算、通信、媒体的融合是主要的发展趋势。先看PC的发展,自从IBM公司发明桌面计算机以来,PC的应用从DOS到Windows到办公,再到游戏,不断升级对性能的要求。现在PC厂家主要用3D游戏和高清媒体来炫耀其产品的性能。下一个应用是什么?下一个升级计算机的理由是什么?基于4核和8核处理器的PC用来干什么?用来上课放PPT吗?用来聊QQ吗?用来上网看新闻吗?现在的PC市场在分化,分为高性能PC和低成本PC两块。高性能PC还会继续发展,但由于缺少合适的应用,可能会回归到原来的工作站的职能,它的量不会有很大的扩展;低成本计算机或者可以时髦地叫做上网本或轻便笔记本电脑,以后可能会成为主要的个人终端。

在计算机产业中,有一个"小鱼吃大鱼"的规律。当年的PC这条"小鱼"把小型机、中型机、大型机这些"大鱼"都吃掉了。现在有一条新的"小鱼",势头也很猛,它就是手机。手机这条"小鱼"在演变过程中,把我们的手表吃进去了,把Walkman吃进去了,把MP3吃进去了,把PDA吃进去了,把数码相机吃进去了,现在把数码摄像机也吃进去了。它还会把电视机吃进去,最后连电脑一起吃了。手持平台可能是一条通吃一切的"小鱼"。以后我们有可能上班时把手机连接上大屏幕和键盘鼠标当桌面计算机用;下班后把手机连接到大屏幕和音响当电视机用;在路上还当手机用,出差时当笔记本电脑用。我们可以把这个设备称为普适信息终端。现在这个趋势实际上是越来越明显了,做手机的通过提高性能往上走,例如Apple iPhone;做计算机的通过降低功耗往下走,例如UMPC和上网本电脑。

所以,在未来的信息社会中,主要的计算机就是"两台"。一台就是高端的,服务器会更加普及,性能更高;另一台就是融合了电脑、手机、电视功能的手持普适信息终端。两者之间可以通过无处不在的网络随时连接。在一些特定的场合可能连不上服务器(例如在偏远山区),因此终端本身还要有一定的处理和存储能力。如果说把计算机放到桌面上是计算机工业的一次革命,那么把计算机拿在手上、揣在兜里可能是计算机工业的另外一场革命。现在我们把计算机当作工具,以后可能把它当作伙伴,当作朋友。

2.6 计算机系统结构发展趋势

前面分析了工艺和应用的发展趋势,当它们作用在结构上时,会对结构的发展产生重大的影响。计算机系统结构的发展也有一定的规律。

(1) 复杂度障碍。工艺技术的进步为系统设计者提供了更多的资源来实现更高性能的芯片,也导致了芯片设计复杂度的大幅度增加。现代处理器的设计队伍一般有几百到几千人,但设计能力的提高还是远远赶不上芯片复杂度的提高,验证能力更是成为芯片设计的瓶颈。另外,晶体管的特征尺寸缩小到纳米级,对芯片的物理设计带来了巨大的挑战。在纳米级芯片中连线尺寸缩小,连线间的耦合电容所占比重加大,导致连线间的信号串扰日趋严重;硅片上的性能参数(如介电常数、掺杂浓度等)的漂移变化导致芯片内时钟树的偏差;晶体管尺寸的缩小使得蚀刻等过程变得难以处理,在芯片设计时就要充分考虑可制造性设计。总之,工艺所提供的晶体管更多了,也更"难用"了,导致设计周期和设计成本大幅度增加。针对上述问题,芯片设计越来越强调结构的层次化、功能部件的模块化和分布化,即每个功能部件都相对简单,部件内部尽可能地保持通信的局部性。

在过去 60 多年的发展历程中,计算机的体系结构已经经历了一个由简单到复杂,由复杂到简单,又由简单到复杂的否定之否定的过程。自从 20 世纪 40 年代发明电子计算机以来,最早期的处理器结构由于受到工艺技术的限制,不可能做得很复杂;随着工艺技术的发展,到 20 世纪 60 年代,处理器结构变得复杂,流水线技术、动态调度技术、cache 技术、向量机技术被广泛使用,典型的机器包括 IBM 的 360 系列以及 Cray 的向量机;20 世纪 80 年代,RISC(Reduced Instruction Set Computer)技术的提出使处理器结构得到一次较大的简化,X86 系列从 Pentium Ⅲ开始,把 CISC(Complex Instruction Set Computer)指令内部翻译成若干 RISC 操作来进行动态调度,内部流水线也采用 RISC 结构;但后来随着工艺技术的进一步发展以及多发射技术的实现,RISC 处理器结构变得越来越复杂,现在的 RISC 处理器普遍能允许几十到上百条指令乱序执行,例如 Alpha 21264 处理器的指令队列最多可以容纳 80 条指令,Power 4 为 200 多条指令。目前,包括超标量 RISC 和 EPIC(Explicitly Parallel Instruction Computing)在内的指令级并行技术使得处理器核变得十分复杂,通过进一步增加处理器核的复杂度来提高性能已经十分困难,试图通过细分流水线来提高主频也很难再继续下去。传统的高主频复杂设计遇到了越来越严重的障碍,需要探索新的结构技术来在简化结构设计的前提下充分利用摩尔定律提供的晶体管,以进一步提高处理器的功能和性能。

(2) 主频障碍。摩尔定律本质上是晶体管尺寸以及晶体管翻转速度变化的定律,但由于商业上的原因,摩尔定律曾经被赋予每 18 个月处理器的主频提高一倍的含义。这个概念就是在 Intel 公司与 AMD 公司竞争的时候提出来的。Intel 公司的 Pentium Ⅲ主频不如 AMD 公司的 K5/K6 高,但其流水线效率高,实际运行程序的性能比 AMD 公司的 K5/K6 好。于是 AMD 公司就拿主频说事儿,跟 Intel 公司比主频。Intel 公司说主频不重要,关键是看实际性能,看跑程序谁跑得快。后来 Intel 公司的 Pentium 4 处理器把指令流水线从 Pentium Ⅲ的 10 级增加到 20 级,主频一下子比 AMD 公司的 K8 处理器高了很多,但是在相同主频下比 AMD 公司的 K8 处理器性能要低,两个公司反过来了。这时候轮到 Intel 公司拿主频说事儿,AMD 公司反过来说主频不重要,实际性能更重要。那段时间我们确实看到 Intel 处理器的主频在翻倍地提高。Intel 公司曾经做过一个研究,准备把 Pentium 4 的 20 级流水级再细分成 40 级,也就是一条指令至少需要 40 拍才能做完,做了很多模拟分析后得到一个结论,只要把转移猜测表增大一倍、二级 cache 增加一倍,就可以弥补流水级增加一倍引起的流水线效率降低问题。后来该项目被取消了,Intel 公司说处理器主频 4GHz 以上做不上去了,说摩尔定律改成每两年处理器核的数目增加一倍。倒是 IBM 公司一声不吭地做到了 5GHz。

过去,每代微处理器主频是上代产品的两倍中,只有 1.4 倍来源于器件的按比例缩小,另外 1.4 倍来源于结构的优化,即流水级中逻辑门数目的减少。但在目前的高主频处理器中,指令流水线的划分已经很细,一级流水级只有 10～15 级 FO4(等效 4 扇出反相器)的延迟,考虑到控制流水线的锁存器本身的延迟,实际留给有效处理工作的逻辑只有 6～9 级 FO4,已经难以再降低。

另外,电路延迟随晶体管尺寸缩小而降低的趋势在 130nm 工艺的时候已经变慢了,而且连线延迟的影响越来越大。芯片集成度的提高意味着线宽变窄,信号在片内传输单位距离所需要的延迟也相应地增大,连线延迟而不是晶体管翻转速度将制约着处理器主频的提高。例如,Pentium 4 的 20 级流水线中有两级只进行数据的传输,没有进行任何有用的运算。

因此,除非制造工艺有革命性的事件发生,否则高主频的复杂设计已经终结,结构设计重新开始强调局部化和简单化。

(3) 功耗障碍。随着晶体管数目的增加以及处理器主频的提高,功耗问题越来越突出。现代的通用处理器的功耗峰值已经高达上百瓦,按照硅片面积为 $1\sim 2cm^2$ 计算,其单位面积的热密度已经远远超过了普通的电炉。以 Intel 公司放弃 4GHz 以上的 Pentium 4 项目为标志,功耗问题成为导致难以进一步提高处理器主频的直接因素。在移动计算领域,功耗更是压倒一切的指标。因此,如何降低功耗已经成为处理器结构设计中十分迫切的问题。

CMOS 电路的功耗与主频和规模都成正比,与电压的平方成正比,而主频在一定程度上又跟电压成正比。由于晶体管的特性,今后处理器的工作电压不会随着工艺的进步而降低,加上频率的提高,导致处理器功耗密度随集成度的增加而增加。另外,纳米级工艺的漏电功耗大大增加,在 65nm 工艺的处理器中漏电功耗已经占到总功耗的 30%。处理器通常使用 CMOS 电路,CMOS 由两部分组成,上面是 P 管网络,下面是 N 管网络。P 管网络打开的时候,N 管网络关掉;N 管网络打开的时候,P 管网络关掉。总有一个是关掉的,没有直流电流。但是,在 65nm 工艺以后,CMOS 电路漏电很厉害,因为它的栅氧绝缘层太薄了。

如果说,传统的 CPU 设计追求的是每秒运行的次数(Performance per Second)以及每一元钱所能买到的性能(Performance per Dollar),那么在今天,每瓦功耗所得到的性能(Performance per Watt)已经成为越来越重要的指标。就像买汽车,汽车的最高时速是 200km 还是 300km 人们不是非常在乎,在乎的是这个汽车要便宜,100km 油耗要低。

降低功耗需要包括工艺技术、物理设计、体系结构设计、系统软件以及应用软件等各方面的共同努力。

(4) 应用的变化。在计算机发展的初期,处理器性能的提高主要是为了满足科学和工程计算的需求,因此非常重视浮点运算能力。随着 Internet 和媒体技术的迅猛发展,网络服务和移动计算逐渐成为一种非常重要的计算模式。这一新的计算模式要求微处理器具有响应实时性、处理流式数据的能力、支持数据级和线程级并行性、更高的存储和 I/O 带宽、低功耗、低设计复杂性和设计的可伸缩性等特性,同时要求缩短芯片进入市场的周期。总之,过去运算速度很重要,现在则注重均衡的性能,强调运算、存储和 I/O 能力的平衡,强调以低能耗来完成大量的服务、网络媒体为代表的流处理、基于 Web 的大量的快速处理等。

计算机结构的一个发展趋势就是越来越跟应用相融合。以高性能计算为例,现在最快的计算机是千万亿次,耗电量是几兆瓦。大家正在讨论如何构造十亿亿次的高性能计算机,如果按照目前的结构,功耗肯定受不了,怎么办呢?可以结合应用设计专门的处理器来提高效率。流处理器和 GPU 现在常常被用来搭建高性能计算机,美国的第一台千万亿次计算机也是用比较专用的 CELL 处理器做出来的。专用处理器结构结合特定的算法设计,使芯片中多数面积和功耗都用来做运算,其效率相当高。相比之下,通用处理器什么应用都能干,能做传统的科学工程计算,也能做 Web 服务,做桌面应用也行,但干得都不是最好的,芯片中 80%~90% 的面积都用来做 cache 和转移猜测等为运算部件提供稳定的数据流和指令流,只有少量的面积用来做运算。现在的高性能计算机越来越回归到传统的向量机这条路上,处理器内专门设置用于科学工程计算的向量部件。这是应用对结构发展的一些提示。

根据上述工艺、结构、功耗、应用等几个方面的发展趋势,现代处理器的微体系结构的设计应该面向网络服务和媒体的应用,应该考虑低功耗的要求,应该采用层次的结构简化物理设计的复杂度。片内多核及多线程技术作为较好地符合上述趋势的处理器结构技术,正在成为处理器体系结构设计的主流。

2.7　多核结构的发展及其面临的问题

1. 多核结构的发展

第一篇多核 CPU 的文章是 1996 年由斯坦福大学发表的。下面我们先看一些工业界的多核 CPU 发展现状,然后再看看学术界在多核方面的研究。

IBM 公司最早推出多核产品。2001 年 IBM 公司就发布了 Power 4,片内集成了两个 Power 3 处理器,共享片内 1.5MB 的二级 cache。2004 年发布的 Power 5 还是双核,每个核是两路的 SMT(Simultaneous Multi-Thread)处理器,片内集成了 1.9MB 的共享二级 cache 及三级 cache 的目录和存储控制器,共有 2.76 亿个晶体管。2006 年发布的 Power 6 也还是双核,每个核双线程,主频 5.0GHz。2010 年发布了 8 核的 Power 7。IBM 公司还在它的双核基础上做多模块封装,就是把好几个硅片封装在一起成为一个大芯片。

AMD 公司于 2004 年发布的双核速龙在和 Intel 公司的双核比赛中是领先的。当时 Intel 公司仓促地把两个芯片直接封装在一起做成双核的时候,还被 AMD 公司嘲讽为假双核。实际上,双核没有真假,只是两个核在哪里被连在一起的问题。Intel 公司就是通过多模块封装把两个单核芯片通过系统总线连在一起。真假双核争论了一段时间,Intel 公司还是瘦死的骆驼比马大。在 4 核的竞争中,AMD 公司的 Barcelona 由于被发现了一个 Bug,推迟了上市时间,Intel 公司还是领先了。Barcelona 采用 65nm SOI 工艺,每个处理器核有独立的一级和二级 cache 并共享三级 cache,片内有两个独立的内存控制器。2009 年底,AMD 公司推出了 6 核的 Istanbul。

Intel CPU 有两个架构,一个是安腾系列,另一个是 X86 系列。Intel 公司原来的思路是:桌面采用 32 位的 X86 架构,称为 IA32;服务器用新型的显式并行的架构,也就是 IA64。没有想到这让 AMD 公司钻了空子,AMD 公司率先把 X86 扩展到 64 位,结果一下子在市场上取得了先机,搞得 Intel 公司很难受。后来 Intel 公司也跟着把 X86 做成 64 位。在安腾系列的多核处理器方面,2004 年 Intel 公司推出安腾架构的双核处理器 Montecito,集成了 17.2 亿个晶体管,在晶体管数目的竞争中一下子遥遥领先;2008 年 Intel 公司推出安腾架构的 4 核处理器 Tukwila。在 X86 系列的多核处理器方面，Intel 公司于 2006 年推出了基于 Core 构架的双核处理器 Conroe，2007 年推出了把两个 Conroe 封装在一起的 4 核处理器 Core 2 Quad，2008 年推出了基于 Nehalem 结构（Core i7）的 4 核处理器，2010 年推出了基于 Nehalem 结构的 8 核至强处理器（Nehalem-EX），2012 年推出了采用 22nm 工艺的 8～16 核 Sandy Bridge 处理器。

Sun 公司于 2004 年发布了它的第一款双核微处理器 UltraSPARC Ⅳ。UltraSPARC Ⅳ 采用片上多线程（Chip Multithreading）技术，片上集成了两个 UltraSPARC Ⅲ 处理器核、二级 cache 的 Tag 和内存控制单元，外部 cache 为 16MB，每个核独享 8MB，采用 130nm 工艺，主频为 1.2GHz。2004 年 Sun 公司公布了 Niagara，也称为 UltraSPARC T1，包括 8 个单发射 6 级流水的处理器核，每个核支持 4 个线程，共支持 32 个线程。2006 年 Sun 公司推出了 Niagara-2，仍然为 8 个 Sparc 处理器核，但每个处理器核增加了浮点部件，每个核支持 8 个线程，共享 4MB 的二级 cache，片上集成 4 个双通道的 FBDIMM 内存控制器。

上述各处理器厂商的多核处理器产品多采用比较复杂的少量核结构，其中的多核一般通过共享二级 cache、三级 cache 或者内存进行互连和通信。

未来多核结构会怎么发展？我觉得有 3 种可能性。一是把核越做越大，主要是通过在处理器核内增加向量部件来增加处理器核的性能，而核的数目则保持适中。目前，不少商用多核处理器采用了以向量扩展的方式来提升处理器的性能，向量部件位宽已达到 256 位，以后可能会继续增加位宽，也可能采用多个向量部件。此外，IBM 公司和得克萨斯州立大学联合开发的 TRIPS 芯片也是提高处理器核能力的一种尝试。二是采用大量的基于分片的众核结构，其处理器核的数目达到成百上千个，但每个核比较简单，MIT 研究的可重构 RAW 处理器是这类处理器的代表。三是把通用处理器和协处理器集成在一起形成异构多核结构，协处理器采用 GPU 或流处理器，IBM 公司的 CELL 就采用了异构多核结构。

IBM 公司和得克萨斯州立大学联合开发的 TRIPS 芯片是第一个尝试设计具有每秒万亿次运算能力的芯片。TRIPS 结构的主要特点是采用粗粒度的处理器核，具有较高的指令级并行性，可以实现单线程的高性能。TRIPS 在同一芯片上设置了多个这样的内核以及存储部件和通信部件，并允许软件调度程序对它们进行灵活配置，以获得最佳性能。TRIPS 的设计目标是在 35nm 的工艺条件下，达到 5TFLOPS 的峰值浮点运算性能。TRIPS 同时兼顾桌面应用和服务器应用。开发人员希望到 2010 年后，能把桌面 PC、高性能计算、数字信号处理、服务器应用等统一到同一类型的 CPU 芯片上。

MIT 研究的可重构 RAW 处理，在单个芯片上将几百个简单的处理单元用可重构逻辑连接起来，从而实现高度并行的体系结构。RAW 允许编译器或其他软件工具重新构建硬件体系结构的低层细节，对每个要加速的应用实现最佳的资源分配。这种结构设计简单，单元内部和单元之间的互连线短，能充分地支持流水线并行性。RAW 的一个重要特点在于指令执行前读操作数时除了按常规从本地寄存器中读取操作数外，还可以通过通信网络从其他处理器的寄存器中读取操作数。在灵活的互联网络的配合下，这个机制巧妙地把多个处理器的功能部件耦合在一起，构成功能复杂、动态重构的并行处理系统。RAW 的研究者认为，开始时 RAW 体系结构还只适于流式的信号处理计算，但未来 RAW 将发展成为普适的解决方案。

CELL 高性能处理芯片。在 2005 年的国际固态电路会议（ISSCC）上，IBM、Sony 和 Toshiba 公司首次公开介绍了 CELL 高性能处理芯片。CELL 的一个主要应用是 Sony 公司的第三代 Playstation 游戏机 PS3。但同时 IBM 公司也宣称 CELL 将是片上超级计算机。CELL 可在 4GHz 频率下工作，其宣称的峰值浮点运算速度为 256GFLOPS（单精度）。CELL 由一个相对比较简单、支持同时双线程的双发射 64 位 PowerPC 内核（称为 PPE）和 8 个 SIMD 型向量协处理器（称为 SPE）构成。片内有一个高带宽的环状高速总线（EIB）把 PPE、SPE、RAMBUS 内存接口控制器（MIC）以及 Flex I/O 外部总线接口控制器（BIC）连接起来。PPE 主要负责控制并执行操作系统，SPE 完成主要的计算任务。SPE 的 SIMD 执行部件是 128 位宽的，可在一个时钟周期里完成 4 个 32 位的定点或浮点乘加运算。SPE 内置了 256KB 的 SRAM 作为局部存储器（它的编址独立于片外的 DRAM）。

2. 多核结构面临的编程墙问题

多核结构的发展是工艺驱动的结果。工艺的发展对芯片设计的结构的层次化和局部化的要求越来越注重，功能部件的模块化和分布化，以及每个部件相对简单和规整，部件内尽可能保持通信的局部性。但是，计算的理论基础图灵机模型和结构基础冯·诺依曼结构的本质都是顺序的和集中的。图灵机的原理是由当前状态以及下一个输入决定下一个状态，这是一个串行的过程。人的思维本质上也是串行的，所谓一心不能二用。冯·诺依曼结构则指出处理器和存储空间是分离的，存储空间统一线性编址。工艺的发展要求采用分布的、并行的结构，而计算机的基础理论则要求采用集中的顺序的结构。因此，多核结构是不得已而为之。高主频、低功耗的设计仍然是应用的首选，最好是单核的主频达到 100GHz，性能无限提高，原来写的程序一点都不用改就能执行，新写程序也简单。写并行程序很难，我写过一些，真是很麻烦。

结构设计就是在工艺和应用中间架一座"桥梁"。在计算机的发展历史上，体系结构架了不少这样的"桥梁"，把应用和工艺联系在一起。

架得最成功的一座"桥梁"是 20 世纪 60 年代由于工艺的发展使得处理器中可以包含像 TLB 这样较为复杂的结构，操作系统可以支持虚拟地址空间，这大大地提高了程序员的生产力。早期的计算机程序员在编程的时候要直接跟物理内存和外存打交道，非常麻烦。虚拟存储解决了这个问题，每个人都使用一个很大的独立存储空间，物理内存的具体分配和数据在内存和外存的调入调出都由操作系统自动完成。这座桥架得太漂亮了，给它评个分肯定是"特优"。

流水线和多发射结构也是架得很成功的一座"桥梁"。20 世纪七八十年代以来，工艺的发展使得像流水线和多发射这样的结构得以实现，在维持串行编程模型的情况下提高了速度。但由于程序中相关性的存在，流水线和多发射的效率难以做得很好，例如单发射流水线处理器平均每个时钟周期完成的指令数达到 0.3，4 发射结构中平均每个时钟周期完成的指令达到 1.5 就不错了。流水线和多发射这座"桥"评分可以得"优"。

另外一座比较成功的"桥梁"是 cache 技术。CPU 的速度越来越快，而内存大但速度慢，cache 的容量小但速度快，通过 cache 技术可以使程序员可以看到一个像 cache 那么快、像内存那么大的存储空间，不用改应用程序就能提高性能。这座"桥"也对程序员屏蔽了结构细节（虽然程序员往往针对 cache 结构进行精雕细刻的程序设计以增加其局部性），但代价太大。现代处理器往往把 50% 以上的晶体管都用在 cache 上了，所以给 cache 这座"桥"评分可以得"良好"。

还有一座比较典型的"桥梁"是分布式共享存储系统中的 cache 一致性协议。cache 一致性协议可以在分布式存储的情况下给程序员提供一个统一编址的地址空间，屏蔽了存储器物理分布的细节。但是，cache 一致性协议并不能解决程序员需要并行编程以及原有的串行程序不能并行运行的问题。因此，cache 一致性协议这座"桥"评分可以得"及格"。

困扰了传统并行计算机几十年的编程困难以及串行程序得不到加速的问题，在多核结构中仍然存在。现在还没有一种结构方法可以在分布式结构和传统串行编程之间架设一座"桥梁"，以提高编程和调试的效率。程序员不得不承担起手工写并行程序的负担。从商业化的角度看，除了向量编译以外，还没有其他的通过编译器对串行程序并行化的成功先例。但多核结构提供了比传统并行机高得多的核间通信带宽，使编译器自动生成的并行程序对核间通信量不很敏感，也许会给并行编译提供一个新的机会。

总之，多核结构的产生是必然趋势，编程墙问题是多核结构需要面对并解决的问题。

3. 多核结构面临的带宽墙问题

随着工艺技术的发展，片内的处理能力越来越强。按照目前的发展趋势，现代处理器很快将在片内集成十几个甚至几十个高性能处理器核，而芯片进行计算所需要的数据归根结底来自片外。如果高性能多核处理器不能低延迟、高带宽地同外部系统进行数据交互，就会出现"嘴小肚子大"或"茶壶里煮饺子"(有货倒不出来)的情况，整个系统的性能会大大地降低。

芯片的引脚数目不可能无限地增加。通用 CPU 封装一般都有 1000 多个引脚，IBM 公司的一些 CPU 有 4~5 千个引脚，封装成本已经高于硅的成本。处理器核的数目增加，而封装不变，意味着每个 CPU 核可以使用的引脚个数下降。

在冯·诺依曼结构中，CPU 和内存在逻辑上是分开的，指令和数据都存在内存中，CPU 要不断地从内存取指令和数据才能进行运算。传统的 cache 技术的主要作用是降低平均访问延迟，解决 CPU 速度跟存储器速度不匹配的问题，并不能解决访存带宽不够的问题。现在普遍通过高速总线来提高处理器的带宽。这些高速总线往往采用差分低摆幅信号进行传输，实现点到点的通信。不论是访存总线（如 DDR3、FBDIMM 等）、系统总线（如 HyperTransport），还是 I/O 总线（如 PCI-Express），它们的频率都已经达到 GHz 级，有的甚至接近 10GHz。很快会出现片外传输频率远高于片内运算频率的内外频率"倒挂"现象。即便如此，由于片内晶体管数目的指数增加，处理器系统结构设计也要面临每个处理器核的平均带宽不断减少的情况。

如果说 20 世纪八九十年代"存储墙"导致了 cache 的出现，21 世纪初"功耗墙"导致了 CPU 结构从单核到多核的转变，那么在未来 10 年里，"带宽墙"也必将导致结构设计的深刻变化。

一些新型工艺技术，例如 3D 封装技术、光互连技术，有望较好地缓解处理器的带宽瓶颈。

2.8 衡量计算机的指标

怎样衡量一台计算机的好坏呢？计算机有多方面的衡量指标。

第一个指标就是运算速度快不快。前面讲过，用来进行核模拟的计算机对一个国家来说具有战略意义，有一两台就够，不在乎价钱，算得越快越好。例如，中央气象台用于天气预报的计算机每天都需要根据云图数据解很复杂的偏微分方程,要是计算机太慢,明天的天气预报结果后天才算出来,就成为天气后报了。所以,运算速度是计算机的重要指标。影响计算机运算速度的因素主要有算法和编译系统、体系结构、主频等。算法和编译决定完成一个任务所需要的运算量;体系结构决定完成运算所需要的时钟周期数;主频决定每个时钟周期所需要的时间。很多人购买计算机时会问,这台计算机的 CPU 主频是多少,只考虑了 3 个因素中的一个,事实上 3GHz 的计算机运算速度可能比 2GHz 的计算机还慢。

第二个指标是价格。20 世纪 80 年代以来计算机越来越普及,就是因为计算机的价格在不断下降。计算机厂商和用户从一味地追求单位时间内的运算速度(Performance per second)转变为追求性能价格比(Performance per dollar)。

第三个指标是功耗。手机等移动设备需要用电池供电。电池怎样才能用得持久呢?低功耗就非常重要。高性能计算机也要低功耗,像 Roadrunner 这样的高性能计算机,耗电几兆瓦。几兆瓦是什么概念?我们上大学的时候偷偷在宿舍里煮方便面用的电热棒是 1000W 左右,几个电热棒一起用,宿舍就停电了。几兆瓦就相当于这样的几千个电热棒所消耗的功率。近几年来,性能功耗比(Performance per watt)已经成为衡量计算机的一个非常重要的指标。

有些应用还需要考虑计算机的其他指标,如使用寿命、安全性、可靠性等。以可靠性为例,计算机中用的 CPU 可以分为商用级、工业极、军品级、宇航级等。例如,"神州七号"上的计算机就属于宇航级的,它的价格贵一点儿没关系,运算速度慢一点儿也没关系,关键是要可靠。我们放了不少卫星,有的就是因为其中的一些元器件不可靠而报废了。因此,在特定的领域对可靠性的要求是非常高的。再如,银行用的计算机也非常在乎可靠性,只要一年少死机一次,价格贵一点儿也得买。为什么?对金融业来说,核心计算机死机,所有的储户就取不了钱,这损失太大了。

考评一台计算机的好坏,至少要考虑其性能、价格、功耗 3 个指标。一般来说,量大面广的应用主要看这 3 个指标。研究计算机体系结构首先要关注这几个指标。

2.9 性能评价

前些年,Intel 公司和 AMD 公司吵来吵去,一会儿说主频重要,一会儿又说效率重要。性能评价的关键是需要有一个公认的评价标准。

1. 性能评价标准

什么叫性能?对中央气象台的台长来说,性能就是计算明天的天气预报需要多长时间。如果甲计算机两个小时能算完 24 小时的天气预报,乙计算机一个小时就能算完,显然乙的性能比甲好。我刚开始做龙芯的时候,计算所的一位老研究员讲过一个故事:20 世纪六七十年代的时候,美国的计算机每秒可以算一亿次,苏联的计算机每秒可以算 100 万次,结果算同一个题目,苏联的计算机反而先算完,因为苏联的算法厉害。刚才说中央气象台的台长看性能的时候,他已经把算法的因素算在里面了,也许一个好的算法在一台 PC 上一个小时就算完了天气预报,而一个差的算法在一台万亿次的高性能计算机上两个小时也算不完,他就会觉得这台 PC 的性能比那台万亿次计算机的性能高。

从体系结构角度看,有一个常用的指标叫 MIPS(Million Instructions Per Second),即每秒钟执行多少条指令。这看起来是一个很合理的指标,但一条指令能干多少事没讲清楚。如果甲计算机一条指令就能做一个 1024 点的 FFT,而乙计算机一条指令就算一个加法。两台计算机比 MIPS 值就没什么意义。因此,后来有人把 MIPS 戏称为 Meaningless Indication of Processor Speed。现在常用的一个性能指标 MFLOPS(Million Floating-point Operations Per Second),即每秒钟做多少个浮点运算,也有类似的问题。如果数据供不上,运算能力再强也没有用。

从逻辑和电路设计的角度来看,主频就是性能。甲设计做 64 位加法只要 1ns,而乙设计需要 2ns,那么甲设计的性能肯定比乙设计得好。

可见,在一个系统中不同层次有不同的性能标准。什么是计算机的性能很难说清楚。大家可能会说,从应用的角度看性能是最合理的。甲计算机 2 个小时算完明天的天气预报,乙计算机只要 1 小时就能算完,那乙计算机的性能肯定比甲计算机的性能好,这总对吧。但实际上也对也不对,只能说,针对算明天的天气预报这个应用,乙计算机的性能比甲计算机的性能好。但对于其他应用,甲计算机的性能可能反而比乙计算机的性能好。

因此,即使从比较客观的应用的角度评价计算机的性能也还需要考虑应用的多样性。不同的应用关注的性能也有不同的侧重点。例如,PC 主要运行单任务,比较关注响应时间,按一下键盘,PPT 能马上翻页,这是 PC 关注的性能;计算中心是一个多任务环境,它关注的是吞吐率,关注的是每秒钟能处理多少个任务,而对单个任务的响应时间的关注则相对次要一点。另外,程序运行时间也有墙上时间(即看手表过了多长时间)和计算机运行时间(即程序运行的用户时间加系统时间)之分,两者有时候也不一样。

可见,计算机性能评价是非常难的,关键是要有统一的标准,制定统一标准的困难在于应用的多样性。例如,在 Web 服务中,多个用户同时访问一个服务器,这时最关键的指标可能是 I/O 的带宽和访存的吞吐率,而非 CPU 的主频;有的应用如天气预报,需要成千上万个处理器协同操作;还有一些是媒体的应用,有一些是数据库的应用等。要评价就要有一个大家都信服的标准,中国有句老话"是骡子是马,拉出来遛遛",基于这样一个思路就要建立一系列的基准程序来衡量哪个处理器运算得快,以此作为公认的性能评价标准。基准程序要有足够的代表性、权威性和公开性。

到目前为止,业界已经提出了很多基准程序,有针对通用处理的 SPEC CPU,有针对事务处理的 TPC,有针对嵌入式应用的 EEMBC,还有专门测试操作系统性能的 LMBench 等。基准程序套件一般都选择典型的应用,能够全面、综合地评价计算机的性能,给计算机的性能评价提供一个公共标准。

以 SPEC(Standard Performance Evaluation Corporation) CPU 测试程序为例,它是比较权威的计算机系统性能基准计算程序,有一个专门的组织来维护它。随着 CPU 性能的提高,SPEC CPU 已经发展了 5 轮,从 1989 年版开始,陆续推出了 92 版、95 版、2000 版和 2006 版等。每个版本的 SPEC CPU 都是从几百个各种各样的机构提交的程序中选择一组出来,作为测试程序。例如,SPEC CPU 2000 有 12 个定点程序,14 个浮点程序;SPEC CPU 2006 有 12 个定点程序,17 个浮点程序。表 2.1 列出了 SPEC CPU 2000 的所有 26 个程序。可以看出,这些程序无论从编程语言还是应用特点等方面都具有较强的代表性。大家常用的程序,如 gzip、gcc 等,都是 SPEC CPU 2000 中的测试程序。这些程序对结构的行为测试也比较全面,例如 eon 这个 C++ 程序有很多函数指针,转移猜测总猜不对,可以检验在转移猜测猜不准的情况下 CPU 的效率;有的程序 cache 命中率很高,随着 CPU 主频的提高性能也呈线性提高;也有的 cache 命中率不高,对访存带宽非常敏感等。SPEC CPU 2000 一般不考查 I/O 带宽,对 I/O 带宽的要求比较低。

表 2.1 SPEC CPU 2000 程序集

SPEC 程序	应用类型	程序语言	用 途
164.gzip	定点	C	文件压缩
175.vpr	定点	C	FPGA 布局布线
176.gcc	定点	C	C 编译器
181.mcf	定点	C	组合优化
186.crafty	定点	C	国际象棋
197.parser	定点	C	字处理
252.eon	定点	C++	计算机视觉
253.perlbmk	定点	C	Perl 编程语言
254.gap	定点	C	群论,解释器
255.vortex	定点	C	面向对象的数据库
256.bzip2	定点	C	文件压缩
300.twolf	定点	C	布局布线模拟器
168.wupwise	浮点	F77	量子动力学
171.swim	浮点	F77	浅水模型
172.mgrid	浮点	F77	三维势场求解
173.applu	浮点	F77	偏微分方程
177.mesa	浮点	C	三维图形库
178.galgel	浮点	F90	计算流体动力学
179.art	浮点	C	图像识别/神经网络
183.equake	浮点	C	地震波传播模拟
187.facerec	浮点	C	面相识别
188.ammp	浮点	C	计算化学
189.lucas	浮点	F90	数论/素数测试
191.fma3d	浮点	F90	有限元模拟
200.sixtrack	浮点	F77	核物理加速器设计
301.apsi	浮点	F77	大气学:污染传播

运行 SPEC CPU 测试程序进行性能评估时,运行完后会出一个性能评估报告。这个性能评价报告要对机器具体的软硬件配置进行详细的说明。软件部分包括:操作系统版本,编译器版本,文件系统类型,等等。硬件部分包括:计算机型号,多少个 CPU,一级 cache,二级 cache,存储系统,磁盘系统,等等。另外,测试会提供两个结果:一个是基准性能,另一个是优化性能。进行基准性能测试时,所有的程序采用同样的编译器和相同的编译选项,最多设置不超过 4 个编译参数。而进行优化性能测试时,可以随便优化编译选项,只要不改程序的源代码就行。不同的应用程序,不同的编译优化选项对性能的影响不一样,因此需要分出基准性能 base 和优化性能 peak。

怎样才能把多个程序的性能综合起来以得到可比较的 CPU 性能呢?举个例子,有 A、

B、C 3 台计算机运行两个程序 P1 和 P2。P1 在 A 计算机上运行需要 1s,在 B 计算机上运行需要 10s,在 C 计算机上运行需要 20s;P2 在 A 计算机上运行需要 1000s,在 B 计算机上运行需要 100s,在 C 计算机上运行需要 20s。这种假设的情形是完全可能发生的。例如,A 计算机的 CPU 最快但 cache 最小,B 和 C 的 CPU 慢一些但 cache 大一些;P1 是个小矩阵运算在 A 的 cache 放得下,而 P2 是大矩阵运算在 A 的 cache 放不下。以上 A、B、C 3 台计算机,从程序 P1 的角度,A 最快,B 第二,C 最慢;从程序 P2 的角度,A 最慢,B 在中间,C 最快;从 P1 和 P2 总执行时间的角度,也是 A 最慢,C 最快。

一种较合理的综合评价措施是计算加权执行时间,考虑每个程序执行的频度,综合反映性能。例如,在气象局,短期天气预报天天算,一天至少跑一回,跑得多;长期气候预测,如预测后年全球气候变化,可能一年跑一次就够了。因此,加权计算执行时间是合理的。假设 P1 和 P2 的加权各 50%,则 C 最快;假设 P1 加权为 90%,P2 加权为 10%,则 B 最快;假设 P1 加权为 99.9%,P2 加权为 0.1%,则 A 最快。

还有一种综合不同程序性能的方法,就是进行归一化的几何平均。所谓归一化,就是将不同计算机的执行时间与一台参考计算机相比较后得到一个相对值。在上述例子中,把 A 的执行时间都当作 1,则 B 执行 P1 的时间是 10,C 执行 P1 的时间是 20。SPEC CPU 2000 也采用归一化几何平均的方法进行综合性能评估。其参考机是一台主频为 300MHz 的 Ultra SPARC Ⅱ 工作站,其 CPU 采用 4 发射结构,指令 cache 和数据 cache 各为 16KB,该参考机运行 SPEC CPU 2000 的所有程序都按 100 分算,把其他计算机运行相同程序的所需时间与该参考机的运行时间相比得到相对分值。如果运行时间只有参考机的 1/5,就是 500 分;如果被测机器运行时间只有参考机的 1/10,就是 1000 分。几何平均永远小于等于算术平均,更加强调性能的平衡。例如,SPEC CPU 2000 定点有 12 个程序,算平均分时把 12 个分值乘起来再开 12 次方。如果有一个程序跑得非常慢,整个分值就被拉下来了。如果有一个分值为 0,则总平均为 0 分。这种算法导致硬件和软件设计者不能只提高最容易提高速度的软件的性能,而且还要努力提高速度最慢的软件的性能。

表 2.2 列出了龙芯 2E 的 SPEC CPU 2000 分值。通过比较可以发现,龙芯 2E 的 SPEC CPU 2000 定点和浮点分值高于 1GHz 的 Pentium Ⅲ 处理器的分值,达到中低档 Pentium 4 处理器的水平。

表 2.2 龙芯 2E 的 SPEC CPU 2000 分值

SPEC 程序	参考机运行时间/s	龙芯 2E 运行时间/s	龙芯 2E 分值
164.gzip	1400	403	347
175.vpr	1400	273	512
176.gcc	1100	221	497
181.mcf	1800	307	586
186.crafty	1000	167	598
197.parser	1800	472	382
252.eon	1300	188	690
253.perlbmk	1800	354	508
254.gap	1100	240	458
255.vortex	1900	263	722

续表

SPEC 程序	参考机运行时间/s	龙芯 2E 运行时间/s	龙芯 2E 分值
256. bzip2	1500	365	411
300. twolf	3000	645	465
SPEC_INT 2000			503
168. wupwise	1600	238	672
171. swim	3100	660	469
172. mgrid	1800	579	311
173. applu	2100	549	382
177. mesa	1400	221	634
178. galgel	2900	412	704
179. art	2600	416	624
183. equake	1300	208	624
187. facerec	1900	300	632
188. ammp	2200	432	509
189. lucas	2000	396	506
191. fma3d	2100	531	395
200. sixtrack	1100	345	319
301. apsi	2600	528	493
SPEC_FP 2000			503

2．影响性能的因素

下面我们就把"完成一个任务所需要的时间"作为性能的最本质的定义。从计算机系统结构的角度看，完成一个任务所需要的时间可以由完成该任务需要的指令数、完成每条指令需要的拍数以及每拍需要的时间 3 个量相乘得到。完成任务需要的指令数量与算法、编译器和指令的功能有关；每条指令执行的拍数与编译、指令功能、微结构设计相关；每拍需要的时间，也就是时钟周期与微结构、电路设计、工艺等因素有关。

结构设计对前述的 3 个因素都有很大的影响。例如，要不要设计一条指令直接完成一个 sin 函数，还是让用户通过软件的方法来实现 sin 函数，这是结构设计上的一个取舍，直接影响完成一个任务的指令数。又如，采用单发射还是多发射结构、采用何种转移猜测策略以及采用什么样的存储层次设计都直接影响着平均每条指令需要的拍数。结构设计对提高主频的影响也很大。例如，Pentium Ⅲ 的流水线是 10 级，Intel 公司为了提高主频一发狠就把 Pentium 4 的流水级做到 20 级，还恨不能做到 40 级。Intel 公司曾经做过一个研究，说只要二级 cache 的容量和转移猜测表的大小都增加一倍，就能抵消由于流水线级数增加一倍所引起的流水线效率的降低。

在指令系统确定后，结构设计需要重点考虑如何降低每条指令的平均执行周期数（Cycles Per Instruction，CPI），或提高每个时钟周期平均执行的指令数（Instructions Per Cycle，IPC）。宏观地看，CPI 就是一个程序执行所需要的总运行周期数除以它所执行的总指令数；具体地看，总体的 CPI 可以看成是不同频度指令的一种加权平均。例如，在一个程序中，ALU 的操作占 50%，Load 操作占 20%，Store 操作占 10%，Branch 操作占 20%，CPU 执行 ALU 操作平均需要 1 拍（1 个周期），Load 操作需要 2 拍，Store 操作也是 2 拍，Branch

操作也需要 2 拍。这样,按照上面的计算方法可以得到 CPI=0.5×1+0.2×2+0.1×2+0.2×2=1.5,也就是执行每条指令平均需要 1.5 个周期。计算出 CPI 后,CPU 的总执行时间就等于时钟周期×CPI×总指令数。

3. 优化性能的方法

通过降低 CPI(提高 IPC)来提高性能有很多方法。常见的方法包括加快经常性发生的事件、利用局部性原理以及通过并行提高性能等。

优化结构设计要有所为、有所不为,有所取舍,要优先考虑较常发生的事件。设计者必须清楚什么是经常性事件,以及提高机器在这种情况下运行的速度对计算机整体性能有多大贡献。举例来说,假设把处理器浮点运算单元的性能提高一倍,但是整个程序中只有 10% 的浮点指令,总的性能加速比是 1÷0.95 = 1.053。也就是说,即使把所有浮点指令的计算速度都提高了一倍,总的 CPU 性能也只提高了 5%。

在平衡一个设计的各个方面时,"好钢要用在刀刃上",要把主要优化努力用在最频繁发生的事件上,当然这也是有一个限度的。这个限度在计算机中被 Amdahl 定律所刻画。Amdahl 定律说,通过使用某种较快的执行方式所获得的性能提高,受可使用这种较快执行方式加速的执行时间占总执行时间的比例限制。也就是性能的提升不仅跟其中的一些指令的运行时间优化有关,还和这些指令在整个指令数中所占的比例有关:

$$\text{ExTime}_{\text{new}} = \text{Extime}_{\text{old}} \times ((1-\text{Fraction}_{\text{enhanced}}) + (\text{Fraction}_{\text{enhanced}}/\text{Speedup}_{\text{enhanced}}))$$

$$\text{Speedup}_{\text{overall}} = \text{Extime}_{\text{old}}/\text{ExTime}_{\text{new}}$$

在计算机体系结构设计中,Amdahl 定律的体现非常普遍。例如并行化,一个程序中有一些部分是不能被并行化的,而这些部分将成为程序优化的一个瓶颈。举一个形象的例子,一个人花一个小时可以做好一顿饭,两个人一起做可能 35 分钟就能做完了,但是 60 个人一起做也不可能用一分钟就能做好,因为做饭的过程有一些因素是不可以被并行化的。所以,加快经常性事件的处理速度,就要把经常性的事件找出来,而且它占的百分比越高越好,再来优化这些事件,这是一个基本的原理。

体系结构设计经常用的第二种优化方法就是开发局部性。局部性包括时间局部性和空间局部性两种。时间局部性指的是一件事在一段时间内重复的概率很大,例如一个数据第一次被访问后很有可能多次被访问,又如同一条转移指令有向同一个方向多次跳转的倾向。空间局部性指的是一个数据被访问后,它临近的数据很有可能也被访问,例如数组被按行访问时相邻的数据会被连续访问,而数组被按列访问时,虽然空间上不连续,但每次加上一个固定的步长也是一种特殊的空间局部性。计算机系统结构设计中使用局部性原理来提高性能的例子随处可见,例如 cache、TLB、预取、转移猜测都利用了局部性。

计算机系统结构设计提高性能的另外一个方法就是开发并行性,可以开发 3 个层次的并行性。

第一个层次的并行性是指令级并行。指令级并行是 20 世纪后 20 年期间体系结构提升性能的主要途径。指令级并行性可以在保持程序二进制兼容的前提下提高处理器性能,这一点是程序员特别喜欢的。指令级并行分成两种。一种是时间并行,即指令流水线。指令流水线就像在工厂里生产汽车的流水线一样,汽车生产厂不会等一辆汽车都装好以后再开始下一辆汽车的生产,而是在多道工序上同时生产多辆汽车。二是空间并行性,即多发射,或者叫超标量。多发射就像是多车道的马路,而乱序执行(out-of-order)就是允许在多车道上超车。超标量和乱序执行常常一起被使用来提高效率。在 20 世纪 80 年代 RISC 出现后,随后的 20 年指令级并行性的开发达到了一个顶峰,现在进一步挖掘指令级并行的空间已经不大。

第二个层次的并行性是数据级并行,主要是指单指令多数据流(Single Instruction Multiple Data,SIMD)的向量结构。20 世纪六七十年代,以 Cray 为代表的向量机十分流行,从 Cray-1、Cray-2 到后来的 Cray X-MP、Cray Y-MP,直到 Cray-4 后,SIMD 沉寂了一段时间,现在又开始恢复活力,而且用得越来越多。例如,X86 中的 SSE 多媒体指令可以用 128 位通路做 2 个 64 位的运算或 4 个 32 位的运算。SIMD 作为指令级并行的有效补充,在流媒体领域发挥着重要的作用。尤其在专用处理器中应用得比较多,一个典型代表就是 GPU。通用处理器中 80% 的面积都被用来做 cache 及转移猜测等为运算提供指令和数据的逻辑,真正用于计算的部分不到 10%;而在 DSP 或 GPU 中,可能其中 50%～60% 的面积都被用来做运算,对特定算法效率很高。随着通用处理器数据级并行度的提高,现在 CPU、DSP 和 GPU 有一种融合的趋势。

第三个层次的并行性是任务级并行。任务级并行大量存在于 Internet 应用中。多核处理器以及多线程处理器都是任务级并行的典型代表,它们都是目前结构研究的热点。任务级并行的并行粒度比较大,例如一个线程中包含几十条或者几百条甚至更多条的指令。

上述 3 个层次的并行性在现代计算机中都存在。例如,片上多核处理器运行线程级并行的程序,每个核采用多发射流水线结构,而且往往有 SIMD 的向量部件。

2.10 成本评价

前面介绍了计算机性能的评价标准、影响性能的因素,以及优化性能最常用的方法。下面以芯片的成本为代表,介绍计算机的成本。

1. 成本的组成

不同的计算机对成本有不同的要求。超级计算机基本上不计成本,只追求性能。例如用于核模拟的超级计算机,一个国家只需要有一两台,不太需要考虑成本的问题,只要执行速度足够快就可以了。相反,大量的嵌入式应用,为了降低功耗和成本,可以牺牲一部分性能。例如,手机上的 CPU 执行不了 Windows XP,因为它要降低功耗和成本。而 PC、工作站、服务器等介于两者之间,它们追求在满足一定性能的前提下达到性能价格比的最优设计。

计算机的成本与芯片成本紧密相关。芯片的成本包括该芯片的制造成本和一次性成本 NRE 的分摊部分(如研发成本)。根据过去的经验,在计算机产业中研发投入比例过高的公司都倒闭了。一些技术非常优秀的公司,如 DEC,它们的研发投入占销售额的 15%～20%,最终都倒闭了。能够活下来的公司的研发投入一般占销售收入的 4%～12% 之间。

生产量对于成本很关键。随着不断重复生产一个东西,工程经验和工艺水平也在不断提高,生产成本可以持续地降低。例如做衣服,刚开始可能做 100 件就有 10 件是次品,以后做 1000 件也不会做坏 1 件了,衣服的总体成本就降低了。产量的提高能够加速学习过程、提高成品率,还可以降低一次性成本。

随着工艺技术的发展,为了实现相同功能,所需要的硅面积以指数降低,使得单个硅片的成本以指数降低。但是,成本降到一定的程度就不怎么降了,甚至还有一个缓慢上升的趋势。这是因为厂家为了保持利润不再生产和销售该产品,转而生产和销售升级产品。现在的计算机工业是一个不断出售升级产品的工业。买一台计算机3~5年后就需要换一台新的计算机。CPU和操作系统厂家一起通过一些技术手段,使一般用户在5年左右的时间里就需要更换计算机。这些手段包括:控制芯片的老化寿命,不再更新老版本的操作系统而新操作系统的文档格式不与老操作系统兼容,发明新的应用使没有升级的计算机性能不够,等等。任何一款CPU刚上市的时候价格都比较贵,然后逐渐降低,降到200美元以下,就逐步走向主流市场。芯片公司必须不断地推出新的产品,才能保持盈利。但是总的来说,对同一款产品是有一个成本不断降低的曲线。

下面分析芯片的制造成本。芯片的制造成本主要由3部分构成:晶片(Die)成本、测试成本和封装成本。其关系可由下面这个计算公式表达出来:

芯片成本=(晶片成本+测试成本+封装成本)/最终成品率

影响芯片成本的最重要因素是晶片的成本值可由如下公式计算:

晶片的成本=晶圆的成本/(每片晶圆的晶片数×晶片成品率)

下面,看一看每个晶圆上的晶片数是如何计算出来的。晶圆的英文名叫wafer,是一个圆形的硅片。晶圆的直径大小不一,典型的有8英寸(20cm)和12英寸(30cm)。生产芯片的晶圆都是纯度很高的硅,看上去就像一个亮晶晶的圆盘。在一个晶圆上可以放很多晶片。晶片是方形的,在一个晶圆上放置晶片的个数由晶圆和晶片的面积大小关系来决定。具体计算公式如下:

每个晶圆的晶片数=(晶圆的面积/晶片的面积)-(晶圆的周长/(2×晶片面积)$^{1/2}$)

根据圆面积公式,12英寸晶圆的面积大约是70000mm^2,8英寸晶圆的面积大约是30000mm^2,而晶片的面积从几平方毫米到几百平方毫米的都有。以龙芯2F为例,2F的晶片面积是43mm^2,所以12英寸晶圆上大概能放1593个晶片,实际上根据晶片形状的不同可能还会少一些。图2.7示意了晶圆和晶片的关系。

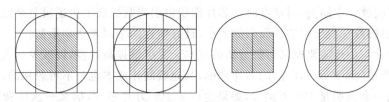

图2.7 晶圆和晶片

一个芯片的制作需要经过两次测试。一次测试在封装前,通过测试选出好的晶片。由于封装过程不可能保证百分百成品率,因此封装后还需要进行一次测试。测试成本由晶片在测试台上所花费的测试时间决定,为了降低测试成本,需要尽量缩短测试时间。

芯片的封装成本一般与外壳引脚的个数、芯片的功耗以及封装材料等相关。例如,芯片的功耗在1W之内,外壳的引脚有100~200个,封装成本小于1美元;但如果功耗是50W,甚至是100W,封装成本就很高,能达到几十美元甚至上百美元。

成品率又是如何计算的呢?假设使用的晶圆都是好的,不考虑晶圆的成品率。由于在制作单晶硅的过程中,工艺可能出现偏差,所以在晶圆上会有缺陷。考虑单位面积的缺陷数之后，晶片的成品率可由下述公式表示：

$$晶片成品率 = (1 + b \times 晶片面积/a)^{-a}$$

其中，a 是衡量工艺复杂度的参数，在目前的工艺下，可取 $a=4$；b 是单位面积的缺陷数，在目前的工艺下，其值约为每平方厘米 0.4~0.8 个缺陷。

以龙芯 2F 为例，其晶片面积是 $43mm^2$，假设 $a=4$，$b=0.6$，则成品率是 78%，可以得出成品大概有 1242 个。90nm 工艺下，一个晶圆的成本大约是 3000~4000 美元，因此龙芯 2F 的每个晶片芯片的成本大概是 2~3 美元。加上测试成本几毛钱，在功耗不是很高的情况下，封装成本 3~4 美元，整个芯片成本约为 6~7 美元。这样的一个芯片一般定价为 15~20 美元。

2. 成本的控制

设计人员通过什么样的手段来控制集成电路的成本呢？手段之一就是通过采用"冗余"设计提高芯片的成品率。以片内 RAM 的冗余设计为例，假设需要一个 4096 行×64 列的 RAM，设计过程中并不刚好做成 4096×64，而是做成 4096×65，多余的一列就作为"冗余"。在这样一块面积很小的 RAM 上，同时发生两个缺陷的概率比较小，所以如果有一列产生了缺陷，在测试过程中被检测出来后，可以对这个 RAM 做一些配置，使坏的那一列被屏蔽，取而代之的是"冗余列"。如何进行配置呢？在 RAM 的前 64 列每一列输出端上都加上一个二选一的选择器，和第 65 列进行二选一，如果哪一列有缺陷，就选择第 65 列作为输出。这样的设计虽然会增加一些电路上的延迟，但大大提高了芯片的成品率。一般来说，可以在芯片里面放一些诸如反熔丝（antifuse wire）之类的非易失存储器，用于在硅片测试时记录每一块 RAM 的缺陷列，并控制 RAM 的冗余列替换。

设计人员控制集成电路成本的最根本的办法是控制芯片的面积。芯片生产流程决定了晶片的成本、成品率以及单位面积上的残次品数。这些因素都是设计者无法影响的，设计人员能控制的就是芯片的面积。一般来说，晶片成本的增长速度和面积增长速度的 4 次方成正比，如果面积增加 1 倍，其成本就增加到 16 倍。设计者主要通过决定晶片所包含的功能特性和 I/O 管脚数目来控制晶片面积。功能多的芯片面积也大。在多数硅片上，引脚只能排在外圈，不能放到中间去，因此有时候芯片面积由引脚数目而不由逻辑复杂度来决定。芯片的功能和引脚数都能影响芯片面积的大小，最好使这两个因素达到平衡。

另外，设计人员还需要控制封装测试的成本。要尽量提高产量，以减少一次性分摊的成本。对于低产量（少于 100 万片）的芯片来说，其掩膜制作成本也是不可忽视的。例如，假设 40nm 工艺的一套掩膜是 100 万美元，如果生产了 100 万片芯片，那么一次性费用分摊到每个芯片上就是 1 美元；如果生产了 1000 万片芯片，那么分摊下来每个芯片就是 0.1 美元。所以，产量大小对于集成电路成本也有很大影响，需要从多个方面、用多种方法去控制芯片的成本。

2.11 功耗评价

评价计算机系统的第三个因素是功耗，这一点对于现阶段的 CPU 设计来说更为重要。例如，一台高性能计算机的功耗是兆瓦量级，曙光 5000 在中科院计算所的地下室进行组装调试时，运行一天电费就是 1 万多元，比整栋楼的电费还要高。计算机里产生功耗的地方非常多,内存条有功耗,CPU 有功耗,硬盘也有功耗,最后为了把这些热量散发出去,制冷系统也要产生功耗。

1. 芯片的功耗

芯片的功耗主要由晶体管工作产生,所以先看晶体管的功耗组成。图 2.8 是一个反相器的功耗模型。反相器由一个 PMOS 管和一个 NMOS 管组成,其功耗主要可以分为 3 种:开关功耗、短路功耗和漏电功耗,其具体关系式如下:

$$P_{\text{total}} = P_{\text{switch}} + P_{\text{short}} + P_{\text{leakage}}$$

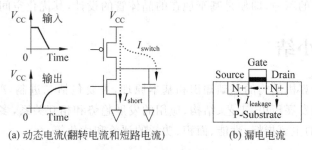

图 2.8　反相器功耗模型

开关功耗主要是电容的充放电。例如,当输出端从 0 变到 1 时,输出端的负载电容从不带电变为带电,有一个充电的过程;当输出端从 1 变到 0 时,电容又有一个放电的过程。在充电、放电的过程中就会产生功耗。开关功耗不但和充放电的电压、电容值有关,还和电路开关频率相关。

短路功耗就是 P 管和 N 管短路时产生的功耗。当反相器的输出为 1 时,P 管打开,N 管关闭;输出为 0 时,则 N 管打开,P 管关闭。但是,在开、闭的转换过程中,电流的变化并不像理论上那样是一个方波,而是有一定的斜率。在这个变化的过程中,会出现 N 管和 P 管同时部分打开的情况,这时候就会有电流产生,也就是产生了短路功耗。

漏电功耗是在 MOS 管不能严格关闭时发生漏电所产生的功耗。以 NMOS 管为例,如果栅极有电,N 管就导通;否则,N 管就关闭。但是在纳米级工艺下,MOS 管沟道很窄,即使栅极不加电压,源极和漏极之间也有电流;另外,栅极下的绝缘层很薄,只有几个原子厚,从栅极到沟道也有电流。漏电流大小和温度呈指数相关,温度越高,漏电越厉害。

2. 降低功耗的方法

优化功耗一般从两个角度入手——动态功耗优化和静态功耗优化。工艺升级是降低功耗的有效方法。工艺升级可以降低电容和电压,从而成倍地降低动态功耗。芯片工作频率跟电压成正比,在一定范围内(如 5%～10%)降低频率可以同比降低电压,因此频率降低 10%,动态功耗可以降低 30%。可以通过选择低功耗工艺降低芯片功耗,集成电路生产厂家一般会提供高性能工艺和低功耗工艺,低功耗工艺速度稍慢一些,但漏电大幅度降低。在结构和逻辑设计时,避免不使用逻辑的翻转可以有效地降低翻转率。例如,如果某一流水级没有有效工作,则保持该流水级为上一拍的状态不翻转。在物理设计时,可以通过门控时钟降低时钟树翻转功耗。在电路设计时,可以采用低摆幅电路降低功耗。例如,工作电压为

1V时,用0.4V表示逻辑0,用0.6V表示逻辑1,摆幅只有0.2V,从而大大降低了电路充放电的电压差。

电路的功耗是一个全局量,和每一个设计阶段都相关。功耗优化的层次从系统级、算法级、逻辑级、电路级,直至版图和工艺级,是一个全系统的工程。最近几年在降低功耗方面的研究非常多。与以前片面追求性能不同,降低功耗已经成为芯片设计的一个重要任务。

信息设备耗电越来越多。信息处理过程是一个从无序到有序的过程,在这个过程中它的熵变小,是一个吸收能量的过程。但是,这个过程真正需要的能量很少,根据冯·诺依曼的计算,现在CPU中一位比特翻转所消耗的电能比理论值高十几个数量级。信息处理方法需要一些原理性的革命,即使是基于现在的晶体管的设计,其优化空间也是很大的。

2.12 本章小结

本章介绍了计算机结构的基础知识和基本原理,主要包括二进制,冯·诺依曼结构,计算机结构的组成和发展历史,工艺、结构、应用的发展趋势和相互关系,多核结构的发展及其挑战,衡量计算机的主要指标,性能、面积、功耗的评价和优化等。

习题

1. 在3台不同指令系统的计算机上运行同一程序P时,A机需要执行$1.0×10^8$条指令,B机需要执行$2.0×10^8$条指令,C机需要执行$4.0×10^8$条指令,但实际执行时间都是10s。请分别计算这3台机器在运行程序P时的实际速度,以MIPS为单位。这3台计算机在运行程序P时,哪一台性能最高?为什么?

2. 如果要给标量处理器增加向量运算部件,并且假定向量模式的运算速度是标量模式的8倍,这里把程序中可向量化部分运算量占总运算量的百分比称为向量化百分比。

(1) 画出一张图来表示加速比和向量化百分比的关系,X轴为向量化百分比,Y轴为加速比。

(2) 向量化百分比为多少时,加速比能达到2?当加速比达到2时,向量模式运行时间占总运行时间的百分之多少?

(3) 假设程序的向量化百分比为70%。如果需要继续提升处理器的性能,一种方法是增加硬件成本将向量部件的速度提高一倍,另外一种方法是通过改进编译器来提高程序中向量模式的百分比,那么需要提升多少向量化百分比才能得到与向量部件运算速度提高一倍相同的性能?你推荐哪一种设计方案?

3. 假设有一个代表典型应用的基准测试程序。一款不包含浮点部件的处理器(可以通过整数指令来模拟浮点指令)运行该基准程序的运行速度是120MIPS,在该处理器上增加浮点协处理器后运行该基准程序的运行速度是80MIPS。下面给出了一些参数:I——基准测试中整数指令的数目;F——基准测试中浮点指令的数目;Y——模拟一条浮点指令需要的整数指令的数目;W——无浮点协处理器时基准程序的运行时间;B——有浮点协处理器时基准程序的运行时间。

(1) 用上面的参数符号表示出两种配置处理器的MIPS值。

(2) 在没有协处理器的配置下,假定 $F=8\times10^6$,$Y=50$,$W=4$s,求 I 的值。

(3) 在上述条件下,求 B 的值。

(4) 在包含协处理器的配置下,系统的 MFLOPS 是多少?

(5) 你的同事想要购买这种协处理器来提高性能,而该配置下 MIPS 降低了,请问他的决策正确吗? 解释你的观点。

4. 假设晶片成品率的经验公式如下:晶片成品率=$(1+b\times$晶片面积$/a)^{-a}$,其中 $a=4$ 是衡量工艺复杂度的参数。

(1) 假设采用 12 英寸(30cm)的晶圆,每平方厘米晶圆的成本为 $c=4000$,缺陷密度 $b=0.6/cm^2$,利用电子表格,计算当晶片面积从 $0.5cm^2$ 变化到 $4cm^2$ 时晶片的成本。然后,使用数学分析工具拟合出晶片成本和面积关系的多项式曲线,使其与电子表格中计算出来的数据相吻合。

(2) 假设缺陷密度更高,$b=2.0/cm^2$,求最接近的最低次数的多项式。

5. 对某处理器进行功耗测试,得到如下数据:时钟不翻转,电压 1.05V 时,电流为 500mA;时钟频率为 1GHz,电压 1.1V 时,电流为 2500mA。请计算在 1.1V 下,此处理器的静态功耗以及 500MHz 下的总功耗。

6. 证明以下结论:

(1) N 个正数的几何平均小于等于算术平均。

(2) 用归一化的 SPEC CPU 2000 程序分值进行 A、B 两台计算机的性能比较与所使用的参考机无关。

7. 试讨论冯·诺依曼结构的主要特点。

(1) 查阅资料,分别给出一款 Intel、AMD、IBM 商业处理器的峰值性能和访存带宽。

(2) 分析这 3 款处理器的访存带宽和存储层次参数(一级 cache 大小和延迟、二级 cache 大小和延迟等)之间的关系。

8. 在一台个人计算机上(如 Pentium 4、Core、Opteron 的 CPU)

(1) 查阅相关资料,给出该计算机的浮点运算峰值。

(2) *编写一个汇编程序,尽量逼近该计算机的浮点峰值。

(3) *编写并运行一个 1024×1024 双精度矩阵乘法程序,计算出实际浮点运算速度。

9. *简要描述一款主流的商业多核处理器结构,并指出其中指令级并行、数据级并行以及线程级并行的特点。

10. *许多商业处理器(如 Intel 的 Core 系列,AMD 的 Opteron 等)上都提供了温度传感器以获取芯片的内部温度。

(1) 请编写一段程序,通过温度传感器来读取芯片温度。

(2) 请再编写一段程序,执行这段程序后可以显著提高芯片温度。

第 3 章

二进制与逻辑电路

3.1 计算机中数的表示

计算机中的数用二进制表示。为什么用二进制？首先，二进制只有两个数，最容易进行逻辑设计；其次，自然界中的二值系统比较多，二进制数的物理实现方便。例如，可以用电压的高低来表示二进制数，高电压表示 1，低电压表示 0。半导体工艺无论是 TTL、ECL 还是 CMOS，都用电压的高低表示二进制数。

除了半导体计算机之外，未来可能还有磁通量计算机、量子计算机和 DNA 计算机等。超导体工艺用磁通量的有无来表示二进制数，在一个约瑟夫森结里，有一份磁通量表示 1，没有磁通量表示 0；量子计算机用能级的高低来表示二进制，一个电子围绕着一个原子核转，电子处于低能级表示 0，处于高能级表示 1。还可以用基因序列 A、G、C、T 来表示数字，实现 DNA 计算机。总之，只要有一个二值以上的系统，加上系统能够进行一些与、或、非这样的基本操作，就能够搭建计算机。

1. 计算机中定点数的表示

计算机中的定点数有两种最常见的表示方法，就是原码和补码。原码表示如 $A = a_{n-1}a_{n-2}\cdots a_1a_0$，最高位 a_{n-1} 是符号位，0 表示正，1 表示负；其他位表示数值。如果 $a_{n-1}=1$，则 A 表示负数 $-a_{n-2}\cdots a_1a_0$；如果 $a_{n-1}=0$，则 A 表示正数 $+a_{n-2}\cdots a_1a_0$。用原码表示二进制数存在两个 0，一个正 0，另一个负 0。

补码是定点数的另外一种表示方法，它也是最高位表示符号，0 表示正，1 表示负；补码 $A=a_{n-1}a_{n-2}\cdots a_1a_0$ 表示 $-2^{n-1}\times a_{n-1}+a_{n-2}\cdots a_1a_0$。如果 $a_{n-1}=0$，补码和原码一样，A 表示正的 $a_{n-2}\cdots a_1a_0$；如果 $a_{n-1}=1$，A 表示 $a_{n-2}\cdots a_1a_0$ 减去 $10\cdots0_2$（共 $n-1$ 个 0）得到的数。求一个数的补码是个取模运算，例如 $-2\%12=10$，相当于一个时钟要往回拨 2 个小时跟往前拨 10 个小时是一样的，减 2 和加 10 的效果一样。补码的这个特点可以把减法转换成加法，在计算机中不用把加法器和减法器分开，只要有加法器就可以做减法。原码和补码的转换方法是：最高位为 0 的时候，原码和补码相同；最高位为 1 的时候，原码的最高位不变，其余位按位取反后最低位加 1。

下面举几个例子。例如 $+18$ 这个数，如果按 8 位二进制表示，原码就是 00010010_2，如果按 16 位二进制表示，$+18$ 的原码是 8 位原码前面扩 8 位 0，$+18$ 的补码和原码相同。又如 -18 这个数，它的 8 位原码是 10010010_2，就是把 $+18$ 原码的最高位变成 1；-18 的 16 位原码也一样把 $+18$ 原码的最高位变成 1。再看 -18 的补码，负数补码就是在正数原码的基础上按位取反再加 1，8 位 $+18$ 的原码按位取反是 11101101_2，再加一个 1，得到 -18 的 8 位

补码是 11101110_2，实际上是由 +18 的 8 位补码减去 $10000000_2(128_{10})$ 得到的。-18 的 16 位补码也一样，是将 16 位 +18 的原码按位取反加 1，得到 1111111111101110_2。把 8 位补码变成 16 位补码的方法是符号位直接扩充，+18 的符号位是 0，在 8 位补码的前面加 8 个 0 得到 16 位补码；-18 的符号位是 1，在 8 位补码的前面加 8 个 1 得到 16 位补码。表 3.1 给出了 +18 和 -18 的 8 位、16 位补码和原码。

表 3.1 定点数的表示

	+18	-18
8 位原码	00010010	10010010
8 位补码	00010010	11101110
16 位原码	0000000000010010	1000000000010010
16 位补码	0000000000010010	1111111111101110

计算机中的定点数一般都用补码来表示，它最大的好处就是可以把减法变成加法。对一个数的补码取负数，只要对每一位（包括符号位）按位取反，并在末位加 1。做减法时，$A-B=A+(B$ 的负数$)=A+(B$ 按位取反加 1$)$。加法和减法都会有溢出。判断加法溢出的方法如下：如果 A 和 B 的最高位一样，且结果的最高位与 A 和 B 的最高位不一样，表示溢出，即两个正数加出来等于负数，或两个负数加出来等于正数，就溢出了。一个正数一个负数相加肯定不会溢出。减法也有类似的溢出规则，即负数减正数等于正数或正数减负数等于负数即表示溢出。

举几个例子。例如 -7+5，+5 补码是 0101_2，+7 原码是 0111_2，-7 补码是 +7 原码按位取反加 1 为 1001_2，两数相加得到 $1110_2(-2_{10})$，一正一负两数相加不会溢出。3+4，两个正数相加得到正数 $0111_2(+7_{10})$ 不溢出。-4-1，-1 的补码是 1111_2，-4 的补码是 1100_2，$(-4)+(-1)$ 就是 1011_2，等于 -5，负数相加等于负数，显然 -4-1 不溢出。5+4 一看就知道溢出了，两个正数相加得到了一个负数（$0101_2+0100_2=1001_2$）；-7-6，两个负数相加得到了一个正数（$1001_2+1010_2=0011_2$），也溢出了。

2. 计算机中浮点数的表示

定点数有一个不足之处，就是表示范围有限，太大或太小的数都不能表示；精度也有限，用定点数做除法不精确。需要有一种方法表示实数，在计算机中叫浮点数。浮点数的表示有很多杂七杂八的异常情况，需要统一起来。因此，浮点数有一个 IEEE 754 标准，大家都遵循该标准来做 CPU，设计该标准的 Rahan 教授也因此得了图灵奖。

浮点数由 3 部分组成：符号位、阶码和尾数。在 32 位的浮点数中，符号位为 1 位，表示是正数还是负数；尾数为 23 位，表示该浮点数的数值；阶码为 8 位，表示乘以 2 的多少次方。其中，8 位阶码可以表示从 0~255 的数，2 的负多少次方怎么表示？用阶码值减偏移值的移码表示。32 位浮点数的偏移值为 127，即阶码的 1 值表示移码 -126，阶码的 2 值表示移码 -125。浮点数的数值等于（尾数$\times 2^{(阶码-偏移值)}$），这样浮点数的表示范围就很大了。表示尾数的时候，因为同一个数可以有多种表示，例如，0.001_2 可以表示成 $0.1_2\times 2^{-2}$，也可以表示成 $1.0_2\times 2^{-3}$，这就需要一个规格化表示。规格化表示尾数统一为 1.* 的样子。因为小数点前面那位肯定为 1，可以不存该位，这样尾数可以多一位表示，精度提高一位。

浮点数有单精度和双精度之分，单精度是 32 位，双精度是 64 位。还有扩展的单精度和双精度，例如 X86 中采用 80 位表示扩展的双精度，而其他处理器都是采用 64 位双精度。

表 3.2 给出了 IEEE 754 标准中浮点格式的主要参数。以 32 位单精度浮点为例，阶码位数是 8 位，阶码的偏移量是 127，最大的阶码是 127，最小的阶码是 -126，也就是浮点数最大是尾数 $\times 2^{127}$，最小是尾数 $\times 2^{-126}$。单精度浮点数的表示范围大致是 $-10^{38} \sim 10^{38}$。单精度尾数是 23 位，阶码个数是 254 个，尾数的个数是 2^{23}，大致有 1.98×2^{31} 个值可以表示。浮点数表示的范围比定点数大大扩展了。双精度表示的范围更大，大致是 $-10^{308} \sim 10^{308}$。

表 3.2 IEEE 754 浮点格式参数

参数	单精度	扩展单精度	双精度	扩展双精度
字长	32	$\geqslant 43$	64	$\geqslant 79$
阶码位数	8	$\geqslant 11$	11	$\geqslant 15$
阶码偏移量	127	未定	1023	未定
最大阶码	127	$\geqslant 1023$	1023	$\geqslant 16383$
最小阶码	-126	$\leqslant -1022$	-1022	$\leqslant -16382$
表示范围	$-10^{38} \sim 10^{38}$	未定	$-10^{308} \sim 10^{308}$	未定
尾数位数	23	$\geqslant 31$	52	$\geqslant 63$
阶码个数	254	未定	2046	未定
尾数个数	2^{23}	未定	2^{52}	未定
值的个数	1.98×2^{31}	未定	1.99×2^{63}	未定

浮点数有很多边边角角的情况需要做特殊的规定。上述格式的浮点数又可以主要分为 3 种情况，主要用阶码进行区分。以单精度为例，阶码 e 的值是 $0 \sim 255$ 之间，其中阶码为 0 和 255 表示特殊的数，$1 \sim 254$ 表示正常的数。

(1) 阶码范围是 $0 < e < 255$ 时，表示规格化数。由于偏移量是 127，阶码的移码表示范围是 $-126 \sim +127$，后面尾数 f 是一个非 0 的值。经过规格化后，最高位 1 被省略，因此如果符号位为 0，表示的浮点数为 $1.f \times 2^{e-127}$；如果浮点数符号位为 1，表示的数是 $-1.f \times 2^{e-127}$。

(2) 阶码为 0 时，表示非规格化数或正负零。当阶码等于 0 的时候，如果 f 全等于 0，浮点数表示正 0 和负 0；如果 f 不等于全零，浮点数表示非规格化数。在规格化非 0 中，能表示的最小移码是 -126，如果浮点数的值等于 2^{-128} 怎么办？可以把 2^{-128} 表示成 0.01×2^{-126}，这是一种非规格化表示。IEEE 754 允许特别小的非规格化数，此时阶码为 0，尾数前面那个 1 就不能加了，浮点数是 $0.f \times 2^{e-126}$。非规格化数用于阶码的移码太小，没法再有比 2^{-126} 还小的情况出现，非规格化数填补了最小的规格化数和 0 之间的一段空隙。尾数有 23 位，这样在理论上非规格化数最小的绝对值可以是 $2^{-126} \times 2^{-23}$，浮点数值的表示精度就增加了很多。

(3) 阶码为 255 时，表示无穷大或非数。阶码等于 255，如果尾数为 0，符号位 0 或 1 分别表示正无穷大或负无穷大；如果尾数不为 0，表示非数 NaN。非数有两个，Quiet NaN 和 Signaling NaN。Quiet NaN 尾数最高位等于 0，它的运算结果还产生 Quiet NaN；Signaling NaN 尾数最高位等于 1，如果拿这个数来运算，就发生例外了。

表 3.3 给出了 IEEE 754 标准中单精度和双精度的不同浮点数的表示。

表 3.3　IEEE 754 浮点数格式

	单　精　度				双　精　度			
	符号位	阶码	尾数	值	符号位	阶码	尾数	值
正无限	0	255	0	∞	0	2047	0	∞
负无限	1	255	0	$-\infty$	1	2047	0	$-\infty$
Quiet NaN	0 或 1	255	高位=0	NaN	0 或 1	2047	高位=0	NaN
Signaling NaN	0 或 1	255	高位=1	NaN	0 或 1	2047	高位=1	NaN
正规格化非 0	0	$0<e<255$	f	$2^{e-127}(1.f)$	0	$0<e<2047$	f	$2^{e-1023}(1.f)$
负规格化非 0	1	$0<e<255$	f	$-2^{e-127}(1.f)$	1	$0<e<2047$	f	$-2^{e-1023}(1.f)$
正非规格化非 0	0	0	$f!=0$	$2^{e-126}(0.f)$	0	0	$f!=0$	$2^{e-1022}(0.f)$
负非规格化非 0	1	0	$f!=0$	$-2^{e-126}(0.f)$	1	0	$f!=0$	$-2^{e-1022}(0.f)$
正 0	0	0	0	0	0	0	0	0
负 0	1	0	0	-0	1	0	0	-0

说明：①把 Signaling NaN 当作操作数引起例外，把 Quiet NaN 当作操作数结果也为 Quiet NaN，可以用尾数部分区分它们；②非规格化数用于阶码下溢的情况，填补最小数和 0 之间的"空隙"。

总结一下本节的内容。本节介绍了计算机中数的表示。为什么在计算机中用二进制，因为它最容易实现，自然界中二值系统最多。计算机中定点数的表示有原码有补码，补码减法可以变成加法来算，实现简单，所以计算机中定点数一般都用补码。浮点数的表示有双精度和单精度，由符号位、阶码和尾数来组成。在单精度的情况下，阶码在 1～254 之间表示规格化数；阶码为 0 表示这个数太小了，是非规格化的数，或表示这个数是正 0 和负 0；阶码为 255 表示这个数放不下了，是无穷大或非数 NaN。

3.2　MOS 管工作原理

下面来看二进制是怎么实现的。在现代计算机中，用晶体管实现二进制通常是指采用 CMOS 管来实现。CMOS 就是 Complementary Metal Oxide Semiconductor 的缩写，称为互补金属-氧化物半导体。CMOS 有两种晶体管，一种叫 N 沟道 MOS 晶体管，简称 N 管；一种叫 P 沟道 MOS 晶体管，简称 P 管。

P 管和 N 管都有 3 个信号端口，分别称为门/栅（Gate）、源（Source）、漏（Drain）。我们可以简单地把 N 管和 P 管当作开关。N 管门电压为高时打开（源和漏导通），门电压为低时关闭（源和漏不导通）；P 管反过来，门电压为低时打开，门电压为高时关闭。随着工艺的进步，门电压不断降低，从早期的工艺门电压为 5.0V、3.3V，降到后来的 2.5V、1.8V，现在都是 1V 左右或者更低。

有了开关，就可以实现逻辑，例如实现反相器。所谓反相器就是输入为 0 的时候，输出为 1；输入为 1 的时候，输出为 0。反相器的电路如图 3.1(a) 所示，反相器由一个 P 管和一个 N 管组成，P 管源端接电源，N 管源端接地，两管的漏极连在一起作为输出，栅极连在一起作为输入。如果输入为 0（接地），P 管导通，N 管关闭，N 管的电阻无穷大，P 管电阻为 0（在实际电路中 P 管有一定的电阻，如几千欧姆），输出端的电压就是电源电压 V_{DD}，表示输出为 1，如图 3.1(b) 所示。反过来输入为 1 的时候，N 管导通，P 管关上，输出端与电源断开，与地导通（实际上也有一个电阻），表示输出为 0，如图 3.1(c) 所示。这就是反相器的基

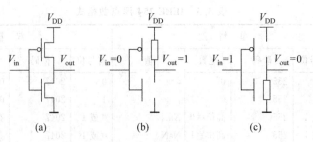

图 3.1 CMOS 电路-反相器

本工作原理。

从反相器的工作原理可以看出 CMOS 的基本原理。关键就在这个"C"上，即由上下两个互补的部分组成电路，上半部分由 P 管组成，下半部分由 N 管组成。上半部分打开时下半部分一定关上；下半部分打开时上半部分一定关上。这样做有什么好处？好处就是没有直流电流，总是有一头是关死的，可以大幅度降低功耗。这也是 CMOS 取代 TTL 和 ECL 的最重要原因。

上面介绍了晶体管以及如何用晶体管来实现反相器。晶体管又是如何制作出来的呢？图 3.2 是一个 N 管的截面图。晶体管的具体制作过程和基本原理可以参见参考文献《数字集成电路——设计与透视》[37]一书中的第 2 章和第 3 章，里面有比较详细的关于 MOS 管的物理数学模型。这里只是给大家提纲挈领地讲一下。

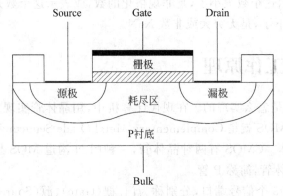

图 3.2 N 沟道 MOS 晶体管的示意图

在图 3.2 中，晶体管的底部叫做 P 衬底，源极和漏极称为有源区。P 衬底也可以标为 P^-，表示在硅中通过掺杂有少量的空穴存在；有源区也可以标为 N^+，表示在硅材料中通过掺杂有大量电子存在。半导体都是由排列整齐的四价硅构成，每个硅原子最外围的 4 个电子都和相邻 4 个硅原子的外层电子配对形成共价键，这样每个硅原子的外层都有 8 个电子，达到相对稳定。如果在纯净的硅中掺杂一些 5 价原子(如磷)，这些原子就挤占了原来硅原子的位置，但是外层多一个电子无法形成稳定的化学键，游离了出来。如果加上电场，剩余电子就会开始流动。同样，如果在纯净的硅中掺杂一些 3 价原子(如硼)，这些原子就挤占了原来硅原子的位置，但外层少一个电子和周围硅原子的外层电子形成共价键，形成空穴。如果加上电场，周围的电子就会跑过来填这个空穴，相当于空穴也会移动。通过掺杂而形成多余电子的材料称为 N 型材料，通过掺杂而形成多余空穴的材料称为 P 型材料；当掺杂含量较小时，产生的电子和空穴也就比较少，用一号表示，当掺杂含量较大时，产生的电子和空穴也就比较多，用＋号表示。因此，P⁻表示掺杂浓度低的P型材料，里面有少量空穴；N⁺表示掺杂浓度高的N型材料，里面有大量电子。

在图3.2中，栅极下面的阴影部分很关键，叫做栅氧层。栅氧层一般由硅的氧化物构成，是一个绝缘体。随着工艺的发展，栅氧层越来越薄，65nm的工艺中栅氧层只有1.2nm，相当于几个硅原子的厚度，这时候栅氧层的漏电现象就比较严重，不容易被关断，但为了降低打开晶体管的阈值电压，又必须把栅氧层做得很薄。栅极一般由掺杂后的多晶硅制成。掺杂后，多晶硅的电阻仍然比金属大，但却比半导体电阻小很多，因此可用来作为电极。最新的工艺也有用金属栅的。

晶体管的基本构成就是这样。下面以NMOS为例介绍晶体管的工作原理。如果直接在源漏电极之间加上电压，是不会有电流流过的，因为源和漏之间相当于有一对正反相对的PN结。如果先在栅极上加上电压，因为栅氧化层是绝缘层，就会在P衬底里形成一个电场，栅极上的正电压会把P衬底里的电子吸引到栅氧化层底部，形成一个很薄的沟道电子层，相当于在源漏两极之间构建了一座桥梁，此时如果再在源漏两极之间加上电压，电流就能流过来了。

N管是在栅极上加上电就通；P管则刚好和N管相反，加上电不通。MOS管导电的工作原理就这么简单。但其实际的物理现象却很复杂。

在晶体管的这个导电模型中，有两个关键电压：V_{gs}和V_{ds}。V_{gs}负责产生耗尽区，形成桥梁，V_{ds}则负责形成电压差，吸引电流从源端到漏端。图3.3为晶体管转移特性曲线图，图中的每一条曲线表示在不同V_{gs}下测得的结果，把各条曲线的拐点用虚线连起来，整个图就被分成了3个工作区：最下面的部分是截止区；在虚线内的部分是线性区；夹在二者之间的是饱和区。下面介绍这3个区的工作状态。特性图最下面的横线（也就是x轴）表示$V_{gs}=0$，此时栅极电压为零，栅极下面没有形成沟道区，无论V_{ds}为多少，都不能形成电流。不仅是$V_{gs}=0$，V_{gs}小于一定的阈值都不能形成沟道电流。阈值电压随着工艺的进步而变化，以前是0.5V或者0.6V，现在一般是0.3V或者0.5V，在65nm工艺下一般只有0.2V。只要V_{gs}比阈值电压小，在栅极下无法形成沟道区，即使V_{ds}很大，也不能形成电流，因此这个区叫做截止区。如果V_{gs}大于阈值电压，在栅极下就形成了沟道，此时沟道区就相当于一个电

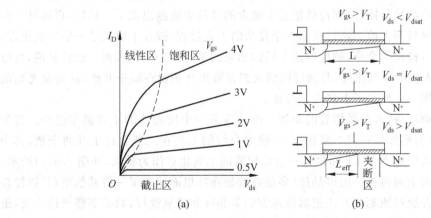

图3.3 NMOS晶体管的工作状态

阻,在它的两端加上电压(也就是V_{ds}),就会产生电流。V_{ds}越大,电流越大,而且二者基本呈线性变化关系,所以称为线性区。当V_{ds}继续增大,甚至超过了V_{gs}时,在原来的沟道区中产生了"夹断区",此时电流趋于饱和状态,不再随V_{ds}的增加而增加,趋于一个恒定值。也就是说,当V_{ds}达到一定程度后,在V_{gs}不变的情况下,晶体管的电流不再变化,或者变化得很缓慢,所以称为饱和区。TTL 和一些 CMOS 模拟电路都工作在线性区,而 CMOS 数字电路则工作在饱和区。

回顾本节的内容。在 CMOS 电路中,N 管的栅极要加上电压才导通,P 管则相反。用 N 管和 P 管很容易构成诸如反相器、与非门、或非门的基本逻辑电路。NMOS 晶体管的工作原理如下:在一个 P^- 衬底上,形成两个掺杂浓度较大的 N^+ 区,也就是源区和漏区;在源漏区之间覆盖一层绝缘的氧化层,上面再用多晶硅或金属制成一个栅电极。当栅电极上有电压时,就会在氧化层下部形成电场,将电子吸引过来,在源漏区之间形成一个沟道区,此时 MOS 管就导通了。当栅极没有电压时,晶体管工作在截止区;加上一定电压后,晶体管工作在线性区,电流随着V_{ds}的增大而呈线性增加;达到一定程度后,晶体管进入饱和区,此时即使V_{ds}再增加,电流也不再增加了。CMOS 数字电路工作在饱和区。晶体管的电流曲线有很多深入的量化研究,感兴趣的同学可以找相关资料好好钻研一下。

3.3 MOS 基本工艺

那么计算机里面的芯片到底是怎么做出来的呢?下面进行逐步介绍。首先简单介绍一下 MOS 工艺。光刻是集成电路制造中非常重要的环节。

首先有一个硅的衬底,就是一个比较纯净的硅的圆片,英文称为 wafer,直径有 6 英寸、8 英寸、12 英寸的,1 英寸约为 2.54cm。通过一定的工艺(热氧工艺),在整个圆片表面生长一层二氧化硅,二氧化硅是绝缘体。在二氧化硅上面再长一层光刻胶,就是一种光敏材料。再用光通过掩膜板对这个光敏材料进行曝光。掩膜板是利用芯片设计的 GDS2 版图形成的,掩膜板的有些地方可以通过光,有些地方不可以通过光。曝光后曝光部分材料的化学性质发生了变化,使之成为一种可溶的材料,而没有曝光的部分是不可溶解的。然后用酸(如氢氟酸)来清洗。由于被光照过的地方发生过化学反应,是可以溶解的,溶解掉以后,把曝光位置的二氧化硅也给蚀刻掉,蚀刻掉就把这个地方的硅的表面露出来了。最后,再通过一种工艺把整个光敏材料都去掉。通过这么一个复杂的工艺过程,圆片上就长了一层二氧化硅,并且里面某些地方被挖了个槽,被挖的这个槽露出来的就是纯净的硅表面。也就是说,可以在整个 wafer 上先长上二氧化硅,并通过掩膜板想在哪里开槽就在哪里开槽,这就是光刻的基本工艺过程。图 3.4 显示了上述工艺过程。

知道怎么光刻以后,再看晶体管的制作。图 3.5 是一个反相器的主要制作过程。首先有一个硅衬底,硅衬底先长一层二氧化硅,用刚才介绍的工艺在二氧化硅上开两个槽,其中的一个槽通过注入形成 N 阱,上面再长一层比较薄的二氧化硅作为栅氧,如图 3.5(a)所示。然后在薄的氧化层上面再长一层多晶硅(多晶硅就是在硅里面掺杂了一些其他东西,以提高硅的导电性能),并通过蚀刻的方法把其他地方的多晶硅和薄氧洗掉,只剩下栅极这一块,最后的结构中间是通过薄氧与衬底隔开的多晶硅,两边是裸露的衬底(或 N 阱),再两边是厚的二氧化硅,如图 3.5(b)所示。下一步,从这个露出来的衬底或 N 阱表面进行离子注入,左边露

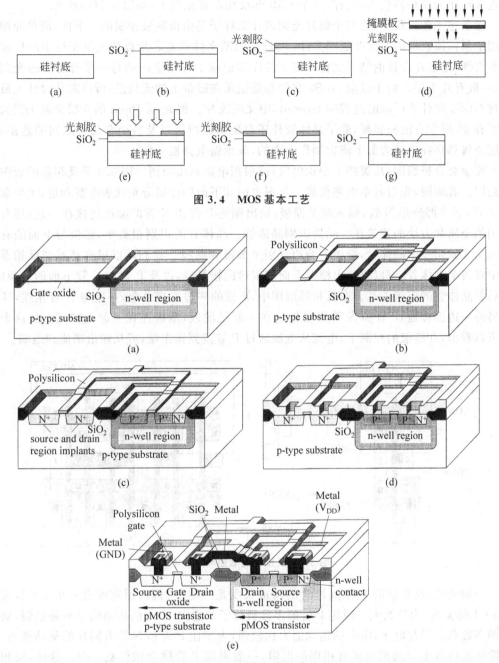

图 3.4 MOS 基本工艺

图 3.5 CMOS 反相器工艺流程

出来的衬底注入五价元素,因为五价元素比四价元素硅多一个电子,使得硅中有多余的电子,成为 N 型半导体;右边 N 阱注入三价元素,形成 P 型半导体,N 阱中的 N^+ 用于连接 N 阱和电源,这就分别形成了一个 NMOS 晶体管和一个 CMOS 晶体管,如图 3.5(c)所示。下一步,再长一层厚氧并在晶体管需要与外部连接的地方留出连接孔,如图 3.5(d)所示。最后生长金属层,金属层也要进行一遍蚀刻,与源、漏接触的金属层分别接电源和地,多晶硅栅极也会引出连接孔作为反相器输入,这样,一个 CMOS 反相器就做成了,如图 3.5(e)所示。

在上述工艺过程中,把整个圆片光刻成什么样子是由掩膜板控制的。下面,简单介绍一下用于制作掩膜板的 GDS2 版图文件。GDS2 版图文件就是芯片设计人员交给生产厂家的技术文件,是芯片设计的结果文件。该文件详细记录了芯片生产的每一层所需要的光刻信息,一般有几十层。由于以前 GDS2 文件都是记录在磁带上的流信息,所以芯片设计人员把交付 GDS2 文件给厂家的过程叫 tapeout,中文叫流片。例如,$0.18\mu m$ 的 6 层金属工艺大概需要有 30 层左右的掩膜板,除了晶体管外还有金属连线层以及各个金属层之间的连接孔。各层金属都是在硅的表面上依次制作上去的,就像做电路板一样。

要学会分析版图,从版图上辨识电路,或根据电路画出版图。图 3.6 是反相器的版图和电路图。看版图,先看基本电路构成。版图上面和下面的金属分别代表电源和地;上半部分是 P 管,下半部分是 N 管;输入端是栅极,输出端是 P 管和 N 管的漏极连接在一起;还有连接用的金属和方块的连接孔。然后识别晶体管。晶体管的识别很简单,栅极与下面的有源区一交叉就是一个晶体管,栅极的两边分别是源极和漏极。我们可以很容易看到反相器版图中有两个晶体管,可以想象出栅极下面有很薄的栅氧层,以及 P 管和 N 管下面的有源区。最后看晶体管的连接关系。在反相器版图中,P 管的一边连接电源,一边与 N 管相连,N 管的另外一边连接地,P 管和 N 管的栅极连在一起是输入,漏极连在一起是输出。从这个版图可以看出,在栅极的控制下,电流从电源通过 P 管流到输出端,或从输出端流到地端。

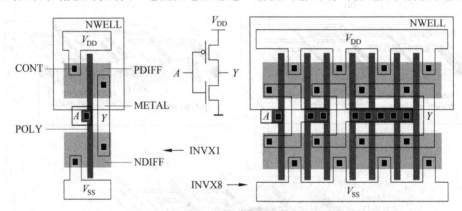

图 3.6 反相器的版图和电路图

一般来说,反相器的 P 管和 N 管的沟道长度是一定的,但沟道宽度有一个 2∶1,或者 1.5∶1 的关系。为什么呢?因为 P 管的多数载流子是空穴,空穴的运动能力不是很强,而 N 管的多数载流子是电子,电子的运动能力比较强,为了让 P 管和 N 管有同样的驱动能力,即 P 管导通和 N 管导通的时候有相同的电阻,一般来说 P 管就会做得宽一些。这样,反相器输出从 0 到 1 的跳变和从 1 到 0 的跳变,两个的斜率差不多,P 管导通时,它给输出节点充电,P 管的沟道宽度决定了输出从 0 到 1 的上升延时有多快;N 管导通时,它给输出节点放电,N 管的沟道宽度决定了输出从 1 到 0 的下降延时有多快。

图 3.6 右边是另外一个反相器。别看它这么复杂,也是一个反相器,只是它的驱动能力大一些。这个反相器由驱动能力依次提高的 3 个反相器连接而成。为了增加晶体管的驱动能力,可以通过多支并连在一起的栅极来增加栅极的宽度。在相同的工艺条件下,要提高晶体管驱动电流的能力,就需要提高沟道的宽度。例如,可以把 P 管和 N 管的宽度做得很大,

它驱动电流的能力就很强。但是这样的晶体管做起来不方便,所以通常使用插指的晶体管,就是做成多支,把它们并联起来。我们来看看 3 个串联的反相器中间的那个反相器电流是怎么流的。这个反相器 P 管的两头都接了电源,一旦 P 管导通,电流就从两头的 V_{DD} 往中间的输出节点流;N 管反过来,一旦导通,电流就从中间输出节点往两头的接地节点 V_{SS} 流。所以虽然这个反相器和第一个反相器的逻辑相同,但是它们的驱动能力不一样。例如 P 管导通,第一个单支反相器只有一条路径由 V_{DD} 向输出节点充电,因此它的电阻比较大;而第二个两支反相器的 P 管导通时电流可以从两个沟道同时流过,所以它的导电能力就大很多,它的驱动电流能力就大很多。但是,这也给前面驱动它的器件增加了负担。这个负担就是输入端栅极到地有一个电容,这个电容是寄生电容,为了让输入端发生翻转,要把这个电容的电充满,或者全部放掉,而两支反相器的栅极电容比单支反相器的大,基本上是原来的 2 倍,所以两支反相器增加了上一级驱动的压力,但是它驱动下一级的能力就大很多了。这个反相器的第 3 个反相器更厉害,一共有 6 支,它一旦导通,电流可以从四面八方流过来,注意它的输出端 Y 的面积很大。这样,通过 3 级逐渐放大的驱动,这个 3 级的反相器构成了一个驱动能力非常强的反相器,当然延迟也大,因为经过 3 级的传输。但是,它给前面驱动级的负载还是比较小,因为第一级反相器的栅极只有一支。

再看一个与非门和一个或非门的版图,如图 3.7 所示。二输入与非门上面两个 P 管并联,下面两个 N 管串联;两个 P 管并联后,一头接电源,另一头与两个串联的 N 管连接;两个 N 管串接后,一头与并联的 P 管连接,另一头接地。与非门的两个输入端 A 和 B 都分别连接一个 N 管一个 P 管,它的输出端是 Y。从图中可以看出,只要 A 和 B 中有一个为 0,有一个 P 管被打开,输出端 Y 就被接到电源上,此时两个串接的 N 管就不可能全被打开,输出端和地绝缘,因此输出 Y 为 1。只有 A 和 B 都为 1,两个 P 管全关闭,两个 N 管打开,输出端才接到地上为 0。或非门两个 P 管串接,两个 N 管并接,A 和 B 控制栅极的电压,Y 为输出端。

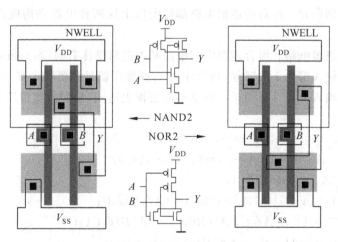

图 3.7 NAND2 和 NOR2 的版图

以上是一些基本的版图知识。做芯片设计的人需要上知天文下知地理,在做结构设计时需要考虑到物理实现。就像前面介绍的,同样一个反相器,有些地方需要尺寸很大的,跟器件的驱动有关,如果一个信号要驱动几百个信号,驱动的器件就要非常大,面积和延迟都会很大。因此,结构设计一定要有电路的概念、版图的概念。希望大家能够看得懂基本的晶体管级电路版图。

设计好电路和画好版图之后,要把版图交给厂家去生产。当然,版图不是随便画的,需要遵循一定的设计规则。做版图设计的时候,生产厂家会给我们一连串的设计规则,可能有几百条设计规则。以前提到的工艺尺寸,如 $0.18\mu m$ 是指栅极的宽度,栅极宽度 $0.18\mu m$ 只是其中一条设计规则。在 $0.18\mu m$ 的工艺中,要求第一层金属的最小宽度为 $0.23\mu m$,金属之间的最小间距为 $0.23\mu m$,而第 2 层到第 5 层金属的最小宽度为 $0.28\mu m$,金属之间的最小宽度为 $0.28\mu m$。类似的设计规则有很多。如果版图不符合设计规则,工艺厂做的芯片就不能正常工作。

本节大致介绍了 MOS 管的基本原理。请大家掌握 MOS 晶体管工作状态图,包括截止区、线性区、饱和区的关系;另外就是版图跟电路图的对应关系,给一个简单的电路,要能够画出一个对应的版图;给一个简单的版图,要读出它是什么电路。

3.4 逻辑电路

搞清楚 MOS 管的组成以后,往上看它构建出的逻辑电路。大家以前都学过与门、或门、非门这些基本的逻辑电路,并根据数理逻辑的知识知道只用与非门就可以完备地实现所有的逻辑。

逻辑电路分为组合逻辑电路和时序逻辑电路两类。组合逻辑电路中没有存储单元,电路的输出完全由当前的输入来决定;而时序逻辑电路中有存储单元,电路的输出由原来的状态和当前的输入共同来决定。有这样一个简单的题目,看似简单却有很多人答不对。问单输入单输出的组合逻辑电路有几种,正确的答案有 4 种,输出恒 0、输出恒 1、输出反向以及直通;而如果问单输入单输出端的时序逻辑电路有几种,正确答案则是无数种,因为时序逻辑里面还有存储单元。所有的逻辑电路都可由以上这两种电路来构成,下面简单介绍一下这两种电路。

先介绍组合逻辑电路。组合逻辑电路中的基本逻辑操作有与(&)、或(|)、非(~)3 种。与操作就是只有输入都为 1 的时候,输出才为 1;或操作就是只要输入有一个为 1,输出就为 1;非操作就是对输入取反。下面是一些基本的逻辑表达式,它们虽然很简单,但使用起来变化无穷。

① $A|0=A, A\&1=A, A|1=1, A\&0=0$;
② $A|A=A, A\&A=A, A|\sim A=1, A\&\sim A=0$;
③ $A|B=B|A, A\&B=B\&A$;
④ $A|(B|C)=(A|B)|C, A\&(B\&C)=(A\&B)\&C$;
⑤ $A\&(B|C)=A\&B|A\&C, A|(B\&C)=(A|B)\&(A|C)$;
⑥ $\sim(A\&B)=\sim A|\sim B, \sim(A|B)=\sim A\&\sim B$;
⑦ $A|A\&B=A, A|\sim A\&B=A|B$。

怎样用 MOS 管构成逻辑电路呢?用晶体管组成 CMOS 电路特别简单,首先由 NMOS 管组成"正逻辑",串联表示与,并联表示或;再用 PMOS 管组成"反逻辑",串联表示或,并联表示与。因为 PMOS 是反逻辑,NMOS 管的网络导通的时候,PMOS 管的网络是关断的,

反之亦然，所以相当于一个非操作。例如，要实现 $A\&B$，NMOS 管要串联，对于 PMOS 就要取 $\sim(A\&B)$，等价为 $\sim A|\sim B$，即 PMOS 管要并联，最后再把正反逻辑串联。当然，由于 NMOS 管是接地端的，所以输出是取反的。再看一个稍微复杂一点的电路 $Y=\sim(A\&B|C\&D)$，其 N 管网络是 $A\&B|C\&D$，先串联再并联；其 P 管网络是 $\sim(A\&B|C\&D)=(\sim A|\sim B)\&(\sim C|\sim D)$，先并联后串联，如图 3.8 所示。理论上任何一个组合逻辑都可以通过由一个 NMOS 管网络和一个 PMOS 管网络组成的逻辑门来实现，但在实际应用中，串联的级数不能过多，一般不超过 4 级，因为串联电阻较大，延迟也比较大，3 级串联的延迟就已经比较长了。

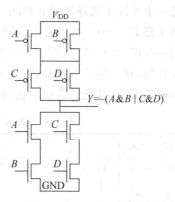

图 3.8　$\sim(A\&B|C\&D)$ 的电路图

在 CMOS 电路中最基本的门结构是非门、与非门、或非门，而与门由一个与非门加上一个非门来实现，所以在设计 CMOS 电路时最好用非、与非、或非来组成所需要的逻辑。例如，要实现 $(A\&B|C\&D)$，如果按照表达式采用一级与门加上一级或门，实际电路里与门是与非门加非门，或门也是或非门加非门，有 4 级门延迟。而如果将逻辑式等价变为 $\sim((\sim(A\&B))\&(\sim(C\&D)))$，即由两级与非操作实现，这样不仅电路的规模小，延时也短。

在组合逻辑的各种表达方式中，最简单的就是真值表，即对每一种可能的输入组合给出输出值，显然一个 N 输入的电路就有 2^N 种不同的输入组合。图 3.9(a)是一个全加器的真值表，其中 A、B、C_{in} 是 3 个输入，A 和 B 是两个相加的数，C_{in} 是低一级的进位，S 是本地和，C_{out} 是向高一级的进位。以本地和 S 为例，000 相加等于 0，001 相加等于 1，010 相加也等于 1，011 相加等于 0……，依次列出后就是它的真值表。再根据真值表，把所有输出 S 为 1 的输入组合进行或运算，就可以得到输出 S 的逻辑表达式。理论上再复杂的表达式都可以通过真值表得到，但随着输入项的增多输入组合的数量呈指数增长。通过这种方式得到的逻辑表达式通常可以用卡诺图等工具进行化简。得到了输出和输入的逻辑表达式，就可以画出逻辑电路图，即通过门电路符号以及互连线把输出与输入的逻辑关系表示出来，图 3.9(b)所示就是一位全加器的逻辑电路图。

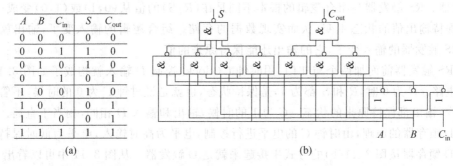

图 3.9　全加器的真值表和逻辑图

在组合逻辑电路中经常用上述与非门、或非门、非门组成一些更大的构块。常见的如选择器和译码器。表 3.4 所示是 3-8 译码器真值表，把 3 位信号译码成 8 位输出，当输入 000

的时候,8 个输出里面最低位为 1,输入为 001 的时候,次低位为 1,以此类推。表 3.5 所示是一个 8 选 1 选择器的真值表,当 ABC 为 000 的时候选择输出第 0 路 D_0,001 的时候选择第 1 路 D_1……。可以看出选择器可以用译码器加上与门来实现。选择器和译码器都是常用的逻辑,如 CPU 里面的发射队列,假设队列里面有 8 条指令,这些指令有一些已经准备好操作数,有一些没有准备好,每条指令有一位来表示是否准备好,要从中找出一条操作数准备好的指令,并把它选出来送到运算部件执行,就是一个选择的逻辑。

表 3.4 3-8 译码器真值表

输入			输出							
C	B	A	Y_0	Y_1	Y_2	Y_3	Y_4	Y_5	Y_6	Y_7
0	0	0	1	0	0	0	0	0	0	0
0	0	1	0	1	0	0	0	0	0	0
0	1	0	0	0	1	0	0	0	0	0
0	1	1	0	0	0	1	0	0	0	0
1	0	0	0	0	0	0	1	0	0	0
1	0	1	0	0	0	0	0	1	0	0
1	1	0	0	0	0	0	0	0	1	0
1	1	1	0	0	0	0	0	0	0	1

表 3.5 8 选 1 选择器真值表

输入			输出
C	B	A	Y
0	0	0	D_0
0	0	1	D_1
0	1	0	D_2
0	1	1	D_3
1	0	0	D_4
1	0	1	D_5
1	1	0	D_6
1	1	1	D_7

下面看看时序逻辑电路,主要是时序逻辑电路的基本单元触发器的组成和参数。时序逻辑电路的核心是数据存储单元,时序逻辑(Sequential Logic)的输出不但与当前输入的逻辑值有关,而且与在此以前曾经输入过的逻辑值有关。

首先介绍时序逻辑中的 RS 触发器。图 3.10 是 RS 触发器的逻辑图和真值表。RS 触发器包含置位端 S(set)和复位端 R(reset)两个输入端口,S 为 1 时置输出为 1,R 为 1 时输出为 0。在图 3.10 中,右边与非门的输出接到左边的与非门的一个输

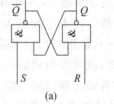

图 3.10 RS 触发器

入,同样左边与非门的输出接到右边与非门的输入,通过两个成蝴蝶形连接的与非门构成 RS 触发器。RS 触发器与组合逻辑的根本不同是在(R,S)的值从(0,1)或(1,0)变成(1,1)时能够保持输出值的状态不变,从而实现数据的存储。组合逻辑的输入变了,输出就跟着变;而 RS 触发器的输入变了,它的输出还能保持原来的值。

在 RS 触发器前面加两个与非门,用时钟 C(clock)控制 D 输入就构成了如图 3.11(a)所示的电路。C 为 0 时,R 和 S 都为 1,是保持状态,也就是说时钟 C 为 0 的时候,不管输入 D 怎么变,输出都保持原来的状态。C 为 1 的时候,输出和输入 D 相同,相当于直通。这就是一个 D 锁存器的原理,由时钟 C 的电平进行控制,电平为高时输入,电平为低时保持。再把两个 D 锁存器按图 3.11(b)的方式串接起来就是 D 触发器。从图 3-11 中可以看出,C 为 1 时第一个锁存器直通,第二个锁存器保持;C 为 0 时第一个锁存器保持,第二个锁存器直通;C 从 1 变到 0 的时刻把 D 的值锁存起来。这就是触发器的根本原理,通过时钟的跳沿而不是电平来锁存数据。

实际电路是有延迟的,为了保证 D 触发器正常工作,需要满足一定的延迟要求。例如

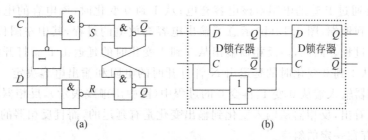

图 3.11 D 锁存器和 D 触发器

为了把 D 的值通过时钟沿锁存起来,要求在时钟变化之前的某一时间内 D 不能变,这个时间叫做建立时间(setup time)。另外,在 C 跳变后的一定时间内,D 也不能变,这就是保持时间(hold time)。建立时间和保持时间可以是负数。另外一个重要的时间参数是所谓"Clock-to-Q"时间,也就是时钟沿来临后到 Q 端更新数据的时间。触发器的延迟为建立时间加上"Clock-to-Q"时间。在 CPU 流水线中,触发器延迟占时钟周期时间。图 3.12 是触发器的建立时间、保持时间以及"Clock-to-Q"时间的示意。

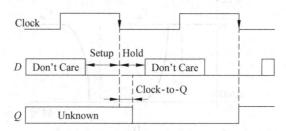

图 3.12 建立时间、保持时间和 Clock-to-Q 时间

有了触发器就可以构建时序电路。时序逻辑电路包含存储单元,其行为由输入和内部单元的值共同决定。例如 CPU 就是一个时序逻辑电路,它的输出由内部存储单元(包括寄存器和存储器等)的值和输入的值决定。时序逻辑电路又分为同步时序逻辑电路和异步时序逻辑电路,在计算机中主要用同步电路。在同步时序电路中,所有存储单元的变化由时钟统一触发,一个 CPU 中可能有几万个甚至几十万个触发器,时钟要驱动这么多的触发器需要庞大的时钟树。由于时钟树中的时钟每一拍都在变化,要对时钟树进行充放电,功耗非常大,一个 CPU 可能有 50% 以上的动态功耗消耗在时钟树上。异步电路不使用时钟来同步,有一些优点,如低功耗等,但其设计难度较大。

3.5 CMOS 电路的延迟

前面介绍 CMOS 的工作原理时把 P 管和 N 管分别当作理想的开关,实际上 P 管和 N 管即使在导通的情况下源漏之间也有电阻,栅极和地之间存在寄生电容等。因此,CMOS 晶体管工作时输入和输出之间存在延迟。在 CMOS 中,延迟主要由晶体管的 RC 参数来决定。

图 3.13(a)是一个 CMOS 反相器的示意图。其输出端有一个接地电容,主要由本身 P 管和 N 管漏极的寄生电容、下一级电路的栅电容以及连线电容组成。反相器输出端从 0 到

1变化时,需要通过P管的电阻对该电容充电;从1到0变化时,该电容的电荷需要通过N管的电阻放电到地端,图3.13(b)示意了输出电容充放电的过程,其中左图代表放电过程,右图代表充电过程。因此,该反相器输出从0到1变化时的延迟由P管打开时的电阻和输出电容决定;从1到0变化时的延迟由N管打开时的电阻和输出电容决定。图3.13(c)示意了在该反相器输入端从0变1,再变0的过程中(图中用虚线表示),反相器输出变化的过程。从中可以看出,反相器从输入变化到输出变化是有延迟的,而且反相器的输出不是理想的矩形,而是存在一定的斜率。

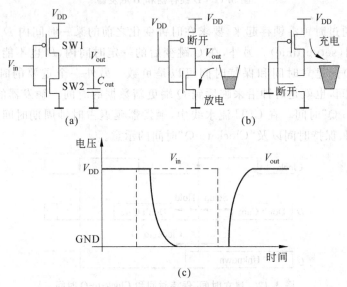

图3.13 CMOS反相器的延迟

从上述CMOS电路延迟的组成原理中可以得出一些比较有意思的结论。例如,由于空穴的运动能力没有电子的运动能力强,在晶体管尺寸相同时P管的电阻比N管大,为了使反相器上升和下降的斜率相同,就要把P管做得比N管大一些。又如,在二输入与非门中,上半部分两个P管并联,下半部分两个N管串联,输出同样从0变1,如果两个并联的P管同时打开,则充电的速度比只打开一个P管要快。也就是说,二输入与非门的两个输入端同时从1到0变化时,输出端从0到1的变化最快。再如,在四输入与非门中,输出从1到0变化时,电容需要通过串接的4个N管中放电,4个串接的N管电阻是单个N管的4倍,因此CMOS电路中单个与非门和或非门的输入端一般不超过4个。

在芯片设计时,需要根据单元的电路结构建立每个单元的延迟模型。一般来说,一个单元的延迟由其本身延迟和负载延迟所构成,而负载延迟又与该单元的负载相关。例如,一个反相器本身的延迟为0.1ns,而其负载延迟为每fF(feto-Farad)电容0.01ns,如果该反相器的负载为50fF,则总延迟为$0.1+0.01\times50=0.6$ns。需要指出的是,用早期工艺生产的晶体管,其负载延迟与负载呈线性关系;但对于深亚微米及纳米工艺晶体管,其负载延迟不再与负载呈线性关系。在工艺厂家给出的单元延迟模型中,通常通过一个二维的表来描述每个单元的延迟,其中一维是输入信号的斜率,另外一维是输出负载。也就是说,一个单元的延迟由输入信号的斜率和输出负载两个值通过查表得到。

图3.14给出了一个全加器的逻辑图及其主要器件(反相器、二输入与非门、三输入与非

门、连线)的延迟参数。其中,TPhl 表示输出由高变低时本身的延迟,TPlh 表示输出由低变高时本身的延迟,Thlf 表示输出由高变低时的单位负载延迟,Tlhf 表示输出由低变高时的单位负载延迟,Cil 表示输入负载,Cwire 表示连线负载。假设 C_{out} 的输出负载为 60fF,根据图 3.14 的逻辑结构以及延迟参数,由 C_{in} 变化引起的 C_{out} 从低变高的延迟为:

$$\begin{aligned} Tlh(C_{in} -> C_{out}) &= TPhl(NAND2) + Thlf(NAND2) \times (Cil(NAND3) + Cwire) \\ &\quad + TPlh(NAND3) + Tlhf(NAND3) \times Col \\ &= 0.10 + 0.015 \times (30 + 50) + 0.20 + 0.010 \times 60 = 2.1ns \end{aligned}$$

上述只是一个简化的计算模型,实际延迟计算比上述方法复杂得多。

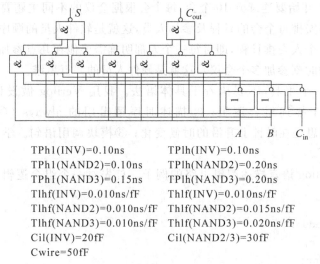

TPhl(INV)=0.10ns   TPlh(INV)=0.10ns
TPhl(NAND2)=0.10ns   TPlh(NAND2)=0.20ns
TPhl(NAND3)=0.15ns   TPlh(NAND3)=0.20ns
Thlf(INV)=0.010ns/fF   Tlhf(INV)=0.010ns/fF
Thlf(NAND2)=0.010ns/fF Tlhf(NAND2)=0.015ns/fF
Thlf(NAND3)=0.010ns/fF Tlhf(NAND3)=0.020ns/fF
Cil(INV)=20fF   Cil(NAND2/3)=30fF
Cwire=50fF

图 3.14 全加器逻辑图及其主要构件延迟参数

3.6 Verilog 语言

在了解组合逻辑和时序逻辑电路之后,就具备了一定的基础,可以开始设计逻辑电路。目前,电路的逻辑设计通常采用硬件描述语言来实现,然后采用电子设计自动化(EDA)工具来进行综合和后端设计。常见的硬件描述语言有两种,一种是 Verilog 语言,另外一种是 VHDL 语言,二者的语法有一些不同,但本质是一样的。在软件程序设计中,用 C 语言写完了程序要编译、链接,形成一个二进制码才能运行。同样,在电路设计中,用硬件设计语言写完设计后要进行综合布局布线,最后形成一个二维版图,并通过流片生产成芯片。

EDA 工具的发展使电路设计的门槛越来越低,只要把时序逻辑和组合逻辑搞清楚,并知道怎样用设计语言来表达组合逻辑和时序逻辑,就可以做设计了。再次强调,在做结构设计的时候,一定要明白逻辑实现是什么样子;在做逻辑设计的时候,一定要明白物理实现是什么样子,要融会贯通。记得在第 1 章给大家讲过什么叫 CPU? 小孩子眼中的 CPU 就是在纸上画一些小方块,然后用线连起来,写上几个字,涂上一点颜色就成了。我们在做结构设计画方块的时候,要明白逻辑上和物理上是什么样子。例如,表示乘法器的方块比表示加法器的方块面积大很多,同样功能的加法器采用不同的进位链延迟也不一样。这些问题心里都要有数,不然就做不好结构设计。做逻辑设计的时候,要明白一个逻辑,如译码器、选择器从晶体管的角度来看是怎么构成的,晶体管的大小、速度又如何,设计者对于这些基本的量都要做到心中有数。

　　Verilog 语言的语法跟 C 语言很相像,但和 C 语言有根本区别。Verilog 程序是并行执行的,而 C 语言程序是串行执行的。硬件设计人员和软件设计人员对 Verilog 有不同的认识。软件设计人员习惯于类似于 C 语言的顺序思维,而硬件设计人员能够从逻辑和电路的角度来理解每一个 Verilog 语句。例如,当在 Verilog 语言中使用 for 循环的时候,需要清楚 for 语句会导致硬件上有多个硬件模块,而不是单个硬件模块多次执行某个功能。在写 Verilog 语句时,要有硬件的并行思维,而不是软件的顺序思维。举个例子,比如一个单位有 100 人,今天从早上开始要连续开 10 个会,每个会根据会议的不同主题要求不同的人参加,单位的秘书很容易安排每个会的日程及参加人员,这就是软件人员的顺序思维;如果秘书根据会议的需要为每个人安排日程,即对每一个人都明确需要他在几点参加哪个会议(有些人可能需要在不同的时刻参加多个会议),这就是硬件人员的并行思维。

　　Verilog 只是一个工具,不要执着于具体语法。我用 Verilog 做设计只用 3 种语句:①assign 语句,用于描述组合逻辑;②描述时序逻辑用的 always(@posedge clock),"posedge clock"意思是在时钟上升沿的时候变化;③模块调用语句。学会这 3 种语句,对所有的设计都够了。

　　举几个用 Verilog 语言描述逻辑电路的例子。首先看一个组合逻辑,下面是一个全加器的 Verilog 实现。

```
module full_adder(
  input a, b, c,
  output s, cout
);

assign s=a^b^c;
assign cout =a&b | b&c | a&c;

endmodule
```

　　在 Verilog 语言中,关键字 module 后面是模块名,这跟 C 语言里的函数名很像。a、b、c 是 3 个输入,这里的 3 个输入都是一位的,如果需要多位输入,则在字母前面加上[]方块号,例如[3:0]a 就表示 4 位的 a;s 和 cout 是输出。assign 表示赋值语句,$s=a\^{}b\^{}c$ 表示 s 为 a、b、c 三者求"异或"的值,3 个数相加,其中有奇数个 1 时,s 为 1。Verilog 的很多运算符和 C 语言一样,包括 &、|、^等。

　　再来看一个触发器的例子,如下面描述所示。

```
module dflipflop(
  input      C,
  input      G,
  input      D,
  output reg Q
);
```

```
always @(posedge C) begin
  if (G) Q <=D;
end

endmodule
```

在上述描述中，dflipflop 为模块名，D、C、G 是输入，Q 是输出，reg 表示触发器类型的变量。这里就用到了"always(@posedge C)"，意思是当时钟 C 上升沿的时候，如果 G 为 1，触发器的输出 Q 就等于 D，也就是把 D 写给了 Q；否则 Q 保持不变。只要我们会组合电路和时序电路这两个基本逻辑的描述，再复杂的 CPU 都可以写出来，而且比我们直接用晶体管来实现要简单得多。还是那句话，对于 Verilog 描述的语句，我们一定要领会它的物理实现的意义。

最后看看模块调用语句，下面是一个串行进位 4 位加法器的逻辑。

```
module adder4(
  input   [3:0] a,
  input   [3:0] b,
  input         cin,
  output  [3:0] s,
  output        cout
);

wire [2:0] carry;

full_adder bit0(.a(a[0]),.b(b[0]),.c(cin     ),.s(s[0]),.cout(carry[0]));
full_adder bit1(.a(a[1]),.b(b[1]),.c(carry[0]),.s(s[1]),.cout(carry[1]));
full_adder bit2(.a(a[2]),.b(b[2]),.c(carry[1]),.s(s[2]),.cout(carry[2]));
full_adder bit3(.a(a[3]),.b(b[3]),.c(carry[2]),.s(s[3]),.cout(cout    ));

endmodule
```

adder4 是一个串行进位 4 位加法器。a、b 是 4 位输入，cin 是进位输入，s 是输出，cout 是进位输出。由于需要 3 个中间进位，所以定义了一个 3 位宽线网类型的数据 carry。

顺便考虑一下加法器的延时问题。这是一个串行加法器，可想而知其延迟是比较长的。从进位输入 C 算起，每一位的加法有两级门延迟，4 位加法器进位传递至少有 8 级门延迟。所以用语言工具来做设计的时候，一定要清楚，语言所描述的设计在物理上的构成，否则只能是纸上谈兵，写很多没有用的东西。现在有很多计算机系统结构方面的论文，由于论文作者没有实际的工程设计经验，经常在结构上画一个方块，说明这个方块的作用，然后用模拟器模拟一下，测一些数据，就得出结论。但实际上，并不知道这个方块如何实现，实现后对主频有多大影响，对面积、功耗又有多大影响。我反复讲这个东西，就是要让大家记住：虽然现在 EDA 工具很发达，大家都用 Verilog 等语言来写设计，不用一个门一个门地画；但当写一行逻辑语句的时候，一定要清楚其背后的电路结构。

下面是一个 4 位计数器的逻辑设计。

```verilog
module counter4(
  input          clock,
  input          reset,
  input          en,
  output [3:0]   out
);
  reg [3:0] counter;
  wire [3:0] c_in;

  assign out=counter;
  adder4 count(.a(counter),.b(4'b0),.cin(1'b1),.s(c_in),.cout());
  always @ (posedge clock) begin
    counter <=reset ? 4'b0 : en ? c_in : counter;
    //counter <=reset ? 4'b0 : en ? (counter+1'b1) : counter;
  end

endmodule
```

上述 4 位计数器逻辑中,输入端里有一个 reset 清零端,reset 值为真时,计数输出在时钟上升沿的时候清零;en 输入是使能端,其值为真时开始计数,来 1 个时钟就计 1 次数;输出是 4 位的数据。counter 是一个 4 位的触发器。Verilog 语言不是串行的,是并行语言,所有东西一起执行,每次时钟上升沿到来的时候,就调用 adder4 模块,将 counter 值计数加 1,同时在 always (@posedge clock)中将计数值赋给 4 位的 counter 触发器。因为 adder4 模块的输出到 15 后又从 0 开始,所以这是一个循环计数器。Verilog 语言里"?"和":"的用法和 C 语言中的一样,此处表示如果 reset 为 1,counter 就清零;否则如果 en 为 1 则将计数器加 1,为 0 则计数器保持原值。现在 EDA 工具的功能很强,也可以不用调用 adder4 模块,直接写个"+"号表示相加(示例代码中注释处表达),由综合工具选择加法器逻辑。

在实现设计中,一般只要用到 Verilog 语言的表达组合逻辑的 assign 语句,表达时序逻辑的 always @(posedge clock)语句,以及表达模块调用的 module 3 个语句就够了。

3.7 本章小结

本章介绍了计算机中二进制数(包括定点数和浮点数)的表示、晶体管的原理和制作工艺、组合逻辑电路和时序逻辑电路,还介绍了 CMOS 电路的延迟以及如何用 Verilog 语言描述电路。通过本章的学习,希望大家能够了解从顶层结构设计到逻辑设计,再到晶体管级电路和版图,最后到工艺生产的基本过程,做到融会贯通。要强调一点,我们追求的设计指标(如延迟、功耗等)是贯穿于上述从设计到生产的整个过程的,本章只是原理性地提到了过程,没有太多地把延迟和功耗等指标与上述过程联系起来。

习题

1. 定点数的表示:

(1) 分别给出 64 位定点原码和补码表示的数的范围;

(2) 在 32 位定点补码表示中，0x80000000 表示什么数？

2. 按照以下要求将浮点数表示出来。

(1) 把单精度数转化为十进制数：0x7ff0000，0xbe400000，0xff800000。

(2) 把双精度数转化为十进制数：0x4035000000000000，0x8008000000000000。

(3) 把十进制数转化为单精度数：−100.0，0.25。

(4) 把十进制数转化为双精度数：1024.0，0.25。

3. 画出 $e=a\&b|c\&d$ 的晶体管级电路图。

4. 计算一个 FO4 的延迟，假设反相器的输入电容为 0.0036pF，平均每个负载连线电容为 0.0044pF，翻转延迟为 0.023ns，每 pF 延迟为 4.5ns。

5. 分析附图 3.1 的 CMOS EDFF 触发器（边沿触发的 CMOS D 触发器）的建立时间、保持时间和 CLK→Q 延迟。假设反相器的延迟为 1ns，传输门从源到漏（或从漏到源）的延迟为 0.5ns，传输门从栅到漏（或源）的延迟为 0.75ns，不考虑由于 latch 的 fight 对反相器延迟的影响。

注意：可参考《数字集成电路——设计与透视（第二版）》[37]。

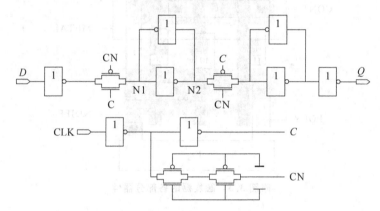

附图 3.1　CMOS EDFF 触发器的触发过程

6. 附图 3.2 是一个触发器的逻辑图，说明该触发器的工作原理。

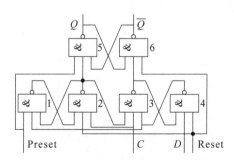

附图 3.2　触发器的逻辑图

7. * 给出附图 3.3 器件的逻辑表达式。

8. * 用 Verilog 写一个电子表电路。

```
module timer(
    input           reset,
    input           clock,
    output [4:0]    hour,
    output [5:0]    minute,
    output [5:0]    second
);

/* Please insert your code here. */

endmodule
```

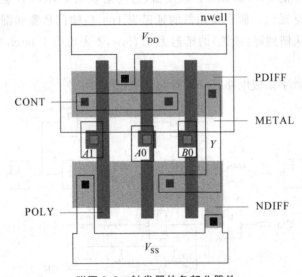

附图 3.3 触发器的各部分器件

第 4 章
指令系统结构

指令系统是计算机软件和硬件交互的接口,是计算机系统结构中一个非常重要的部分。回顾计算机系统结构的发展历程可以看出,20 世纪五六十年代,所谓的 Computer Architecture 几乎就相当于 Computer Arithmetic。当时器件还很昂贵,大家研究的就是怎么样做运算部件,像加法器、乘法器、先行进位加法器、华莱士树等。在设计龙芯处理器时,每年都有好多热心人给我支招,说想到了一种什么方法,可以把加、减、乘、除做得很快。其实现在计算机系统结构已经不太关注于怎么做加、减、乘、除了,因为现在的 CPU 中 80% 的晶体管都用来为运算部件提供指令和数据喂饱饥饿的 CPU,做功能部件其实是比较容易的事情。到 20 世纪七八十年代,Computer Architecture 几乎又相当于 ISA(Instruction Set Architecture),即指令系统结构。在 Cray、IBM 等机器中,各种各样的指令系统被提出来,RISC 也在那个时候乘势而起。因为集成电路技术发展了,可以有更多的晶体管来做设计了,这就需要把计算机做得通用、更加规范,所以,重视指令系统的设计。20 世纪 90 年代以后,Computer Architecture 包括了 CPU、存储系统、I/O 系统和多处理器等整个计算机系统,在各个方向寻找提升计算机系统性能的空间。所以,计算机系统结构是一个发展的概念,而指令系统结构无疑是计算机系统结构的重要组成部分,甚至是枢纽部分。

指令系统结构的内容很丰富,有好多东西都在与时俱进地不断发展和变化。但是,其中有一些是不变的,我们要从大量的、变化的因素中找到不变的因素和本质的东西。

4.1 指令系统结构的设计原则

指令系统在计算机系统中的地位就是软件和硬件的交互接口。程序员根据指令系统设计软件,硬件设计人员根据指令系统实现硬件。因此,指令系统是牵一发而动全身的,只要指令系统稍微变化,一系列软硬件就会相应地受到影响。指令系统结构设计应当遵循如下基本原则。

(1) 兼容性。一个指令系统最好在很长时间内保持不变。例如,Intel 公司的 X86 指令系统,虽然背了很多历史包袱,要支持很多过时的指令(如 8 位运算指令等),经常被人诟病,但就是它的兼容性使得 Intel 公司在市场上获得了巨大的成功。很多其他的指令系统进行过结构设计上的革命,却造成了对原来软件的不兼容,导致其用户群大大缩小。因此,保持指令系统的兼容性是非常重要的。

(2) 通用性。为了适应各种应用,例如网络应用、科学计算、视频解码、商业应用等,通用 CPU 的指令系统的功能必须完备。要是研制 DSP 或者其他专用处理器,就不用太强调通用性,只要针对专门的、具体的应用设计指令即可。通用CPU指令系统还要充分支持操作系统的需求,例如支持多进程就要求有虚实地址空间映射和安全等级等。指令系统要具有较多的功能,便于编译器和程序员使用,例如虽然乘除法可以由加减法的循环来实现,但如果指令系统不支持乘除法,编译器和程序员用起来就会觉得很不方便。

(3) 高效性。指令系统要便于 CPU 的设计优化。对于同一个指令系统,不同的实现方法可以得到不同的性能,既可以采用先进、复杂的技术实现,从而获得较高的性能,也可以采用成熟、简单的技术,以较低的成本得到适中的性能。例如,RISC 指令系统由于其指令间的相关性比较简单,便于使用流水、多发射等高效实现方法来获得高性能;像 X86 这样的 CISC 在其内部实现时,也是先翻译成类似于 RISC 的微操作以便于使用流水线、多发射等高效实现方法;VLIW(Very Long Instruction Word)则把更多的优化工作交给编译器来完成,以保持硬件的简单化和低功耗的有效性。

(4) 安全性。通用操作系统需要考虑到不同的安全需求,指令系统应当有相应的支持。

4.2 影响指令系统结构设计的因素

影响指令系统的因素有很多。通常,某些因素一变化,指令系统就不得不跟着变化,因此了解各方面的影响因素是非常有必要的。

(1) 工艺技术。在计算机发展早期,计算机硬件价格昂贵,简化硬件就成为指令系统设计的主要任务。到 20 世纪八九十年代,随着工艺技术的发展,芯片上单位面积集成的晶体管越来越多,可以在 CPU 内集成更多的功能,功能的增加必然导致指令系统的变化,例如从 32 位结构上升到 64 位结构以及增加媒体指令等。此外,CPU 的主频不断提高,其运算速度越来越快,而存储器的访问速度却没有得到相应的提高,为了缓解访存速度比较慢、CPU 运算速度比较快的矛盾,可以在结构上做一些有针对性的优化,例如设计预取指令,把数据提前取到 cache,甚至取到寄存器。现在,工艺的发展又带来了新的问题。晶体管越来越小,但工作电压不再线性地降低,漏电电流越来越大,芯片的功耗密度越来越大;连线延迟占时钟周期的比重越来越大,要求设计具有比较好的局部性和模块化;新工艺使得晶体管的性能越来越不稳定,偏差越来越大,甚至在一个芯片里不同部位晶体管的行为都不一样。上述因素导致多核结构的出现,多核结构势必在指令系统上有所体现。因此,结构设计需要动态地适应晶体管行为,工艺技术对指令系统结构设计的影响是很大的。计算机系统结构设计要尽量做到让指令少受具体工艺的影响,让一个指令系统能够在 10 年、20 年、50 年甚至 100 年里发挥作用。

(2) 计算机系统结构。指令系统本身就是计算机系统结构设计的一部分,所以系统结构设计对指令系统的影响最直接。一些新的系统结构例如单指令多数据流(Single Instruction Multiple Data,SIMD)、多核处理器等必然会影响指令系统。但大家公认最好的做法还是在不改变指令系统的前提下提高性能,如流水线多发射等,如果实在要改变,最好是以增加的方式来改变,而不要把原有的弄没了,否则会导致好多老程序执行不了。实际上,指令系统的兼容性和系统结构发展之间是有矛盾的,为了指令系统的兼容性总是会背上历史包袱。例如,Intel 公司一直坚持 X86 兼容,所以现在的 X86 指令里面,8 位运算也有,16 位运算也有,32 位的也有,64 位的也有,这样硬件实现起来就比较复杂了。而 RISC 在 20 世纪八九十年代与过去的指令系统进行了一次决裂,包括 IBM 这样的厂家都经历过这个过程。好在那时的客户还比较少，厂家可以帮助客户把所有的程序移植到新的指令系统上来。所以 RISC 指令基本上只支持 32 位和 64 位，16 位和 8 位就不支持了。Intel 公司也有过类似的尝试。安腾的 IA64 采用超长指令字结构，从 HP 开始研究，到 Intel 公司参与进来，研究了十几年，应该说其中包含了很多优秀工程师和结构设计师的心血，结构上有很多创新之处，但是即使这样推出来也不成功。可见，连 Intel 这么大的一个公司想维持两套指令系统也非常困难。

（3）操作系统。现代操作系统都支持多进程和虚拟地址空间。虚拟地址技术是计算机系统发展的一个里程碑。由于虚拟地址技术，很多人同时使用一台计算机的时候，每个人都感觉自己在独占地使用该计算机，编程的时候不需要考虑实际物理内存，程序员可以使用整个地址空间，例如对于 32 位机器，地址空间为 0~4GB。为了实现虚拟地址空间，需要设计专门的指令管理旁路转换缓存或称为页表缓存(Translation Look-aside Buffer，TLB)和运行环境，例如控制寄存器等。为了实现页保护，也需要特殊指令的支持。此外，例外和中断的处理、访问内存和访问 I/O 的区别等，都需要设计专用指令。

计算机系统通常被划分为不同的特权等级：核心态(或系统态)和用户态。核心态比用户态具有更高的等级，拥有更大的权限，因此需要设计专门的核心态指令，普通用户不能使用这些指令，只有操作系统可以在核心态使用。事实上，对于不同的指令系统，其用户态的指令功能都差不多，无非就是加减乘除、逻辑运算、移位、访存、转移等，但操作系统专用的核心态功能就很不一样。核心态指令对指令系统的影响很大。X86 指令系统一直对核心态的指令进行规范，所以操作系统的兼容性好。MIPS 指令系统从 MIPS Ⅰ、MIPS Ⅱ、MIPS Ⅲ、MIPS Ⅳ 一直到 MIPS Ⅴ，都只对用户态指令进行规范，没有对核心态进行严格的规范，只是不同的实现都参考 MIPS R4000 的核心态定义，所以操作系统的兼容性不好，直到 MIPS32 和 MIPS64 才对核心态进行了明确定义。Alpha 指令系统则通过 PALcode 的方式定义了一个抽象的操作系统和硬件的界面。

（4）编译技术。编译技术对指令系统的影响也比较大。RISC 在某种意义上就是编译技术推动的结果。大家写 C 程序很轻松，其实背后的编译器任务很繁重。为了使编译器能有效地进行指令调度，至少需要 16 个通用寄存器。此外，编译器喜欢规整、正交的指令系统功能设计，例如所有的访存指令都可以用所有的寻址方式。如果这条指令可以用这种寻址方式，那条指令可以用那种寻址方式，编译器就不大好处理了。指令功能对编译器就更重要了。举个简单的例子，如果一个指令系统里面没有乘法指令，碰到乘法时编译器就只能拆成很多加法指令一条一条加出来，这个指令系统表达能力就太弱了；如果一个指令系统很强大，不但可以做乘法，连 sin、cos 这样复杂的三角函数都能用一条指令完成，编译器就省心了。

另外，有些比较专用的指令不容易被编译器用到，可以写成专用库给编译器调用。例如，如果在一个指令系统中有专门针对 FFT 运算的指令，这样的指令编译器就不好使用和调度，可以用这些指令写成专门的用于 FFT 运算的库函数，编译器根据用户程序的要求直接调用这些库函数。

（5）应用程序。指令就是为应用而设计的，指令系统随着应用的需求而不断地发展。例如从早期的 8 位、16 位到后来的 32 位、64 位，从早期的只支持定点到支持浮点，从只支持通用指令到支持 SIMD 的媒体指令等。此外，应用程序对指令系统的一个重要要求就是兼容性:最好是一个二进制码,不管 CPU 怎么换,永远都能跑下去。像 Intel 公司一直维护 X86,后来它做了安腾,从结构上看设计得也不错,但是和以前的 X86 不兼容,还是栽了跟头,使得它在 64 位的 X86 上让 AMD 领了先,很难受。

总之,影响指令系统的设计因素非常多。指令系统刚好在计算机的所有要素中间,成为众矢之的,所有人都盯着它。因此,设计指令系统需要非常谨慎。

4.3 指令系统的分类

指令系统可以有很多种分类方法。从功能上看有 4 大类:第一类是运算指令,包括像加减乘除、移位、逻辑运算这样的指令;第二类是访存指令,负责取数存数这些操作;第三类是转移指令,就是管控制流的;最后一类是给操作系统用的一些特殊的指令。还可以进一步地细分,例如把运算指令分为定点和浮点。

根据指令使用数据的方式,指令系统分为堆栈型、累加器型、寄存器型。寄存器型又可分为寄存器-寄存器型(Register-Register)和寄存器-存储器型(Register-Memory)。下面依次看看它们的特点。

(1) 堆栈型。堆栈型指令又称为零地址指令。它的操作数都在栈顶,在运算指令中不用指定操作数。例如加法指令不需要指定操作数,只需默认地把栈顶的两个数相加,并将相加的结果压回到栈顶。

(2) 累加器型。累加器型指令又称为单地址指令。它的一个隐含操作数是累加器,另一个操作数在指令中指定,结果写回到累加器中。

(3) 寄存器-存储器型。寄存器-存储器型指令的每个操作数都由指令显式指定。操作数是寄存器或内存地址。

(4) 寄存器-寄存器型。寄存器-寄存器型指令的每个操作数都由指令显式指定。除访存指令之外,操作数都是寄存器。

上述 4 种指令系统的数据通路不一样。堆栈型指令把栈顶的两个数相加,并将结果写回到栈顶。累加器型指令中的一个操作数必定来自累加器。寄存器-存储器型指令的一个操作数来自寄存器,另一个操作数来自存储器。寄存器-寄存器型指令的操作数都来自寄存器,并将结果存于寄存器中。下面以 C=A+B 指令为例,说明这 4 种指令系统对操作数的访问过程。表 4.1 给出了不同指令类型实现上述操作的指令序列。

表 4.1 4 种指令系统执行 C=A+B 的指令序列

(A、B、C 在内存中不同的单元)

堆 栈 型	累加器型	寄存器-存储器型	寄存器-寄存器型
PUSH A	LOAD A	LOAD R1,A	LOAD R1,A
PUSH B	ADD B	ADD R1,B	LOAD R2,B
ADD	STORE C	STORE C,R1	ADD R3,R1,R2
POP C			STORE C,R3

在堆栈型结构中,"PUSH A"和"PUSH B"分别把 A 和 B 从内存取出,并压入堆栈,"ADD"把栈顶的两个数(A 和 B 的值)弹出,作为加法器的输入,并把输出(相加的结果)压

回栈,"POP C"把栈顶的数(A 和 B 相加的结果)弹出,存入内存单元 C 中。在累加器型结构中,"LOAD A"把内存单元 A 的值存入累加器,"ADD B"把内存单元 B 的值与累加器的值相加,并把结果存回到累加器,"STORE C"把累加器的值存入内存单元 C。在寄存器-存储器型结构中,"LOAD R1,A"把内存单元 A 的值存入寄存器 R1,"ADD R1,B"把寄存器 R1 的值与内存单元 B 的值相加,并把结果存回到 R1,"STORE C,R1"把 R1 的值存入内存单元 C。在寄存器-寄存器型结构中,需要分别把内存单元 A 和 B 的值存入寄存器 R1 和 R2,然后将 R1 和 R2 的值相加并把结果存入 R3,再把 R3 的值存入内存单元 C。寄存器-寄存器型结构运算指令的操作数只能来自寄存器,而不能来自内存单元,所有访存都必须通过显式的 LOAD 和 STORE 指令来完成,因此寄存器-寄存器型结构又称为 LOAD-STORE 型结构。

早期的计算机经常使用堆栈和累加器型指令,这样做主要是出于降低硬件复杂度的考虑。现在的 CPU 指令系统一般都不这样了,但 Intel 的 X86 是一个例外。在 Intel 的 X86 指令系统里面,现在还有累加器型的指令和堆栈型的指令。20 世纪 80 年代后的机器,新的指令系统主要都是寄存器型,而且都是寄存器-寄存器型。这是为什么呢?首先,访问寄存器比访问存储器快,便于编译器的使用和优化。其次,寄存器可以用来存放变量,从而减少访存次数。程序的数据访问有局部性,把数据取到寄存器里面,尽量都在寄存器里面完成运算,就不用每次都到内存中去取数,速度会快很多。此外,到了 20 世纪 80 年代,工艺的发展使得硬件资源也比较充足了,条件允许多做一些寄存器。20 世纪 80 年代以后,CPU 越来越快,内存跟不上这个速度,显得越来越慢。在这种情况下,尽量在寄存器里面做运算,减少访存,就成为一个必然的选择。

除了访问寄存器快这个因素之外,寄存器-寄存器型还有一个很大的优势,就是寄存器之间的相关性容易判断,容易实现指令流水线、多发射和乱序(Out of Order)执行等提高性能的措施。比如说,RISC 的寄存器一般只有 32 个,用 5 位编号就可以在指令中直接指明用哪个寄存器。再维护一个寄存器状态表,就可以知道在整个运算过程中,哪些指令之间有寄存器相关。相比之下,操作数中的内存变量很难判断其相关性,因为地址要在很靠后的流水级才能算出来,而且内存地址有个虚实地址映射的问题。判断不了相关性,就很难乱序执行。

寄存器型指令系统还可以根据指令中的操作数个数和存储器型操作数个数进行再分类。

所有 RISC 指令系统的指令通常有 3 个操作数,而且都是寄存器操作数。这些指令系统的例子包括 SPARC、MIPS、PA、Alpha、PowerPC、ARM 等。这类指令系统的优点是定长指令,硬件简单,执行每条指令时钟数少,容易高主频实现等;缺点是完成同一任务需要的指令数多,定长指令浪费空间等。

X86 和 68000 指令系统的指令通常有 2 个操作数,其中一个为存储器操作数。这类指令系统的优点是运算指令可以直接使用存储单元作为操作数,指令紧凑,空间效率高等;缺点是指令执行周期长,访存操作数在指令中占的位数多,指令间的相关性较难判断等。

早期的计算机如 VAX 有 2 个或 3 个操作数,而且所有操作数都可以是存储器操作数。这类指令系统的优点是完成同一任务所需的指令最少,指令最紧凑;缺点是指令的长度变化大,执行指令的周期变化大,所有运算指令都访问存储器使访存成为瓶颈,指令间的相关性难判断。

4.4 指令系统的组成部分

我们上小学学造句的时候,老师要求我们造的句子主语、谓语和宾语要齐全。指令也是一种语言的表达形式,因此也需要主谓宾齐全。可以认为指令的主语就是 CPU,由于所有的指令主语都一样,就将主语省略了。一般来说,指令包括操作码和操作数。操作码相当于谓语,用来指定操作,例如加法或减法;操作数相当于宾语,是被操作的对象。此外,还需要对指令进行编码,编码可以是定长,也可以是变长,就像一句话可长,也可短一样。

这一节讨论指令的各个组成部分。首先从数据类型、访存地址、寻址方式等几个方面讨论操作数部分,然后讨论操作码部分,最后讨论指令编码。

(1) 数据类型。计算机中常见的数据类型有整数、实数、字符,数据长度为字节、半字、字和双字。也有一些指令系统(如 X86)有专门的十进制数据类型。

在指令中表达数据类型有两种方法。第一种是由操作码来区分不同类型,这是最常用的方法,例如同样是做加法有定点加法指令、浮点加法指令、双精度加法指令和单精度加法指令等。另一种是在数据上附带一个由硬件解释的表示类型的符号,通过该符号表示操作数的类型,例如加法指令使用统一的操作码,并用专门的标志来表示加法的数据类型是定点、浮点、单精度还是双精度。

(2) 访存地址。在指令系统中,指令可访问的通常有两个地址空间,一个是寄存器,另一个是存储器。其中寄存器的访问比较简单,都是直接在指令中指明寄存器号;存储器访问比较复杂,不同的指令系统有不同的规定。

所有的存储器都是统一按字节编址的,所有的地址都是字节地址。如果有的机器地址是字的地址,有的机器地址是字节的地址,那么大家写程序就相当麻烦了。

但是其他方面就各有各的规矩,不大统一了。例如访问长度有字节、半字、字和双字,它们在不同的指令系统中含义不一样。有一些指令系统(如 X86)认为字是 16 位,双字是 32 位,而在很多 RISC 系统中,字节是 8 位,半字是 16 位,字是 32 位,双字是 64 位。

除了访问长度,指令系统还必须要考虑的一个问题是,其是否支持不对齐的访存,也就是跨数据边界的访存。所谓对齐访问,就是如果访问一个半字,地址最低一位就必须为 0;访问一个字,地址最低两位等于 0;访问一个双字,地址最低 3 位等于 0。对齐访问硬件实现起来简单一些。如果实现不对齐访问,一个访问可能需要访问两次 cache 或者内存。例如,访问地址为 61~68 的一个双字,假设 cache 块的大小为 32 字节,有可能其中的 61~63 字节部分在 cache 中,而 64~68 字节部分不在 cache 中,实现起来比较麻烦。但是如果只支持对齐访问,会使指令系统丧失一些灵活性。例如,串操作就喜欢非对齐访问,如果访问 8 个字节长的一个串也要求串地址最低 3 位都是 0(也就是 8 的整数倍),那就比较别扭。要取一个字节 5 到字节 12 的串的话,就得访问两次,第一次先取字节 5~7 这 3 个字节,第二次再把后面的几个字节取进来,拼到一起。所以,有一些指令系统对非对齐的访问有一些特殊的支持。

还有一个跟访存地址相关的问题就是大尾端(Big Endian)和小尾端(Little Endian)的问题。这个问题严重地影响了不同机器间数据的兼容性。小尾端的地址指向最右字节,大尾端则反之。什么意思呢?如果用 8 个字节(字节 0~7)来表示一个 64 位的数,它的最低位在字节 0,那就是小尾端;如果最低位在字节 7,就是大尾端。X86 采用小尾端,而 IBM 的计算机则采用大尾端。一些指令系统如 Sparc 既支持大尾端,又支持小尾端,可以相互切换。

(3) 寻址方式。寻址方式指的是如何在指令中表示所要访问的内存地址。有很多寻址方式,最常见的是基址加偏移量的方式,也就是用一个寄存器的值加上一个立即数来作为地址。还有一种是两个寄存器的值相加作为地址,这种寻址方式可以用于访问二维数组,一个寄存器表示行地址,一个寄存器表示列地址,这样比较灵活。当然用一个寄存器也可以访问二维数组,但需要多做一些地址运算。更复杂的寻址方式有内存间接寻址,即把一个寄存器的值当作地址去访问一个内存单元,把内存单元的值取回来,当作地址再从内存里面取一个值,那个值才是所需要的。另外还有就是自动增(减)量寻址,每次访存结束了,寄存器的值就自动加(减)1。

表 4.2 列出了在计算机中常用的寻址方式。数组 mem 表示存储器,数组 regs 表示寄存器。例如,mem[regs[R1]]指的是由寄存器 R1 的内容指定的内存地址的内容。

表 4.2 寻址方式的例子和含义

寻址方式	格　式	含　义
Register	ADD R1,R2	regs[R1]=regs[R1]+regs[R2]
Immediate	ADD R1,#2	regs[R1]=regs[R1]+2
Displacement	ADD R1,100(R2)	regs[R1]=regs[R1]+mem[100+regs[R2]]
Reg. Indirect	ADD R1,(R2)	regs[R1]=regs[R1]+mem[regs[R2]]
Indexed	ADD R1,(R2+R3)	regs[R1]=regs[R1]+mem[regs[R2]+regs[R3]]
Absolute	ADD R1,(100)	regs[R1]=regs[R1]+mem[100]
Mem. Indirect	ADD R1,@(R2)	regs[R1]=regs[R1]+mem[mem[regs[R2]]]
Autoincrement	ADD R1,(R2)+	regs[R1]=regs[R1]+mem[regs[R2]],regs[R2]=regs[R2]+d
Autodecrement	ADD R1,−(R2)	regs[R2]=regs[R2]−d,regs[R1]=regs[R1]+mem[regs[R2]]
Scaled	ADD R1,100(R2)[R3]	regs[R1]=regs[R1]+mem[100+regs[R2]+regs[R3]*d]

还可以举出很多其他寻址方式,但常用的寻址方式并不多。在《计算机系统结构:量化研究方法(第 2 版)》中,在 VAX 机器上(VAX 机的寻址方式比较丰富)对 SPEC CPU 1989 中的 Tex、Spice 和 gcc 3 个应用程序的寻址方式进行了统计。结果表明偏移量寻址、立即数、寄存器间接寻址、自动增量寻址、存储器间接寻址在 Tex 中的比例分别为 32%、43%、24%、0%、1%,在 Spice 中的比例分别为 55%、17%、3%、16%、6%,在 gcc 中的比例分别为 40%、39%、11%、6%、1%。从中可以看出,最常用的寻址方式为偏移量寻址、立即数寻址和寄存器间接寻址,其中寄存器间接寻址相当于偏移量为 0 的偏移量寻址。因此,一个指令系统至少要支持寄存器寻址、立即数寻址和偏移量寻址。

地址偏移的位数统计表明:地址偏移量有 12~16 位就够了,其中 0、1 位的偏移量用得最多,4、5、6、7、8 位用得也不少,到了 13、14 位就少了,所以地址偏移量有 16 位就够了。立即数位数的统计表明:立即数大部分都是 8 位以下,所以立即数有 8~16 位也就够了,并且偏移量和立即数都直接放在指令中,而指令长度常常是固定的,所以偏移量和立即数都不能太长。

(4) 指令操作。在指令系统研究中,有一个著名的拇指规则(Rule of Thumb):最常用的指令是简单指令。根据《计算机系统结构:量化研究方法(第 3 版)》[10]对 SPEC INT

1992 在 X86 计算机上的统计,在实际运行时,在 X86 指令系统的几百条指令中,前 10 种简单指令的使用频率就占了所有指令的 96%。其中,load 指令占 20%,条件转移分支指令占 20%,比较指令占 16%,store 指令占 12%,加法指令占 6%,减法指令占 5%,move 指令占 4%,call 和 return 各占 1% 等。

在指令操作中,转移指令控制指令的控制流。转移指令包括条件转移、无条件转移、过程调用和过程返回。转移指令要确定两方面的内容:转移条件和转移地址。这两个要素的组合构成了各种类型的转移。条件转移要先判断条件再决定是否转移;无条件转移是不用判断条件的转移。相对转移是 PC 加上一个偏移量;绝对转移是直接给出转移地址。直接转移的转移目标地址可以从指令中直接得出;间接转移则根据寄存器的内容进行跳转,程序中的 Switch 语句、虚函数调用、函数指针、动态链接以及过程返回都是间接转移,由于取指令或译码时不知道间接转移的目标地址,因此结构设计时处理间接转移比较麻烦。

转移指令有几个特点。第一,在转移指令中,条件转移的使用率是最大的。第二,条件转移通常只在附近进行跳转,例如一个 if 块中包含很多语句或者一个循环长度超过 64K 条指令(即偏移量为 16 位)的情况不多见,偏移量一般小于 16 位,但至少为 8 位。但在执行时动态生成指令的虚拟机中,超过 64K 条指令的长距离跳转也比较普遍。第三,转移条件比较简单,一般比较两个数大小时可以先将两数相减,再与 0 比较。

转移条件通常有两种实现方式:一种是使用标志位(Flag)。例如,在 X86 系统中,每次执行运算操作都要更新标志位,用它来说明是大于零还是小于零或者有没有溢出等,条件转移指令则根据这个标志位的值是 0 还是 1 进行转移。还有一种是不使用标志位,直接比较两个寄存器的值是否相等,或者比较一个寄存器的值是大于还是小于 0。两种方法都常用,例如 X86 系统根据条件码来转移,而 MIPS 系统的定点转移是直接比较寄存器的值,浮点转移是根据条件码转移。

(5)指令编码。指令编码可分为定长和变长。变长指令程序代码短,定长指令实现简单。为什么变长指令程序代码短呢?因为可以把最常见的指令代码编得短一点。就像电话号码编区位号,北京是 10,只占两位,而一般地区都是 4 位,因为北京区号用得比较多,所以把它编短一点。当然,这样编就损失了很多编码,本来 1000 和 1001 可以表示不同区的,现在都被 10 占掉了。

RISC 是定长指令,长度为 4 个字节;而 CISC 的指令是变长的,如 X86 指令长度为 1~17 个字节,VAX 最短的指令为 1 个字节,最长的指令为 53 个字节,其中加法指令的长度为 3~19 个字节。有些指令系统采用混合编码,例如 MIPS 一般都是 32 位指令,但为了降低功耗,也定义了一些 16 位的指令,使代码非常紧凑。

4.5 RISC 指令系统结构

RISC 指令系统结构的诞生是计算机历史上的里程碑事件。这样的里程碑在计算机历史上并不多,在此之前的虚实地址转换可以算一个。虚实地址转换解决的是让用户觉得好用的问题,而 RISC 解决的是高效实现的问题。

RISC 的核心思想就是简单化。RISC 的指令功能简单,完成一条指令的周期数短;RISC 使用定长指令,译码较简单,符合"常用的做得快、少用的只要对"的原则;RISC 采用

Load-Store 结构,只有访存指令才能访问存储器,所有运算指令只使用寄存器。

简单化的好处是有利于高效实现。RISC 结构除了有利于提高主频外,更重要的是有利于通过像流水线、多发射、乱序执行等这样的技术来提高效率。例如,在 RISC 的 Load-Store 结构中,所有的运算指令都只对寄存器操作,寄存器的相关性容易判断,因为它的位数很短,而且寄存器号在指令中直接表示,在指令译码时就知道。相比之下,访存的相关性很难判断,要把地址算出来而且转换成物理地址后才能判断其相关性,因为不同的虚地址有可能对应相同的物理地址。

也许很多人会说,现在用得最普遍的 X86 就不是 RISC 指令系统。事实上,现在的 X86 处理器内部也使用了 RISC 结构设计方法,为了高效实现,把比较复杂的指令预译码成很多简单的微操作,并使用了超流水、乱序执行、多发射等高效的实现手段。

简单是最复杂的创新。RISC 结构的提出并不是拍脑袋的发明,而是很多计算机系统结构研究人员通过大量的实践对应用程序、编译器以及硬件工作行为认识的一次飞跃。就像前一节介绍的,通过大量的实践,人们认识到:简单操作使用率最高,前 10 种简单操作的使用频率占所有操作的 96% 以上;像寄存器、立即数、偏移寻址和寄存器间接寻址这 4 种寻址方式占内存寻址的绝大部分,立即数和偏移量的位数一般不超过 16 位;多数条件转移都只进行相等、大于零、小于零这种简单的比较;为了提高主频和流水线效率,需要简化指令间的相关性判断等。正是这些来自实践的认识促进了 RISC 结构的出现。

一个典型的 RISC 结构具有以下特点:32 位的定长指令;32 个 32 位的通用寄存器(目前 RISC 的寄存器已经由 32 位发展到 64 位);运算指令具有 3 个寄存器操作数;所有的访存操作都通过 Load-Store 指令实现;使用基址加偏移量的寻址方式和简单的条件转移等。

下面以 MIPS 为例对 RISC 指令系统进行进一步介绍。自从第一颗 MIPS 处理器诞生以来,MIPS 指令集已经经历了多种不同的版本。龙芯处理器就兼容了 MIPS 指令集。

(1) MIPS 指令编码格式。MIPS 指令采用 32 位编码,有 3 类编码格式:寄存器类(R-type)、立即数类(I-type)和转移类(J-type),如图 4.1 所示。其中,OP 表示操作码,OPX 表示辅助操作码;RS 表示源寄存器操作数,RD 表示目标寄存器操作数,寄存器操作数需要 5 位编码,因为有 32 个通用寄存器;Immediate 表示立即数,Target 表示直接转移指令的目标地址;SA(Special Area)这个字段比较复杂,不同情况下具有不同的含义,它可以由特定的 CPU 自主定义,用来实现指令集的扩充。

	33 22 22 22 22 22 11 11 11 11 11 00 00 00 00 00					
	1 0 9 8 7 6 5 4 3 2 1 0 9 8 7 6 5 4 3 2 1 0 9 8 7 6 5 4 3 2 1 0
R-type	OP	RS1	RS2	RD	SA	OPX
I-type	OP	RS	RD	Immediate		
J-type	OP	Target				

图 4.1 MIPS 的指令编码格式

寄存器类(R-type)指令主要用来完成寄存器—寄存器 ALU 操作。立即数类(I-type)指令有很多种用途,包括 Load-Store 操作、条件转移指令等;对于访存指令,由 RS 寄存器的值加上立即数 Immediate(偏移量),得到一个内存单元地址,从该内存单元中取一个数放到 RD 中,或者把 RD 的值存到这个内存单元中;对于条件转移指令,其转移条件可能是 RS 寄存器的值是否等于 0,也可能是判断 RS 跟 RD 的值是否相等,目标地址既可以是 RD 的值,也可以是程序计数器（Program Counter,PC）加上一个偏移量（Immediate）的值。转移类指令（J-type）主要用于直接跳转，转移地址是 PC 的高 4 位与 Target 直接拼接，后面补两位 0。

（2）MIPS 指令类型。MIPS 指令系统主要包括访存指令、运算指令、比较和转移指令、系统管理指令和其他杂项指令。其中，系统管理指令专门由操作系统使用，例如 TLB 管理、cache 管理和例外处理；杂项指令包括陷阱（Trap）、断点（Breakpoint）以及不同寄存器组的数据传输等。

根据《计算机系统结构：量化研究方法（第 3 版）》中对 SPEC CPU 2000 部分程序在 MIPS 上的统计，在 SPEC INT 2000 中，load 指令占执行频率的 37%，store 占 10%，算术运算占 13%，逻辑运算占 16%，移位指令占 2%，比较指令占 5%，条件 move 指令占 1%，转移指令共占 15%（其中条件转移指令占 12%，jump 指令占 1%，call 和 return 指令各占 1%）；在 SPEC FP 2000 中，load 指令占执行频率的 41%（其中定点 load 占 26%，浮点 load 占 15%），store 占 9%（定点 store 占 2%，浮点 store 占 7%），定点算术运算占 19%，逻辑运算占 3%，移位指令占 1%，比较指令占 2%，条件转移指令占 4%，浮点运算指令占 18%，浮点 move 指令占 1%。当然，这些结果跟编译器的行为是紧密相关的。

根据上述统计，不论在定点还是在浮点程序中，load 和 store 指令都占了 50% 左右的份额，也就是说，在实际程序执行时有一半的指令被用来进行内存访问，所以加快内存访问速度是提高性能的关键。定点程序的转移指令占了 15% 左右，也就是说，平均每 7、8 条指令中就有 1 条是转移指令，如果转移指令处理不合理，流水线的效率就会大大降低。

现在，一个 CPU 的运算能力是非常强的，关键就是两样东西要能供得上：一个是指令供得上，另一个是数据供得上。指令供得上，除了取指带宽要高以外，一个重要的因素就是要处理好转移指令，因为取指是指令流水线的第 1 拍，如果碰到转移指令就不知道下 1 拍去哪里取指，那流水线就断流了。更麻烦的是，平均每 7、8 条指令中就有 1 条是转移，如果转移指令处理不好，每 7、8 条指令流水线就要断流 1 次，在 4 发射结构中每两拍流水线就要停下来等待转移指令的执行结果，流水线效率就很低了。访存指令也一样，普通运算中算一个数要两个数据，要是数据供不上，运算部件再多也是白搭。所以设计一个计算机系统结构，80% 的力气要花在有效提供指令和数据上。

4.6　RISC 的发展历史

1964 年，CDC 公司推出世界上第一台超级计算机——CDC6600。CDC6600 已经具备了 RISC 的一些基本特征。它的设计者认识到，为了实现有效的流水技术，需要简化体系结构。现代处理器的很多关键技术都在 CDC6600 上已经显现雏形。例如，CDC6600 采用了 Load-Store 结构，使运算指令只对寄存器操作，而不对内存进行操作；使用计分板（Scoreboard）技术进行动态流水线调度，还使用了乱序执行技术，尽管还不是很彻底的乱序执行。

1976 年推出的 Cray-1 向量机的设计思想与 CDC6600 类似。Cray 公司的创始人 Seymour Cray 本人就是 CDC6600 的主要设计师之一。但是，上述简化结构以方便硬件高效实现的理念在 20 世纪六七十年代没有受到小型机和微处理器设计者的重视。

1968 年，John Cocke 在 IBM 公司的 San Jose 研究中心领导研究项目 ASC（Advanced Scientific Computer）。当时，他的基本思想就是让编译器做更多的指令调度，以降低硬件复杂度,并提出在每个周期发射多条指令。然而,这个计划后来被取消了。Cocke 于 1971 年来到 Future System 公司,1975 年他又回到 IBM 公司的 Yorktown 研究中心开始研制 IBM 801。IBM 801 是所有 RISC 计算机的鼻祖,最早开始设计 RISC 处理器的 Cocke 也因此获得了图灵奖。现在 IBM PowerPC 系列 CPU 的主要思想源于 IBM 801。

曾经参与了 IBM 801 项目研究的 Patterson 和 Hennessy,分别回到加州伯克利大学和斯坦福大学,开始从事 RISC-1/RISC-2 项目以及 MIPS 项目。RISC-2 项目是 SPARC 处理器的前身,MIPS 项目则是 MIPS 处理器的前身。IBM 801 的项目经理 Joel Birnbaum 在 HP 创立了 PA-RISC。在推出 Alpha 之前,DEC 公司曾经使用了 3 年的 MIPS 处理器,Alpha 的设计人员大都设计过 MIPS 处理器。

可以看出,MIPS、PowerPC 和 SPARC 是较早出现的 RISC 结构,Alpha 是从 MIPS 里分离出来的。它们实际上都是表兄弟,Alpha 跟 MIPS 更是亲兄弟。由上述发展过程,我们不难理解刚开始时 5 个 RISC 处理器所具有的相似性。表 4.3 给出了上述 RISC 指令系统的发展历程。

表 4.3 RISC 指令系统的发展

年份	MIPS	ALPHA	PA-RISC	SPARC	PowerPC
1986	MIPS I		PA-RISC 1.0		RT/PC
1987				SPARC v8	
1988					
1989	MIPS II				
1990			PA-RISC 1.1		Power I
1991					
1992	MIPS III (64 位)	Alpha(64 位)			
1993					Power II & PowerPC
1994	MIPS IV (64 位)			SPARC v9(64 位)	
1995					PowerPC(64 位)
1996			PA-RISC 2.0(64 位)		

后来,每个 RISC 处理器不断加入新指令,因而有了各自的特点和发展。具体来说,PowerPC 指令功能强、使用灵活,被称为 RISC 里的 CISC;Alpha 指令非常简单,采用超标量流水结构,流水级数多,主频高。1992 年,MIPS III 和 Alpha 都已经实现了 64 位结构,而 X86 系列直到 2003 年才实现 64 位结构。Alpha 一开始就是 64 位结构,它对 RISC 指令系统进行了一次扬弃,舍弃了早期 RISC 的一些缺点,并增加了一些有用的特色。

4.7 不同 RISC 指令系统结构的比较

下面,对常见的 RISC 系统结构进行比较,以此来加深对 RISC 的了解。以 MIPS-IV、PA-RISC、PowerPC 和 SPARC v9 为例,比较不同 RISC 指令系统的指令格式、寻址方式和指令功能。

(1) 指令格式比较。上述 4 种 RISC 指令系统的指令格式如图 4.2 所示。在 4 种 RISC 处理器的寄存器类(R-type)指令中,操作码都由操作码和辅助操作码两部分组成,操作数都由两个源寄存器和一个目标寄存器组成；立即数类(I-type)指令都由操作码、源寄存器、目标寄存器和立即数组成(名称不同，但作用相同)。不同指令中立即数的长度不一样，有16位、11位和13位；跳转类(J-type)指令大同小异，只有PA-RISC与其他3种差别较大。总体上，这4种RISC指令系统的指令格式相差不大。

```
                 3322222222221111111111 0000000000
                 10987654321098765432109876543210
         MIPS    | OP | RS1 | RS2 | RD | SA | OPX |
         PowerPC | OP | RD  | RS1 | RS2 |    OPX  |
Reg-Reg  PA-RISC | OP | RS1 | RS2 |   OPX    | RD |
         SPARC   | OP | RD | OPX | RS1 | 0 | OPX | RS2 |

         MIPS    | OP | RS1 | RS2 |      Const     |
         PowerPC | OP | RD  | RS1 |      Const     |
Reg-Imm  PA-RISC | OP | RS1 | RS2 | OPX |   Const  |
         SPARC   | OP | RD | OPX | RS1 | 1 | Const |

         MIPS    | OP | RS1 | OPX/RS2 |            |
         PowerPC | OP | OPX | RS1 |           | OPX |
Branch   PA-RISC | OP | RS1 | RS2 | OPX |       |0|C|
         SPARC   | OP |   OPX   |                   |

         MIPS    | OP |              Const         |
         PowerPC | OP |              Const    | OPX |
Jump/Call PA-RISC| OP | RS1 | RS2 |     Const  |0|C|
         SPARC   | OP |              Const         |
```

图 4.2 4 种 RISC 指令格式的比较

(2) 寻址方式比较。上述 4 种指令系统的寻址方式比较如表 4.4 所示。MIPS 和 SPARC 只支持 4 种常用的寻址方式，PowerPC 和 PA-RISC 支持的寻址方式比较多。HP 的 PA-RISC 甚至支持 Scaled Register 和 Update Register 寻址方式。Scaled Register 寻址方式是把一个寄存器的值乘以一个常数作为有效地址(或者有效地址的一部分)，常数可以为 2、4，或者 8。Update Register 寻址方式指的是在完成一条指令寻址后，该寄存器的值自动加上一个常数。

表 4.4 4 种 RISC 系统的寻址方式比较

寻址方式	MIPS Ⅳ	PA-RISC 1.0	PowerPC	SPARC v9
Register	Y	Y	Y	Y
Imm.	Y	Y	Y	Y
Disp. (reg+offset)	Y	Y	Y	Y
Indexed (reg+reg)	Y(FP)	Y	Y	Y
Scaled (reg+scaled reg)		Y		
(reg+offset+update reg)		Y	Y	
(reg+reg+update reg)		Y	Y	

(3) 公共指令功能。所有的 RISC 处理器都有一些公共指令，例如 Load-Store、算术运算、逻辑运算和控制流指令。不同的处理器在比较和转移指令上有较大不同，而且与操作系

统相关的指令也有不同,例如 TLB、cache、例外处理等指令。

① Load-Store 指令。Load-Store 指令是对通用寄存器和浮点寄存器进行存取操作。表 4.5 是 MIPS 的 Load/Store 指令实例。LW 表示从内存中取一个字到寄存器中,指令"LW R1,32(R2)"表示起始地址为 R2 的值加上 32,取长度为 4 个字节的内存单元的内容到 R1。LB 表示取一个字节,MIPS 规定取出的字节放在 32 位或者 64 位寄存器中的最低字节,高位用符号位扩充,若所取字节的符号位是 1,则扩充为 1,否则扩充为 0;LBU 表示取无符号字节,高位扩充为 0。LH、LHU 表示取半字。LD 表示取双字。LWC1、LDC1、SWC1、SDC1 分别为浮点取数和存数指令。

表 4.5　MIPS 的 Load/Store 指令实例

指　　令	指　令　功　能
LB R1, 30(R2)	取字节,高位用符号位扩充
LBU R1, 30(R2)	取字节,高位扩 0
LH R1, 30(R2)	取半字,高位用符号位扩充
LHU R1, 30(R2)	取半字,高位扩 0
LW R1, 32(R2)	取字,偏移量寻址,64 位模式下高位用符号位扩充
LWU R1, 32(R2)	取字,64 位模式下高位扩 0
LD R1, 52(R2)	取双字到 R1
LWC1 F0, 50(R2)	取字到 F0
LDC1 F0, 50(R2)	32 位模式下取双字到 F0/F1,64 位模式下取双字到 F0
SB R1, 31(R2)	存 R1 的低 8 位
SH R1, 30(R2)	存 R1 的低 16 位
SW R1, 32(R2)	存 R1 的低 32 位
SD R1, 32(R2)	存 R1
SWC1 F0, 50(R2)	取字到 F0
SDC1 F0, 50(R2)	32 位模式下存 F0/F1,64 位模式下存 F0

② ALU 指令。ALU 指令都是寄存器型的。常见的 ALU 操作有加、减、乘、除、与、或、异或、移位和比较等。表 4.6 是 MIPS 的 ALU 指令实例。在 MIPS 指令系统中约定 R0 总是 0(读写不变)。

表 4.6　MIPS 的 ALU 指令举例

指　　令	指　令　功　能
ADDU R1, R2, R3	R2 的内容和 R3 的内容相加,结果放 R1
ADDIU R1, R2, #3	R2 的内容和立即数 3 相加,结果放 R1
ADDIU R1, R0, #3	相当于 MOV R1, #3
ADDU R1, R0, R3	相当于 MOV R1, R3
SLT R1, R2, R3	若 R2<R3,则 R1=0,否则 R1=1,R2、R3 中为有符号数
SLTU R1, R2, R3	若 R2<R3,则 R1=0,否则 R1=1,R2、R3 中为无符号数

③ 控制流指令。控制流指令分为绝对跳转指令和相对跳转指令。相对跳转的目标地址是当前的 PC 值加上指令中给出的偏移量;绝对跳转的目标地址跟 PC 值无关,直接由指令或寄存器给出。相对跳转是有条件跳转,绝对跳转是无条件跳转。表 4.7 是 MIPS 的控

制流指令实例。

表 4.7 MIPS 的控制流指令实例

指　令	指令功能
J　　name	指令中 26 位立即数左移两位,替换 PC+4 的低 28 位
JAL　name	同上,但先把 PC+8 存到 R31
JALR　R2	把 PC+4 存到 R31 并置 PC 为 R2 的值
BEQ　R2,R3,offset	若 R2==R3,PC=延迟槽 PC+offset
BNE　R2,R3,offset	若 R2!=R3,PC=延迟槽 PC+offset
BLEZ　R2,offset	若 R2<=0,PC=延迟槽 PC+offset
BGTZ　R2,offset	若 R2>0,PC=延迟槽 PC+offset

在条件转移指令中,转移条件有两种情况,判断条件码和判断寄存器的值。SPARC v8 有 4 位条件码(Condition Code,CC),条件码在程序状态字中;整数运算指令设置条件码,条件转移指令检测条件码,也就是根据条件码跳转;浮点运算有另外两位条件码;SPARC v9 为了支持 64 位运算又增加了 4 位整数条件码和 3 位浮点条件码。MIPS 的定点转移指令都是通过直接比较寄存器的值来判断是否转移,但是它的浮点部件有条件码,其中 MIPS Ⅲ 有一位浮点条件码,MIPS Ⅳ 有多位浮点条件码。PowerPC 有的条件码有 4 位,一个条件寄存器中有 8 个 4 位的条件码,指令可以选择其中的一个条件码来进行转移判断;整数和浮点运算各占 1 位,其他的用于比较指令;转移指令需指定根据哪一位进行转移;运算指令中有 1 位来指定该指令是否影响条件码。PA-RISC 的转移条件有多种选择,最常用的是比较两个寄存器的值,然后根据结果来决定是否转移。

此外,RISC 处理器中很多条件转移采用延迟槽(Delay Slot)技术。通常,在程序中紧挨着转移指令后面的那条指令称为该转移指令的延迟槽指令。在早期单发射的静态流水线实现中,转移指令在译码时,取指流水级会自动地取出转移指令的下一条指令(因为在译码结束前还无法判断一条指令是不是转移指令),为了避免流水线的浪费,有些指令系统就规定:不管转移是否成功,转移指令的延迟槽指令都要执行。MIPS、SPARC、和 PA-RISC 都实现了延迟槽技术,但不同的 RISC 指令系统对转移指令的延迟槽指令有不同的处理方式,有的转移指令的延迟槽指令肯定执行,有的只有转移成功或不成功时才执行。在静态单发射流水线中延迟槽技术很有用,但对于动态流水线和多发射系统,延迟槽技术就没有必要了。Alpha 指令系统中就没有延迟槽,它实现得较晚,采用动态流水线技术。PowerPC 也没有实现延迟槽。

(4) 指令系统的其他功能。指令系统还有一些其他功能,例如原子交换(Atomic Swap)指令、64 位指令、预取指令、大尾端和小尾端切换指令、共享存储同步指令等。

下面以 MIPS 中的原子交换指令为例,说明原子交换的概念。其他的 RISC 指令系统也大同小异。MIPS 中有一对特殊的 Load/Store 指令:LL(Load Linked)和 SC(Store Conditional)。LL 指令从内存中取数并置系统中 LLbit 位为 1。当 LLbit 为 1 时,处理器检查相应单元是否被修改,相应单元被修改或处理器执行了 ERET 操作,则将 LLbit 位置 0。执行 SC 时,若 LLbit 为 1,则存数成功,目标寄存器的值变为 1,否则存数不成功,目标寄存器的值变为 0。在很多体系结构中,多进程的调度、切换、共享都需要 LL/SC。LL 和 SC 的核心思想是:从内存中取值并对该值进行修改再写回内存的过程中,其他操作不能改变内存中的值,从而保证本次操作的原子性。例如,内存单元的初始值为 0,系统有两个处理器,每个处理器要把该单元的值加上 100 再存回去,这样内存中的最终值为 200,但是如果在其中一个处理器取该单元(取回的值为 0)并修改完再写回之前,另一个处理器也取了该单元的值(取回的值还是为 0),第一个处理器完成运算并写回后第二个处理器也完成运算后写回,那么第一个处理器写回的值被第二个处理器的值覆盖,导致最终的结果是 100。使用 LL 和 SC 指令可以实现对内存的原子性修改。下面给出使用 LL/SC 对内存进行原子性修改的例子:

```
L1: LL      R1, (R3)
    ADDIU   R2, R1, 1
    SC      R2, (R3)
    BEQ     R2, 0, L1
    NOP
```

上面这段程序可以保证在读取内存单元(R3)的值,并加 1 写回过程的原子性。请大家结合 LL/SC 的功能自己分析,可以假设在上述程序段执行的过程中被中断或其他处理器也要修改内存单元(R3)的值,注意 LLbit 的作用。

(5) 不同指令系统的特色。除了上述公共功能以外,不同的指令系统通过多年的发展还形成了各自的功能特色。下面举例说明上述几个 RISC 指令系统的主要特点。

MIPS 部分指令特色。MIPS 指令系统已经历了 MIPS Ⅰ、Ⅱ、Ⅲ、Ⅳ、Ⅴ 这 5 代,并归结到 MIPS32 和 MIPS64。随着 MIPS 的发展,在 MIPS 指令系统中增加了许多新的指令,包括边界不对齐的存储访问、TLB 指令、SYSCALL 指令、CTCi 和 CFCi、NOR 指令、JUMP/CALL 指令(绝对跳转,指令中的立即数左移 2 位替换 PC 的低 28 位)、条件过程调用(BGEZAL、BLTZAL)、LL/SC 指令、RECIP 和 RSQRT 等。下面介绍边界不对齐的存储访问指令。

RISC 系统的数据通路都以字或者双字为单位,然而字符串需要边界不对齐的操作,为此 MIPS 设计了 LWL 和 LWR 指令。LWL 和 LWR 指令不要求访存地址字边界对齐。对于小尾端系统,LWL 指令取访存地址所在的字并把从字开始到访存地址的字节拼接到目标寄存器的左边(例如,如果访存地址为 6,则取 4~7 字节所在的字,并把 4~6 字节拼接到目标寄存器的高 24 位);LWR 指令取访存地址所在的字并把从访存地址开始到字结束的字节拼接到目标寄存器的右边(例如,如果访存地址为 6,则取 4~7 字节所在的字,并把 6~7 字节拼接到目标寄存器的低 16 位)。如果要把内存单元 101~104 中的 4 个字节取到寄存器 R2 中,采用对齐的访存指令,需要先把 100~103 单元的字取到一个寄存器中,再把 104~107 单元的字取到另一个寄存器中,然后对这两个寄存器的内容分别进行移位以及复杂的逻辑操作,而采用 LWR 和 LWR 指令只要先执行"LWR R2,101",再执行"LWL R2,104"即可。同样,如果要把内存单元 203~206 中的 4 个字节取到寄存器 R2 中,只要先执行"LWR R2,203",再执行"LWL R2,206"命令即可。

LWL 和 LWR 指令设计巧妙,兼顾了使用的灵活性和硬件实现的简单性,是 MIPS 系统比较有特色的指令。1986 年,MIPS 为这几条指令的实现方法申请了专利,因为专利保护期为 20 年,所以 2006 年专利已经过期。

SPARC 部分指令特色。SPARC 指令系统有很多特色,这里只介绍它的寄存器窗口,如果想要深入了解 SPARC 可查阅相关资料。在 SPARC 指令系统中,一组寄存器(SPARC v9 中规定为 8~31 号寄存器)构成一个寄存器窗口,一个系统一般有 2~32 个寄存器窗口,另外还有 8 个全局寄存器(0~7 号寄存器)。这样做的好处是,在函数调用的时候可以减少很多保留现场的访存操作,函数调用时只要切换寄存器窗口就可以,不用通过堆栈保留现场。其中 0~7 号全局寄存器则可以用于传递参数,8~31 号私有寄存器可以用于保存临时变量。

PA-RISC 部分指令特色。PA-RISC 的最大特色就是 Nullification:除了条件转移指令,其他的指令也可以根据执行结果确定下一条指令是否被执行。例如,加法指令 ADDBF(Add and branch if false)指令在完成加法后,检查加法结果是否满足条件,如果不满足就转移。一些简单的条件判断可以使用 Nullification 指令实现,从而减少转移指令。例如下面的程序段可用一条 Nullification 指令实现。

```
if (A>0) B=C;
else B=D;
```

后来 HP 公司和 Intel 公司合作设计的安腾 IA64 架构中的谓词技术也有类似的思想。

PowerPC 部分指令特色。PowerPC 系统的特色很多,例如 Link 和 Count 寄存器。Link 寄存器保存返回地址,实现快速过程调用;Count 寄存器实现循环计数,每次自动递减。这两个寄存器还可以存放转移地址。在所有的 RISC 结构中,PowerPC 具有的寻址方式、指令格式和转移指令是最多的。它甚至支持十进制,因此被称为 RISC 中的 CISC。

表 4.8 给出了分别用 PowerPC 指令和 Alpha 指令实现一个简单应用的例子。从中可以看出,实现同样的功能,PowerPC 只需要 6 条指令,而 Alpha 需要 10 条指令。主要原因是 PowerPC 的指令功能比较强。例如,其中的 LFU(load with update)和 STFU(store with update)指令,除了访存外还能自动修改基址寄存器的值;FMADD 可以做乘加操作,即一条指令既完成乘法又完成加法功能,这个功能在矩阵运算中很有用;转移指令 BC 可以同时完成计数器减 1 和条件判断转移的功能。当然,指令功能越复杂,硬件实现也就越复杂。Alpha 指令系统简洁,容易实现高主频。Alpha 21264 使用 $0.35\mu m$ 工艺就达到了 600MHz 的主频,除了有一支很好的工程师团队以外,跟 Alpha 指令系统简洁也有很大关系。

表 4.8 PowerPC 和 Alpha 比较示例

源代码:for (k=0;k<512;k++) x[k]=r*x[k]+t*y[k];	
PowerPC 代码	Alpha 代码
r3+8 指向 x r4+8 指向 y fp1 内容为 t fp3 内容为 r CTR 内容为 512	r1 指向 x r2 指向 y r6 指向 y 的末尾 fp2 内容为 t fp4 内容为 r

LOOP:
  LFU   fp0=y(r4=r4+8) //FP load with update
  FMUL fp0=fp0, fp1   //FP multiply
  LF   fp2=x(r3,8)   //FP load
  FMADD fp0=fp0,fp2,fp3//FP multiply-add
  STFU x(r3=r3+8)=fp0 //FP load with update
  BC   LOOP, CTR>0   //decrement CTR,branch if>0
	LOOP:
	  LDT fp3=y(r2,0)
	  LDT fp1=x(r1,0)
	  MULT fp3=fp3,fp2 //t*y
	  ADDQ r2=r2,8
	  MULT fp1=fp1,fp4 //r*x
	  SUBQ r4=r2,r6
	  ADDT fp1=fp3,fp1 //t*y+r*x
	  STT x(r1,0)=fp1
	  ADDQ r1=r1,8
	  BNE r4, LOOP

4.8 本章小结

本章介绍了影响指令系统结构的因素：工艺、操作系统、编译器、应用和系统结构本身；介绍了指令系统的组成，包括操作数、操作码以及指令编码；介绍了 RISC 指令系统产生的原因：简单化是最复杂的创新；介绍了 RISC 系统结构的简史，所有的 RISC 指令系统之间都有直接或间接的"亲缘"关系；比较了不同的 RISC 指令系统结构，这些指令系统背后都有一些设计师的取舍。

到现在为止，我们完成了本教材的第一部分，即高性能计算机系统结构的一些基础知识，包括计算机系统结构的基本概念，二进制和逻辑电路，指令系统结构。从下一章开始介绍本教材的第二部分，包括指令流水线、静态流水线和动态流水线、单发射和多发射等。

习题

1. 给定下面的代码片段：

A=B-C；
D=A-C；
B=D+A；

（1）分别写出上述代码片段在 4 种指令系统类型（堆栈型、累加器型、寄存器-存储器型、寄存器-寄存器型）下的汇编语言代码。

（2）假设操作码占用 8 位编码，内存地址和操作数都是 16 位，寄存器型结构有 16 个通用寄存器。对每种结构回答以下问题：①需要读取多少指令字节？②与内存交换的数据有多少字节？③依据代码量衡量哪种结构最好？④依据与内存交换的数据（指令和数据）量衡量哪种结构最好？

2. 十六进制数 0x4C4F4F4E47534F4E 要存在 64 位双字中。

（1）假设存储是 8 字节对齐的，请依据小尾端的格式将此十六进制数写入内存中，并将每个字节解释为一个 ASCII 字符写在对应的字节下边。

（2）按照大尾端的格式重做上题。

3. 假定在指令系统设计中需要考虑两种条件转移指令的设计方法，这两种方法如下。

（1）CPU A：先通过一条比较指令设置条件码 A，再用一条分支指令检测条件码。

（2）CPU B：比较操作包含在分支指令中。

在两种 CPU 中，条件转移指令都需要两个时钟周期，所有其他指令都需要一个时钟周期。在 CPU A 中，全部指令的 25% 是条件转移指令，因为每次条件转移都需要一次比较，所以比较指令约占所有指令的 25%。因为 CPU A 不需要在转移中包含分支，所以它的时钟频率是 CPU B 的 1.2 倍。请问哪一种 CPU 性能更高？如果 CPU A 的时钟频率只是 CPU B 的 1.1 倍，结果又是多少？

4. 如果对通常的 MIPS 指令集增加寄存器—内存形式的指令，如下所示，可以减少一些 load 数量。

```
LW R1,0(R3)
ADD R2, R2, R1
```

可以合并成一条指令：

```
ADD R2, 0(R3)
```

（1）给出一段符合上述例子的代码（load 得到的值立即作为运算指令的源操作数），但是编译器依然无法用寄存器—内存形式的指令消除这条 load 指令。

（2）假设这样的修改带来了 5% 的主频下降，同时没有 CPI 影响。如果 load 占所有指令的 26%，最少要消灭 load 指令的百分之多少，才能使得新指令集不导致性能下降？

（3）在传统的静态 5 级流水线（IF ID EXE MEM WB）上，寄存器—内存形式的指令有何实现困难？

5. 根据 MIPS 指令的编码格式回答下列问题。

（1）条件转移指令的跳转范围是多少？

（2）直接跳转指令的跳转范围是多少？

6. 在一台小尾端 MIPS 机器上，用 LWL/LWR/SWL/SWR 指令编写一段程序，把内存单元 1005～1008 的值取到寄存器 R1，再存到内存单元 2005～2008 中。

7. 用 MIPS 的 LL/SC 指令编写一段从内存单元 100(R2) 取数、把取出来的数加 100 并存回到 100(R2) 的原子操作代码，并说明如果在此过程中处理器发生中断或该单元被其他处理器修改时处理器如何保证上述操作的原子性。

8. 列出 X86 和 MIPS 的所有减法指令（包括不同字长、定点和浮点、不同寻址方式等）并比较它们的异同。

9. 给出以下常见处理器中至少 3 种的 load-to-use 延迟：Pentium Ⅲ，Pentium 4，MIPS R10000，Alpha 21264，HP PA8000，Ultra Sparc Ⅲ，Itanium Ⅱ，Power 4，AMD K8。

10. *采用模拟器（如 simpescalar）或者实际机器的实验方法，统计一款处理器（如 Alpha 或 MIPS）上，SPECint 2000 程序中五个程序（gap、gcc、gzip、mcf、perl）的指令分类，列出指令分类表，并统计以下数据。

① 数据访问指令占总指令数的百分比；

② 指令访问占所有内存访问的百分比；

③ 数据访问占所有内存访问的百分比。

11. *比较 Linux 操作系统中 i386 和 MIPS 的 memcpy 函数，指出各自的特点。

第 5 章

静态流水线

前 4 章分别介绍了计算机系统结构的基本概念、二进制和逻辑电路以及指令系统结构。有了这些基础,这一章以一个简单的 CPU 为例介绍 CPU 的流水线设计,后面 2 章再介绍比较复杂的流水线和多发射结构。

我们从 MIPS 指令集拣选部分代表性的指令作为简单 CPU 需要实现的指令集,其中指令及其编码列举在表 5.1 中,指令的具体含义及指令集的其他定义请参看本书的第 4 章。

表 5.1 简单 CPU 指令和指令编码

	31 30 29 28 27 26	25 24 23 22 21	20 19 18 17 16	15 14 13 12 11	10 09 08 07 06	05 04 03 02 01 00
ADDU	000000	rs	rt	rd	00000	100001
SUBU	000000	rs	rt	rd	00000	100010
SLT	000000	rs	rt	rd	00000	101010
SLTU	000000	rs	rt	rd	00000	101011
AND	000000	rs	rt	rd	00000	100100
OR	000000	rs	rt	rd	00000	100101
XOR	000000	rs	rt	rd	00000	100110
NOR	000000	rs	rt	rd	00000	100111
SLLV	000000	rs	rt	rd	00000	000100
SRLV	000000	rs	rt	rd	00000	000110
SRAV	000000	rs	rt	rd	00000	000111
ADDIU	001001	rs	rt	immediate		
LW	100011	base	rt	offset		
SW	101011	base	rt	offset		
BEQ	000100	rs	rt	offset		
BNE	000101	rs	rt	offset		
BLEZ	000110	rs	00000	offset		
BGTZ	000111	rs	00000	offset		

5.1 数据通路设计

基于指令系统的定义,先设计这个简单 CPU 的数据通路,其主要模块包括一个指令存储器、一个数据存储器、一个通用寄存器堆、一个指令寄存器(IR)和一个程序计数器(PC),如图 5.1 所示。

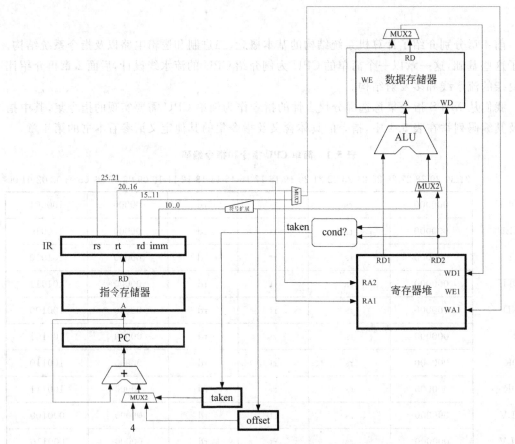

图 5.1 主要数据通路

CPU 工作时,首先用 PC 作为地址去指令存储器中取指令。PC 的值是怎么来的呢?有两种情况,第一种是执行完一条指令顺序执行时,下一条指令的 PC(Next PC,NPC)的值是 PC+4,因为指令占 4 个字节;第二种是执行转移指令时 NPC 值是延迟槽 PC+offset。因为延迟槽指令总是需要执行的,所以当前指令是跳转的转移指令时并不能立即修改 PC 为跳转目标,只能是延迟槽指令在 CPU 里时才能修改。这样,生成 NPC 的部分有一个 2 选 1 逻辑根据转移指令跳转是否成功来选择 offset 值和 4,选择之后再由一个加法器跟 PC 的值相加,并送到 PC 中。然后,根据这个 PC 的值到指令存储器取指,指令取出来以后放到指令寄存器 IR 中。IR 中的指令包含操作码(op)和功能码(func),目标寄存器号(rd),两个源寄存器号(rs、rt),还有立即数/偏移量(imm),其中立即数/偏移量有 16 位,与 rd 和 func 域有部分重叠。

通用寄存器堆、运算部件和存储器的通路由 IR 中的域统一控制。通用寄存器的内部电路结构如图 5.2 所示,其读地址 RA1 通过控制一个 32 选 1 逻辑从 32 组寄存器中选出一组将其值输出至 RD1,同样的 RA2 控制另一个 32 选 1 逻辑从 32 组寄存器中选出另一组将其值输出至 RD2;当发生写操作时,写地址 WA1 通过译码器得到各组的选择信号再与上全局写使能 WE1 形成每一组寄存器的写使能,用来控制将写入数据 WD1 写入到相应的寄存器组中。IR 的 rs 域连接到通用寄存器堆的读端口 1 的地址输入,从中选出一个将其值送到 ALU 的其中一端;IR 的 rt 域连接到通用寄存器堆的读端口 2 的地址输入,从中也选出一个值来,并和符号扩展后的立即数/偏移量 2 选 1 后送到 ALU 的另外一端。这是因为 ADDIU、LW 和 SW 指令不用寄存器读出的值作为第二个源操作数进行运算,而是用指令中的立即数/偏移量进行运算。转移指令也用到立即数/偏移量,但仅在计算 NPC 时使用,这里我们使用独立的加法器进行 NPC 的计算。ALU 完成计算操作之后要把算术运算或逻辑运算的结果写回到通用寄存器堆里去,具体写回到哪个寄存器由指令中的 rd 或 rt 域来控制,目标连接到通用寄存器堆的写端口 1 的地址输入,进而选中一个寄存器并打开其写使能。对于 LW 指令来说,其目标寄存器号来自于指令的 rt 域而非其他指令的 rd 域,所以需要通过一个 2 选 1 逻辑选择出目标寄存器号。访存指令 LW 和 SW 把 ALU 的运算结果作为访存地址。LW 从数据存储器中把值取出,然后写回到目标寄存器去,所以写入通用寄存器堆的数据也需要通过一个 2 选 1 逻辑从 ALU 运算结果和数据存储器读出结果之间选择。SW 将寄存器堆中读出的值写入到数据存储器中。

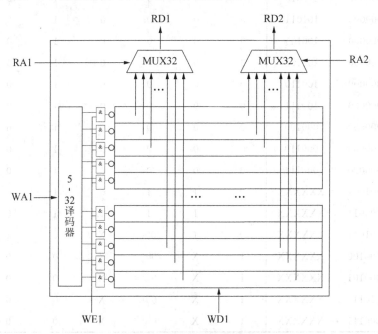

图 5.2 寄存器堆电路结构

上述描述实现了这个 CPU 中的主要数据通路,并涵盖了指令系统中定义的所有指令,但没有描述这个通路的控制逻辑部分。下面我们一步一步地往里加东西。

5.2 控制逻辑设计

实现了 CPU 的数据通路之后,下面先添加 CPU 的控制逻辑。控制逻辑根据指令的要求控制数据在数据通路中流动。

从上述数据通路可以看出,为了让数据根据指令的要求在数据通路中正确地流动,需要对以下通路进行控制:计算 PC 的加法器是否需要看转移跳转情况决定是加 4 还是加 offset(C1);是选择寄存器的值还是选择立即数作为 ALU 的第二个源操作数(C2);ALU 做什么运算(ALUOp);运算结果是把 ALU 的运算结果写回,还是把从数据存储器读出来的结果写回(C3);目的寄存器号是来自指令的 rd 域还是 rt 域(C4);什么情况下使能通用寄存器堆的写使能(C5),因为有一些指令是不写寄存器的,例如 SW 指令和转移指令;什么情况下使能数据存储的写使能(C6)。

根据指令的功能和数据通路的情况,表 5.2 给出了 CPU 中控制逻辑的真值表,其中 X 表示是 0 或 1 无所谓。

表 5.2 控制逻辑真值表

指 令	op 域	func 域	C1	C2	C3	C4	C5	C6	ALUOp
ADDU	000000	100001	0	0	0	0	1	0	0000
SUBU	000000	100010	0	0	0	0	1	0	0001
SLT	000000	101010	0	0	0	0	1	0	0010
SLTU	000000	101011	0	0	0	0	1	0	0011
AND	000000	100100	0	0	0	0	1	0	0100
OR	000000	100101	0	0	0	0	1	0	0101
XOR	000000	100110	0	0	0	0	1	0	0110
NOR	000000	100111	0	0	0	0	1	0	0111
SLLV	000000	000100	0	0	0	0	1	0	1000
SRLV	000000	000110	0	0	0	0	1	0	1010
SRAV	000000	000111	0	0	0	0	1	0	1011
ADDIU	001001	XXXXXX	0	1	0	0	1	0	0000
LW	100011	XXXXXX	0	1	1	1	1	0	0000
SW	101011	XXXXXX	0	1	0①	X	0	1	0000
BEQ	000100	XXXXXX	1	X	0①	X	0	0	XXXX
BNE	000101	XXXXXX	1	X	0①	X	0	0	XXXX
BLEZ	000110	XXXXXX	1	X	0①	X	0	0	XXXX
BGTZ	000111	XXXXXX	1	X	0①	X	0	0	XXXX

---

① 单就区分目的寄存器时来自 rd 域还是 rt 域,SW、BEQ、BNE、BLEZ 和 BGTZ 指令的 C4 控制信号可以是 0 或 1,但此处设为 0 是为了 5.5 节中生成流水线阻塞控制逻辑的简洁。

根据上述真值表，可以给出相应控制信号的逻辑表达式：

```
wire [5:0] op       = inst[31:26];
wire [5:0] func     = inst[5:0];
wire inst_addu  = (op==6'b0) && (func==6'b100001);
wire inst_subu  = (op==6'b0) && (func==6'b100010);
wire inst_slt   = (op==6'b0) && (func==6'b101010);
wire inst_sltu  = (op==6'b0) && (func==6'b101011);
wire inst_and   = (op==6'b0) && (func==6'b100100);
wire inst_or    = (op==6'b0) && (func==6'b100101);
wire inst_xor   = (op==6'b0) && (func==6'b100110);
wire inst_nor   = (op==6'b0) && (func==6'b100111);
wire inst_sllv  = (op==6'b0) && (func==6'b000100);
wire inst_srlv  = (op==6'b0) && (func==6'b000110);
wire inst_srav  = (op==6'b0) && (func==6'b000111);
wire inst_addiu = (op==6'b001001);
wire inst_lw    = (op==6'b100011);
wire inst_sw    = (op==6'b101011);
wire inst_beq   = (op==6'b000100);
wire inst_bne   = (op==6'b000101);
wire inst_blez  = (op==6'b000110);
wire inst_bgtz  = (op==6'b000111);
wire c1         = inst_beq | inst_bne | inst_blez | inst_bgtz;
wire c2         = inst_addiu | inst_lw | inst_sw;
wire c3         = inst_addiu | inst_lw;
wire c4         = inst_lw;
wire c5         = ~(inst_sw | c1);
wire c6         = inst_sw;
wire [3:0] aluop;
assign aluop[0] = inst_subu | inst_sltu | inst_or | inst_nor | inst_srav;
assign aluop[1] = inst_slt | inst_sltu | inst_xor | inst_nor | inst_srlv | inst_srav;
assign aluop[2] = inst_and | inst_or | inst_xor | inst_nor;
assign aluop[3] = inst_sllv | inst_srlv | inst_srav;
```

上述控制逻辑加在数据通路图的基础上，如图 5.3 所示。图中虚线部分是新加上去的控制逻辑。由 6 位操作码 op 和 6 位功能码 func 形成控制信号，C1 与转移条件判断的结果 cond 相"与"后控制 NPC 加法器第二个操作数的 2 选 1，C2 控制 ALU 第二个操作数的 2 选 1，ALUOp 控制运算部件 ALU，C3 控制结果写回的 2 选 1，C4 控制目的寄存器的 2 选 1，C5 控制通用寄存器的写使能，C6 控制数据存储器的写使能。这些控制信号都是组合逻辑，这个过程称为译码，即把指令操作码翻译成 CPU 主要数据通路所需要的控制信号。

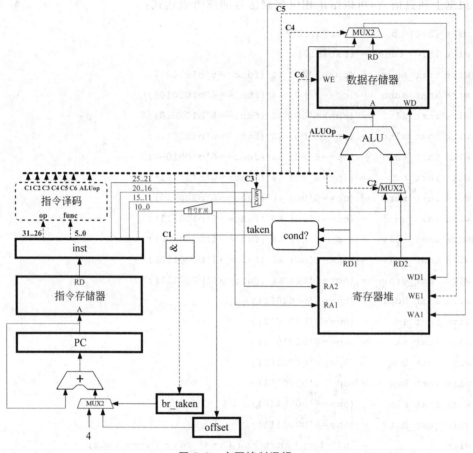

图 5.3　主要控制逻辑

5.3　时序

到目前为止,基本实现了 CPU 的主要数据通路和控制通路,但是这个 CPU 还是不能工作,还差什么呢?还差时钟部分。时钟就是 CPU 的驱动,就像人的心跳。第 3 章介绍过,时序电路是需要由时钟驱动的。

可以简单直观地把一条指令的执行分成 3 步:①计算 PC 值;②根据这个 PC 值把指令从指令存储器里面取出来放到指令寄存器里;③根据指令寄存器的内容来控制这个指令的执行,并把结果写到寄存器或数据存储器。上述 3 步工作可以分别由 3 个时钟来驱动,这 3 个时钟可以通过对一个统一的时钟 CLK 进行分频得到。第一个时钟把 NPC 值送到 PC 里面去;等到根据 PC 寄存器的值完成取指后,第二个时钟把取出的指令送到 IR 里面去;等到指令执行完后,第三个时钟把指令的运算结果送入到通用寄存器或数据存储器。一条指令执行完以后,再执行下一条,CPU 就能循环往复地工作了,如图 5.4 所示。

图 5.5 描述了上述指令执行的 3 个阶段。从图中可以看出,上述指令执行的 3 个阶段是顺序进行的。

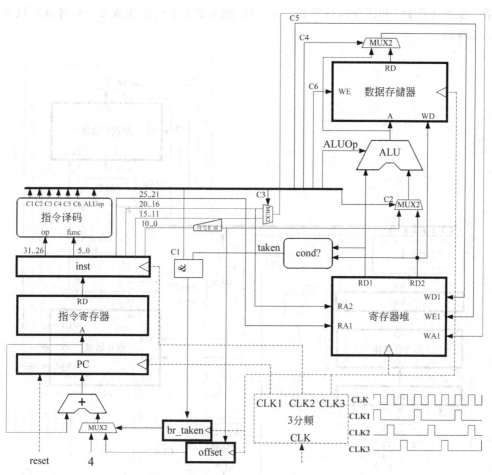

图 5.4 带时序的控制逻辑

图 5.5 指令执行的 3 个阶段

5.4 流水线技术

现在这个 CPU 一拍一拍、一条一条地执行指令。就像在一个超市里面,第一个人进去了,第二个人就不许进,等他买完了东西,从出口出来了以后,才放第二个人进去。当然,从功能上考虑这是不会出错的,但是它不够高效,所以需要改进。

当前的设计中的 3 个步骤(计算 PC、取指、执行)可以合并成 2 个步骤:计算下一条指令的 PC 和指令执行可以重叠。这样重叠不会出错,因为计算 NPC 跟当前指令执行没有直接关联;PC+4 或根据转移指令 PC+offset,也可以理解为是对当前指令的执行。因此,可以在指令执行的同时计算下一个 PC。这样,就可以把 3 步变成 2 步来完成指令的执行,其中第 2 步把计算 PC 和指令执行重叠。相应地,把原来 3 个时钟变成 2 个时钟就可以了,如图 5.6 所示。

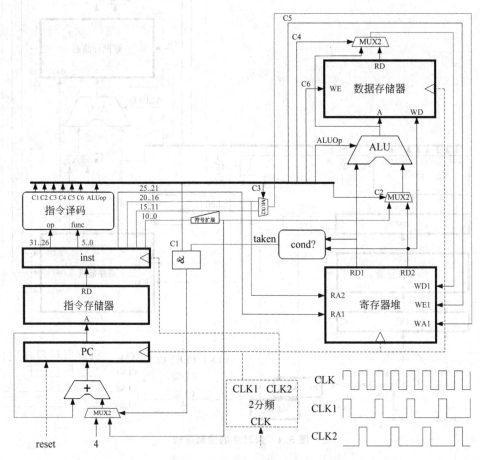

图 5.6 改进后的时序(计算 PC 与执行重叠)

图 5.7(a)描述了把上述流水线中第 N 条指令的执行和第 $N+1$ 条指令计算 PC 重叠后的流水线阶段,图 5.7(b)描述了把执行和计算 PC 合并的流水线阶段。

在此基础上,还可以进一步对该 CPU 结构进行改进,看能不能把取指和执行也重叠。在大多数的情况下,取指和执行是可以重叠的。例如,当第 $N+1$ 条指令执行的时候,第 N 条的指令已经执行完,它已经把所运算的结果写回到寄存器了,第 $N+1$ 条指令可以使用第 N 条指令的结果。但是有一种特殊情况,如果第 $N+1$ 条指令的取指(即 PC 的计算)也要用到第 N 条指令的结果,那么第 $N+1$ 条指令的取指必须等到第 N 条指令执行结束了才能执行。什么情况下第 $N+1$ 条指令的取指会用到第 N 条指令的结果呢?如果第 N 条指令是转移指令就会出现这种情况。在这种情况下,第 $N+1$ 条在取指的时候,需要知道转移指令成功不成功,往哪里跳转,这个时候就不能把第 $N+1$ 条指令的取指和第 N 条指令的运算叠在一起了。这时就能看出定义延迟槽指令的作用了。所谓延迟槽指令,是指紧挨着转移指令后面的那条指令,不论转移是否成功都执行,这样即使第 N 条指令是转移指令,第 $N+1$ 条指令的取指也不会用到第 N 条指令的结果了。经过上述改进,整个 CPU 的所有部分只要一个时钟就行了,如图 5.8 所示。

(a)

(b)

图 5.7　计算 PC 跟执行重叠的流水线阶段

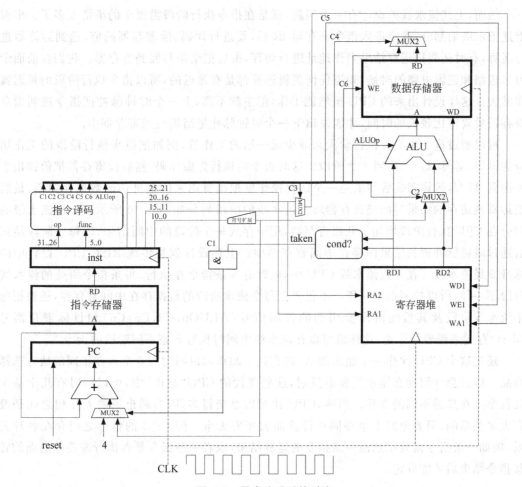

图 5.8　再次改进后的时序

图 5.9 描述了把上述流水线中第 N 条指令的执行和第 $N+1$ 条指令的取指重叠后的流水线阶段。

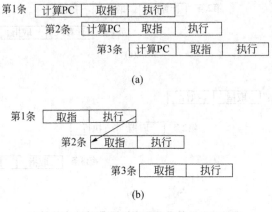

图 5.9 取指与执行重叠的流水线阶段

然而,上述流水线的设计有一个问题,就是在指令执行阶段需要干的事情太多了。根据上述流水级的划分,指令进入指令寄存器 IR 后,要进行译码、读寄存器的值、送到运算器进行运算,有时还要把运算结果当作地址进行访存,最后把结果写回到寄存器。我们在前面学习二进制和逻辑电路的时候,知道任何逻辑运算都是有延迟的,所以指令执行阶段的延迟就非常大。这样设计出来的 CPU 虽然能工作,但主频不高,上一个时钟脉冲把指令送到指令寄存器后要等比较长的时间,才能发出下一个时钟脉冲把结果写到寄存器中。

可以通过进一步细分执行阶段来减少每一拍的工作量,例如把原来执行阶段的工作切分为译码、运算、访存、写回 4 个阶段。这时指令的执行先做译码,然后读寄存器把值读出来并送到 ALU,运算完成后如果是一个访存操作就根据算出来的地址访问数据存储器,最后把运算或访存的结果写回到寄存器堆。流水线的阶段划分如图 5.10 所示。上述流水级的划分在 CPU 执行阶段增加了几组寄存器,用于存放每个阶段的中间结果,即每一阶段结束后通过时钟脉冲把其结果保存在中间寄存器中。上述设计就是传统 RISC CPU 设计中的标准 5 级流水线。在 5 级流水线 CPU 中,同时有 5 条指令在执行,每条指令所处的流水线阶段不一样,所以控制也不一样。不仅要把每个流水阶段的数据存在中间寄存器,还要把每个流水线阶段及其后续阶段要用到的控制信号(ALUOp,C3,C5,C6)和目标寄存器号(dest)存起来跟着指令走,这样就可以在流水线中同时执行 5 条不同阶段的指令。

还把这个 CPU 比作一个超市的话,现在这个超市可以同时有 5 个人在不同的地方选择商品。以后会介绍动态流水线和多发射,这些现代的 CPU"超市"中,可以同时有几十甚至几百个人在选择不同的商品。当然,CPU 比超市复杂得多,因为超市里的人互相之间是没有太多关系的,只要他们不争夺同一件商品就相安无事。但 CPU 的指令之间存在各种关系,例如一条指令需要用到前一条指令的运算结果,或者一条指令是否执行需要等前面的转移指令结束后才能确定。

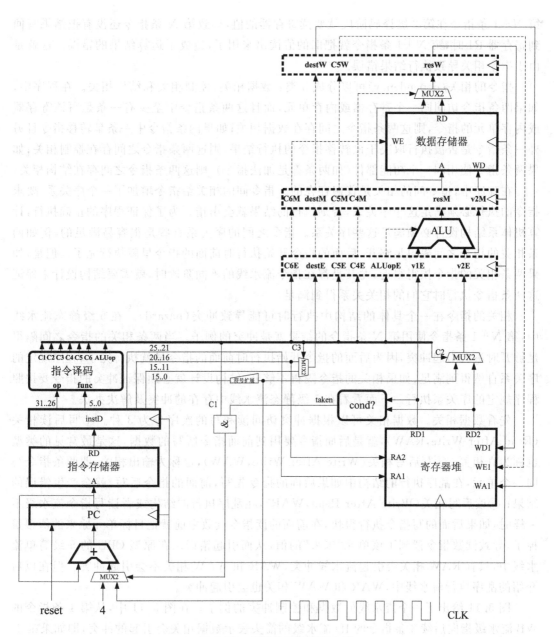

图 5.10 标准 5 级静态流水线

5.5 指令相关和流水线冲突

前面设计的流水线结构把一条指令的执行分成 5 个阶段,或者称为 5 级流水,分别是取指(IF)、译码(ID)、执行(EX)、访存(MEM)和写回(WB)。在同一个周期内,可以有 5 条指令分别处在不同的流水级。这个流水线的划分可以提高主频,但是由于指令间的相关可能会导致执行结果的错误。例如,第 N 条指令把结果写到 R1 寄存器,第 $N+1$ 条指令要用到 R1 的值进行运算。在上述 5 级流水线中,第 N 条指令在第 5 级才把结果写回到寄存器,而

第 $N+1$ 条指令在第 2 级译码阶段就要读寄存器的值,导致第 N 条指令还没有把结果写回到寄存器 R1 时,第 $N+1$ 条指令就把旧的值读出来用了,造成了运算结果的错误。这就是由于指令相关导致执行结果错误。

指令的相关(dependency)可以分成 3 类:数据相关、控制相关和结构相关。在程序中,如果两条指令访问同一个寄存器或内存单元,而且这两条指令中至少有一条是写该寄存器或内存单元的指令,则这两条指令之间存在数据相关;如果两条指令中一条是转移指令且另外一条指令是否被执行取决于该转移指令的执行结果,则这两条指令之间存在控制相关;如果两条指令使用同一个功能部件(如两条都是加法指令),则这两条指令之间存在结构相关。

在程序中,指令间的相关是普遍存在的。指令间的相关给指令增加了一个序关系,要求指令的执行必须满足这些序关系,否则执行的结果就会出错。为了保证程序的正确执行,计算机体系结构设计必须满足这些序关系。指令之间的序关系有些是很容易满足的,例如两条相关的指令之间隔得足够开,后面的指令开始执行时前面的指令早就执行完了。但是,如果两条相关的指令挨得很近,尤其是都在指令流水线的不同阶段时,就需要结构设计来保证这两条指令执行时它们的相关关系得到满足。

相关的指令在一个具体的结构中执行时可能导致冲突(hazard)。在 5 级静态流水线中,第 $N+1$ 条指令使用第 N 条指令的结果就是冲突的例子。当两条相关的指令之间隔得足够开时不会引起冲突,因为后面的指令开始执行时前面的指令早就执行完了,程序规定的序关系自然得到满足;如果相关的指令隔得不够开,结构设计就必须保证冲突的指令要按照程序规定的序关系执行。下面看看在 5 级静态流水线中存在的冲突及解决办法。

先看数据相关。数据相关可以根据冲突访问读和写的次序分为 3 种。①写后读相关(Read After Write,RAW),就是后面指令要用到前面指令所写的数据,这是最常见的类型也称为真相关;②写后写相关(Write After Write,WAW),也称为输出相关,即两条指令写同一个单元,在乱序执行的结构中如果后面的指令先写,前面的指令后写,就会产生错误的结果;③读后写相关(Write After Read,WAR),在乱序执行的结构或者读写指令流水级不一样时,如果后面的写指令执行得快,在前面的读指令读数之前就把目标单元原来的值覆盖掉了,导致读数指令读到了该单元"未来"的值,从而引起错误。在原型 CPU 的 5 级简单流水线中,只有 RAW 相关会引起流水线冲突,WAR 和 WAW 相关不会引起冲突。但在以后介绍的乱序执行流水线中,WAR 和 WAW 相关也会引起冲突。

图 5.11 给出了一个流水线的数据和控制冲突的例子。在图 5.11 中,从第 1 条指令的 WB 流水级指向后续 3 条指令的 ID 流水级的箭头表示数据相关会引起的冲突,即如果第 2、3、4 条指令需要使用第 1 条指令写回到寄存器的结果,那么第 2、3、4 条指令读取寄存器时就必须保证第 1 条指令的结果已经写回到寄存器。而按照目前 5 级流水线的结构,如果不加控制,第 2、3、4 条指令就会先于第 1 条指令写回之前读取寄存器从而引起数据错误。为了保证正确,第 2 条指令要在译码阶段等待 3 拍,然后才能读取寄存器的值,后面的第 3、4、5 条指令也相应等待(由于流水线是有序的,第 5 条指令虽然与第 1 条指令没有数据相关也要等待),引起流水线的阻塞(stall)。

在 5 级静态流水线结构中如何实现上述阻塞过程呢?流水线的阻塞要求在指令译码阶段读取寄存器时,如果发现该寄存器是流水线先前指令的目标寄存器并且还没有写回,那么该指令就要在译码阶段等待。具体实现可以将 ID 流水级指令的两个源寄存器号 rs、rt

图 5.11 流水线的数据和控制冲突

(ADDIU 和 LW 指令中的 rt 不是源寄存器,不参与比较)分别跟 EX、MEM、WB 流水级指令的目标寄存器号 dest 进行相等比较,如果有一个相等且该寄存器不是 0 号寄存器(0 号寄存器的值恒为 0),这条指令就不能前进。为了阻塞流水线,需要对程序计数器 PC 和指令寄存器 IR 的输入使能(enable)进行控制,如果相关判断逻辑的结果为 1,就控制 PC 和 IR 的输入使能,使 PC 和 IR 保持当前的值不变。而 EX 阶段的流水线则输入指令无效信号,用流水线空泡(bubble)填充。图 5.12 示意了上述流水线数据相关引起阻塞的控制逻辑。

再看控制相关。控制相关引起的冲突本质上是对程序计数器 PC 的冲突访问引起的。在图 5.11 中,从第 1 条指令的 ID 流水级到第 2 条指令的 IF 流水级的箭头表示控制相关而引起的冲突,即如果第 1 条指令是转移指令,则第 2 条指令的取指需要等 1 拍,等待第 1 条指令的译码阶段结束才能开始,因为每条指令取指时需要用到 PC 的值而转移指令会修改 PC。这也是为什么要通过专用的运算部件在译码阶段就计算下一条指令的 PC。否则的话,如果转移指令也在 EX 阶段用运算部件计算 PC 值然后在 WB 阶段写回,那后面的指令就不是等 1 拍而是等 4 拍。在译码阶段执行转移指令时,先进行条件判断,然后根据条件判断结果选择 offset 或 4 跟 PC 相加得到下一条指令的 PC 值。此时取指阶段的指令是延迟槽指令,它的执行不依赖于转移指令的结果,不需要被取消。总之,在 5 级静态流水线中,通过在译码阶段对转移指令进行判断以及设置转移指令的延迟槽指令可以避免控制相关引起的流水线阻塞。

当然,如果转移指令在译码阶段根据寄存器的值进行条件判断时,该寄存器是 EX、MEM 和 WB 阶段的目标寄存器时,即转移指令与先前的指令存在数据相关,转移指令也会由于数据相关堵在 ID 流水级,延迟槽指令则堵在 IF 流水级。

解决上述转移指令引起的控制相关的方法是非常简单的,只适用于 5 级简单静态流水线。而在现代处理器的超流水、多发射、乱序执行流水线中,则需要复杂的转移猜测技术,这些以后会专门介绍。

最后看看结构相关,结构相关引起冲突的原因是两条指令要同时访问流水线中的同一个功能部件。在 CPU 流水线中,指令的重叠执行需要功能部件能流水,并且要求存在多份资源以满足所有流水线中指令所处阶段的可能组合。例如,我们的原型 CPU 中,取指令和访存有单独的存储器,如果共用一个的话,取指和取数都访存时就会冲突,访存的时候下一条指令就不能取指了;在有除法指令的 CPU 中,由于除法功能部件不是全流水的实现,前面一条除法指令在运算时后面的除法指令需要等待;在多发射结构中,也可能存在两条运算指令需要使用同一个功能部件所引起的等待;等等。在原型 CPU 的 5 级流水中,尽管普通运算指令不用访存,但也需要经历 MEM 流水级,其本质原因是如果有些指令 5 拍写回,而有些指令 4 拍写回,就会引起通用寄存器堆写端口的结构冲突。

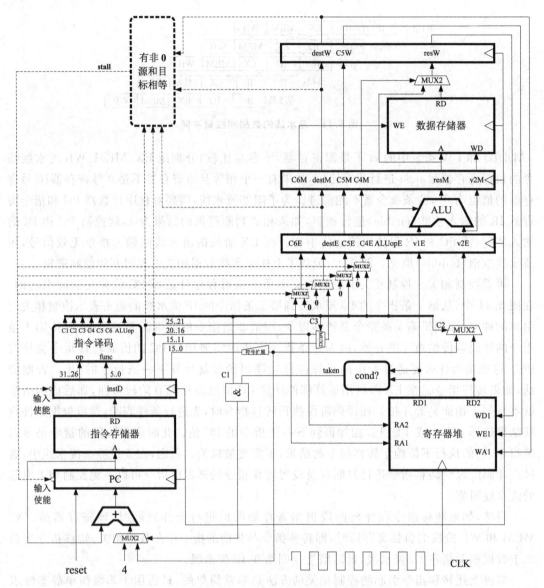

图 5.12 数据相关引起流水线阻塞的控制逻辑示意图

总之，程序中的指令存在相关，相关会在流水线中引起冲突，冲突会引起流水线阻塞，阻塞会降低流水线效率。

5.6 流水线的前递技术

前面讲的 5 级静态流水线的控制通过指令的阻塞保证在指令流水线中的指令按照程序规定的次序执行，但是阻塞必然引起流水线效率的降低，可以通过软件和硬件的方法提高上述流水线的效率。

先看通过硬件优化提高流水线效率的方法。在 5.5 节的 5 级静态流水线中，如果流水线中的前后指令有数据相关，后面的指令要等到前面的指令把执行结果写回到寄存器后再从寄存器中读取。有没有可能让前面的指令直接把运算结果传给后面的指令从而减少后面指令的等待呢？答案是可以的。打个比方，甲同学找我借了一本书，看完后要还给我，乙同学也要找我借，我在北京，甲乙都在上海。如果甲把书送回来，让乙再到北京来取，大家肯定觉得这是 3 个傻瓜，打个电话过去，甲直接给乙不就行了吗？这就是流水线中的前递(Forward)技术，也称为旁路(Bypass)技术。

前递技术的具体实现，是在流水线的运算器前通过多路选择直接把前面指令的运算输出作为后面指令的输入。图 5.13 给出了在原来流水线的基础上添加了部分前递通路的情况，只考虑数据前递给 ALU，不考虑前递给存数指令和转移指令的旁路，ALU 的每一个输入端都添加了一个 3 选 1 逻辑，3 个输入分别是原来的 ALU 输入、下一级流水线输出的结

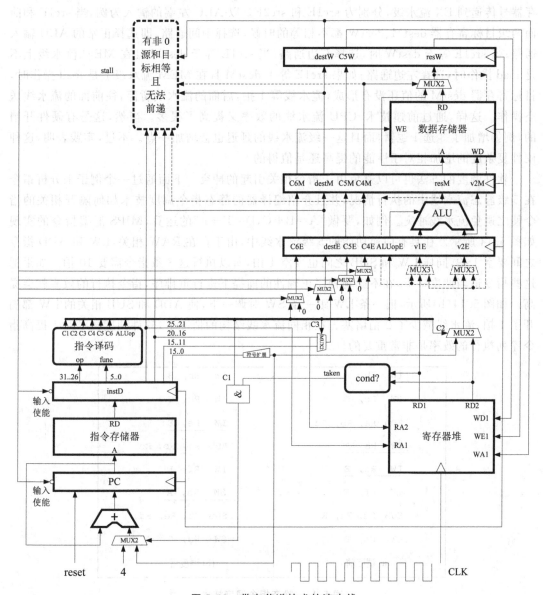

图 5.13　带有前递技术的流水线

果(即 EX 流水级 ALU 的运算结果)以及再下一级流水线输出的结果(即 MEM 流水级的结果)。这样,如果后面指令要用到前面指令的运算或访存结果,就可以直接通过运算器前面的多路选择器选择前面指令的运算或访存结果,不用等到前面指令把结果写回到寄存器后再从寄存器读取。

下面看看前递通路的选择,即运算器前面的 3 选 1 该怎么控制。为了进行前递,需要比较处于 EX 流水级的指令的源寄存器号跟处于 MEM 或 WB 流水级的指令的目标寄存器号是否相等。如果相等且不是 0 号寄存器,则说明处于 EX 流水级的指令与前面的指令有数据相关,需要直接读取前面指令的结果用于运算器的输入。在原来的流水线中,因为不用前递,指令的源寄存器号是不用随流水线传递的,而采用了前递技术后就要把指令的两个源寄存器号传递到 EX 流水级,分别为 src1E 和 src2E。以 ALU 左端的输入为例,当 src1E 和前面两级目标寄存器 destM、destW 都不相等的时候,选择中间通路,即选择正常的 ALU 输入通路;当 src1E 等于 destW 时,选择右边通路;当 src1E 等于 destM 且在 MEM 流水级上不是 load 操作时,选择左边通路;如果 src1E 等于 destM 且在 MEM 流水级上是 load 操作时,目标寄存器 destM 的值还没有形成,流水线等 1 拍,后面的流水线暂停,往前面的流水线送空操作。这样,通过前递技术,CPU 流水线的效率又提高了很多。当然,这是有硬件开销的,例如增加了 3 选 1 逻辑,而且这一级流水线的延迟也会增加一点。不过,实践表明,这种硬件复杂度的增加相对于性能的提高还是值得的。

软件调度的方法也可以避免由于指令相关引起的冲突。下面通过一个例子来分析指令在 5 级静态流水线中的执行情况,并且介绍编译器的静态指令调度技术如何隔开相关的指令使之避免流水线冲突。例如,要做"A=B+C,D=E−F"的运算,MIPS 汇编指令的实现如图 5.14 所示。在具有前递功能的 5 级流水线中,由于存在 RAW 相关,LW 和 ADD 指令之间要空 1 拍,同样 LW 和 SUB 之间也要空 1 拍,所以执行这 8 条指令需要 10 拍。如果把这些指令适当调度一下,在不影响程序正确性的前提下进行重排序,指令执行的效率就会提高。如图 5.14(b)所示,把一条 LW 跟一条 SW 对调一下,使 ADD 和 SUB 相关的 LW 都隔开了 1 拍,流水线减少了 2 拍堵塞。在相同流水线结构的情况下,软件调度技术对于提高指令序列执行的效率是非常重要的。

图 5.14 静态指令调度技术

到目前为止,我们把简单的 CPU 越做越复杂,但是效率越做越高。首先通过细分流水线,可以提高 CPU 的主频;其次通过采用解决各种相关的技术,流水级的效率也提高了,所花费的一点代价是值得的。

5.7 流水线和例外

到目前为止,我们完成了半个 CPU 的设计。为什么说只完成半个 CPU 的设计呢?因为我们完成了数据通路、控制通路、流水线等逻辑,并且假设所有指令都在规规矩矩地工作,没有任何意外,而实际情况不是这样的。在 CPU 的设计中,还存在各种例外情况,而对付这些情况才是最难的。

当我们写这样一个小程序:"B=1;C=2;A=B+C",A 等于几?一年级的小学生都知道 A 等于 3。从应用的角度看,A 是等于 3,但从实现的角度就很复杂。从体系结构的角度来看,流水线在工作过程中可能发生各种例外情况。例如,我本来安排好今天上午要在办公室完成一件工作,但中间可能得接 10 个电话,有些电话里的事情还得放下手头的工作去处理一下,而且我要完成的工作也可能由于计划不周而出现计划外的情况,这些都是例外。当年做龙芯 1 号的时候,体会最深刻的就是,好不容易把流水线做得挺好了,觉得对付例外就是增加一个例外处理模块连到流水线中就行了。但后来发现,例外很复杂,跟每个模块都有关系,每个模块都得改。如果没有考虑例外,只是做了半个 CPU。在我学的所有教科书中例外都是单独用 1 章介绍的,但具体实现时,例外跟每个部分都有关系。

回到 A=B+C 这个例子。假设 A、B、C 都在内存里面了,我们看看处理器完成这样一个计算可能发生什么例外。首先要根据 PC 来取指,而在现代处理器中取指的地址是虚地址,需要把它转换为物理地址,这就需要查 TLB。假设 TLB 里面刚好没有那个表项,这样就会发生一个 TLB 不命中例外。好不容易把指令取上来了,在指令译码时刚好有人敲了一下键盘,碰到了外部中断,这也是一个例外事件。在程序执行的过程中,要把 B 和 C 从内存取到寄存器中去,即使虚实地址转换的表项在 TLB 中,还有可能发现存放 B 和 C 的内存页不在内存里,而是在硬盘交换区(swap)中,这样就会发生 TLB 失效例外。数据取进来后,读寄存器,然后做加法操作,当然 1+2 是不会有例外的,但是如果是两个比较大的数相加,可能出现溢出的情况,这又是一个例外。当加法操作执行完之后要把 A 写到内存单元去,发现该程序是一个用户程序,而 A 在核心态地址空间里,是只有操作系统才能用的空间,结果又发生一个例外。还有可能有其他例外,例如某部分的硬件发生故障等。

现代计算机一碰到例外就会暂停当前程序的执行,转移到一个事先规定的例外入口地址让操作系统来处理例外情况,处理完了之后再回来重新执行当前程序。例外又分好多种,有同步例外和异步例外,有用户请求和系统强制例外,有可屏蔽和不可屏蔽例外,有指令内和指令间例外,还有可恢复和不可恢复例外,等等。发生不可恢复例外(如硬件的严重故障和掉电)时,将终止程序的执行。

在 CPU 的设计中,可恢复例外的处理比较难,要求做得非常精准,当处理完例外之后,回来接着做 A=B+C,还要算得对,就好像没有发生过例外一样。操作系统存储管理和浮点 IEEE 运算规范都要求精确例外,即在操作系统开始处理例外时,硬件要保证例外指令前面的指令都执行完了,后面的指令一条都没动;在流水线中的多条指令同时发生例外的情况下,要保证有序的处理。另外,条件转移的延迟槽又增加了例外处理的难度。延迟槽指令发生例外时,例外处理完了回哪儿执行呢?如果还回到延迟槽条指令,就会从延迟槽之后的指令取指顺序往下执行,而实际上是要转移的,导致程序执行的错误。

在5级静态流水线中,为了实现精确例外,可以把指令执行过程中发生的例外先记录下来,到流水线中写回阶段的时候进行处理,这样就保证前面的指令都执行完了,而后面的指令都没有修改机器的状态,而且有两条或多条指令发生例外时,可以处理最前面那条指令的例外。图5.15给出了一个流水线中两条指令在不同阶段发生例外的例子,后面的指令(在IF阶段发生例外)先发生例外,但把例外统一到写回阶段处理后,还是前面指令(在MEM阶段发生例外)的例外先被处理。外部中断是异步的,什么时候处理都可以,但可以在译码阶段对外部中断进行统一采样,然后随译码阶段的指令前进到写回时统一处理。

LD r1, 0(r2)	IF	ID	EX	**MEM**	WB
ADD r5, r3, r4		**IF**	ID	EX	MEM	WB

LD r1, 0(r2)	IF	ID	EX	MEM	**WB**
ADD r5, r3, r4		IF	ID	EX	MEM	**WB**

图5.15 例外延迟到写回阶段统一处理(粗体表示例外阶段)

结合原型CPU的设计,例外信号(EX)及指令的PC要随着流水线前进到写回阶段。每个流水级中间寄存器都增加一个EX项和一个PC项,用来记录发生例外以及例外发生时指令的PC。PC给操作系统进行例外处理时使用,当发生例外的指令处在写回阶段时,CPU要保存该指令的PC值到一个专用的寄存器EPC中,然后把PC置为例外处理程序的入口地址。需要在PC的输入端增加一个2选1逻辑,一个是正常的PC值,一个是例外程序的入口,由例外选通信号来选择。

图5.16给出了原型CPU的例外处理通路。这是一个原理性的通路,是不完整的。例如,它没有保存例外的原因,没有保存发生例外的指令是不是延迟槽指令的信息,也没有例外返回时把EPC寄存器值送给PC的通路等。当然,操作系统只要知道例外指令的PC,就可以通过模拟指令的执行知道发生例外的原因,也可以通过分析指令的上下文知道该指令是不是延迟槽指令,还可以通过专用的指令修改PC。

5.8 多功能部件与多拍操作

前面我们介绍的简单CPU只有一个功能部件,下面我们分析在多个功能部件和多拍操作情况下的静态流水线。

在CPU中通常存在着不同类型的指令,不同的指令常常由不同的功能部件执行。例如,加减、逻辑运算、转移一般都在定点ALU里执行,定点乘除法通常有专门的部件;浮点的加减、取绝对值、取非、定点与浮点的转换操作在浮点ALU中执行,浮点乘除法通常也有专门的部件;CPU的访存指令还需要专门的访存部件。

不同的功能部件一般在指令流水线的执行阶段需要不同的执行拍数。例如,定点ALU执行1拍就够了;定点乘法需要2、3拍;浮点ALU需要4、5拍;浮点乘法需要5、6拍;浮点除法和浮点开根号的拍数不确定,除1马上就算出来了,但如果两个数总是除不尽,算的拍

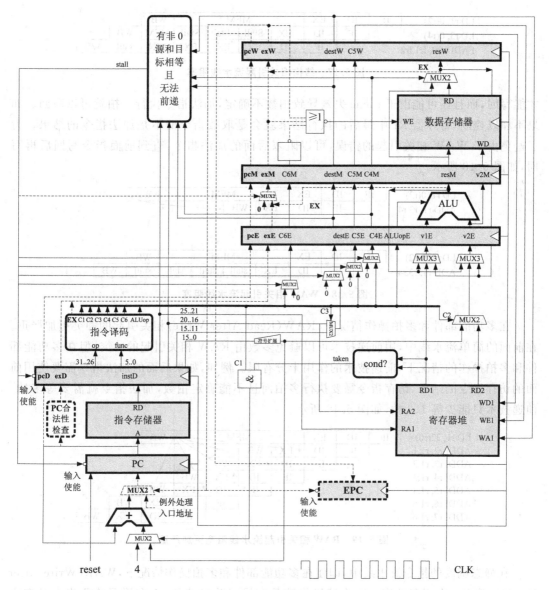

图 5.16 带有精确例外的流水线

数就很多;访存部件的延迟也是不确定的,cache 命中和 cache 不命中的时候不一样,cache 有多个层次,cache 不命中访问内存时还可能赶上内存刚好在刷新;等等。

在多功能部件和多拍操作的指令流水线中,结构相关经常发生。例如,如果访存部件不流水,则会引起多个访存操作的等待,一个 Load 操作访问 cache 不命中时就要访问内存,这可能需要上百拍,后面的访存指令就得等。又如结果写回相关,不同的功能部件延迟不一致,在同一拍写回时会引起寄存器堆写端口冲突。图 5.17 是上述两种结构相关引起流水线阻塞的流水线时空图。

在多功能部件和多拍操作的情况下,会由于 WAW(Write After Write)相关引起冲突。例如,前面一条取数指令和后面一条加法指令都要写 R1 寄存器。取数指令需要执行多拍

LD r1, 0(r2)	IF	ID	EX	MEM				WB		
LD r3, 0(r4)		IF	ID	EX	Stall	Stall	Stall	MEM	WB	
FADD fr0, fr1,fr2			IF	ID	EX1	EX2	EX3	EX4	stall	WB

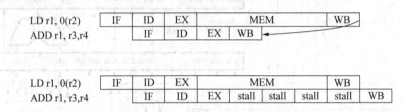

图 5.17 结构相关引起流水线阻塞

才能写回,而且还可能由于 cache 失效导致拍数不确定,加法指令执行一拍就可以写回。如果不加以控制,寄存器 R1 中最后的执行结果就会是取数指令而不是加法指令的结果。为了避免由于 WAW 相关引起的错误,可以阻塞后面的加法指令,直到前面指令写回后再写回,如图 5.18 所示。

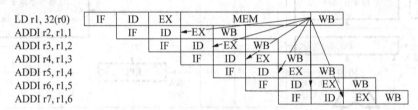

图 5.18 WAW 相关引起流水线阻塞

在多功能部件和多拍操作情况下,RAW(Read After Write)相关引起的冲突更加严重。在前面的简单流水线中,用前递技术可以避免多数由 RAW 相关引起的冲突,但在多功能部件和多拍操作的情况下,前递技术的作用十分有限。例如,如果后面的加法指令需要使用前面的访存指令的结果,访存指令需要执行多拍而且不能确定拍数,加法指令就需要等多拍,前递技术只能少等 1、2 拍,如图 5.19 所示。

图 5.19 RAW 相关引起流水线阻塞更加严重

在静态调度的指令流水线中,即使在多功能部件和多拍操作情况下,WAR(Write After Read)相关也不会引起冲突。因为读操作数是在译码阶段读的,而在译码阶段指令是有序的,前面的指令没有完成译码,后面的指令就不能前进,因此,后面的指令写寄存器肯定在前面的指令读寄存器之后。但是,在动态调度的指令流水线中,后面的指令可以越过前面的指令读寄存器并执行,这样就会由指令的 WAR(Read After Write)相关引起冲突。

在多功能部件和多拍操作情况下,由于指令会乱序结束并写寄存器,例外的处理更加复杂。例如,在除法指令后面跟着加法指令,除法指令在执行阶段需要几十拍,而加法指令执行一拍就够了。当后面的加法指令执行完并写回到寄存器以后,除法指令发生了例外。这就麻烦了,因为在加法指令写完寄存器后,除法指令的例外现场不对了。发生例外后,要由操作系统进行例外处理,操作系统处理完后再回来继续执行除法指令,但是这个时候加法指令已经被执行一遍了,再执行一遍就错了。

可见在多功能部件和多拍操作的情况下,流水线处理指令相关和例外都更加复杂。当然,所有问题都可以根据发生冲突和产生相关的具体情况,通过流水线堵塞来解决。例如,可以把在所有流水线执行阶段指令的目标寄存器号和译码阶段的源寄存器号以及目标寄存器号进行比较,如果发现有寄存器号相等的情况就阻塞译码阶段的指令,这样就可以避免由于数据相关引起冲突。注意,要把译码阶段指令的目标寄存器号也跟前面指令的目标寄存器号进行比较,以避免 WAW 相关导致冲突。同样,不管指令要执行多少拍,都可以要求所有指令顺序写回,而且所有例外在写回阶段统一处理。

当然,一味地通过阻塞流水线解决所有问题会引起流水线效率的下降。因此,实际处理器实现时都会采取很多其他方法来提高流水线效率。例如,对于例外的处理就有好多种办法。一是不要精确例外,典型的例子像做科学计算的机器,不做精确例外,一旦发生例外,就不恢复了,或者设置精确例外和非精确例外模式,在非精确例外情况下流水线的效率高,在精确例外情况下严格保证指令的执行次序,效率低。二是通过增加硬件把指令执行结果先缓存起来,直到前面的指令都执行完了而且没有例外之后,再把结果写回;如果前面的指令发生例外,就把后面的指令取消掉。三是硬件不负责精确例外现场,但发生例外时保留足够的信息以便软件可以恢复现场。

5.9 本章小结

回顾一下简单 CPU 的设计。首先,从 MIPS 指令集中选取了十几条简单指令构成了一个简单的指令系统。根据该指令系统搭建了一条数据通路,主要是寄存器、ALU、存储器、选择器等。在数据通路的基础上实现了控制逻辑,就是根据指令来控制数据通路,指令就是强制性的命令,指令往指令寄存器中一站,整个通路和功能部件就得听它的。然后,给 CPU 加上时钟,每条指令分成计算 PC、取指、执行并写回 3 个步骤,再把一条一条指令串起来。可以把计算 PC 和执行合并成一个步骤,并和取指重叠执行,相当于是两级流水线,一条在取指,一条在执行。在此基础上,把执行阶段再细分,得到标准的 5 级静态流水线,提高了主频。在 5 级流水线中,指令相关容易引起冲突,冲突时通过堵塞流水线保证指令的正确执行。数据相关的指令通过寄存器传递数据,可以通过数据前递直接把运算结果连接到 ALU 的输入,以提高流水线效率。指令在流水线中可能出现各种各样的例外,例外通路和数据通路都是处理器的重要组成部分;为了实现精确例外,在 5 级静态流水线中把例外信息随流水线记录下来等到写回的时候统一处理;例外处理时,把发生例外指令的 PC 存起来以便在例外处理后恢复,并跳转到约定的例外入口地址交由操作系统处理。最后,介绍了多功能部件和多拍操作对流水线的影响。

这个简单的 CPU,一步一步地、从无到有、从简单到复杂,把前几章讲的东西串在了一起。希望大家用 Verilog 把这个简单的 CPU 写出来,调试通了,并运行一个小程序。当你把它调通能跑程序以后,你会觉得非常有意思,自己做出了一个能跑程序的 CPU。

习题

1. 假定某 RISC 处理器采用如图 5.13 所示的 5 级流水线(IF/ID/EX/MEM/WB)结构。对于下列指令序列:

```
LW      R1, 0(R0)
LW      R2, 4(R0)
ADD     R3, R1, R2      ;a=b+e
SW      R3, 12(R0)
LW      R4, 8(R0)
ADD     R5, R1, R4      ;c=b+f
SW      R5, 16(R0)
```

分析上述指令序列之间的相关,并重排序执行序列避免相关。重排序指令序列可以比原先指令序列的执行减少多少拍?

2. 对于下面的计算:

A=A+B
C=A-B

写出 MIPS 程序代码,并且画出 5 级静态流水线(无旁路)的流水线时空图。

3. 对于浮点向量运算 $X(i)=a*X(i)+Y(i)$,假设 X 和 Y 的首地址分别存在定点寄存器 R1 和 R2 中,a 的值存在浮点寄存器 F0 中。

(1) 试写出对应的 MIPS 汇编代码。

(2) 假设处理器为如图 5.16 所示的单发射 5 级流水线(IF/ID/EX/MEM/WB)结构,功能部件足够,Load、Store 操作和整数操作都花费 1 个时钟周期,浮点加法操作为 3 个周期,浮点乘法操作为 4 个周期。给出第一个循环所有指令的流水线时空图。

4. 假定某 RISC 处理器为标准的单发射 5 级流水线(IF/ID/EX/MEM/WB)结构。下面的代码在该处理器中执行。

```
Loop:   LD      R1, 0(R2)       ;从地址 0+R2 处读入 R1
        DADDI   R1, R1, #4      ;R1=R1+4
        SD      0(R2), R1       ;将 R1 存入地址 0+R2 处
        DADDI   R2, R2, #4      ;R2=R2+4
        DSUB    R4, R3, R2      ;R4=R3-R2
        BNEZ    R4, Loop        ;R4 不等于 0 时跳转到 Loop
        NOP
```

已知 R3 的初值为 R2+400。

(1) 不使用旁路硬件,但在同一个周期内寄存器的读和写能进行旁路,分支预测采用 not taken 策略,如果猜测错误则在转移指令执行(EX)后刷新(flushing)流水线上的错误指令,计算执行一个循环需要多少个时钟周期。

(2) 使用旁路硬件,采用 taken 策略进行分支预测,如果猜测错误则在转移指令执行(EX)后刷新(flushing)流水线上的错误指令,计算执行一个循环需要多少个时钟周期。

(3) 使用旁路硬件,分支指令具有单拍的分支延迟,可以重排指令序列并对包括延迟槽在内的指令序列进行调度,计算执行一个循环需要的时钟周期数。

5. 许多指令集中都会提供空操作指令(例如 MIPS 指令集中的 nop 指令),请指出设计空指令的作用。

6. *阅读 ARM 处理器 IP 方面的相关文献。

(1) 描述 ARM9、ARM11、Cortex A8、Cortex A9 的流水线结构。

(2) 以 Cortex A8 为例详细描述每一级流水线的功能,并指出其如何处理相关、分支和例外。

(3) 采用列表的方式比较上述 ARM IP 的工艺、面积、功耗、性能等参数。

7. 下面是第 5 章静态流水线中讲述的 5 级流水处理器的部分 Verilog 代码。该处理器的结构框图如图 5.11 所示,指令编码如表 5.1 所示。

(1) 请采用 Verilog 语言完善其中的 ALU 模块。

(2)* 请完善该 CPU 的代码并编写一个定点乘法程序在该 CPU 模拟环境上正确执行。

注意,不用考虑前递,ALU 部件可以直接用"+"号,每一级流水都要有有效位,0 号通用寄存器的值恒为 0。

```
timescale 1ns/10ps

module tb_sys_top;

reg clock, reset;

initial begin
  clock <=1'b0;
  forever #5 clock =~clock;
end

initial begin
  #0     reset <=1'b1;
  #100   reset <=1'b0;
end

simple_cpu cpu00(.clock(clock), .reset(reset));

endmodule

module simple_cpu(
  input clock,
  input reset
);

wire dec_allowin;
wire [31:0] inst;
wire [ 4:0] ex_dest;
wire [ 4:0] mem_dest;
wire [ 4:0] wb_dest;
wire [76:0] idbus;
wire [32:0] brbus;
wire [72:0] exbus;
```

```verilog
    wire [39:0] membus;
    wire [37:0] wbbus;

    fetch_module fetch(.clock(clock),.reset(reset),.brbus(brbus),
                       .dec_allowin(dec_allowin),.inst(inst));
    decode_module decode(.clock(clock),.reset(reset),
                         .inst(inst),.ex_dest(ex_dest),.mem_dest(mem_dest),
                         .wb_dest(wb_dest),.wbbus(wbbus),
                         .dec_allowin(dec_allowin),.idbus(idbus),
                         .brbus(brbus));
    execute_module execute(.clock(clock),.reset(reset),.idbus(idbus),
                           .ex_dest(ex_dest),.exbus(exbus));
    memory_module memory(.clock(clock),.reset(reset),.exbus(exbus),
                         .mem_dest(mem_dest),.membus(membus));
    writeback_module writeback(.clock(clock),.reset(reset),.membus(membus),
                               .wb_dest(wb_dest),.wbbus(wbbus));

    endmodule

    module fetch_module(
      input           clock,
      input           reset,
      input  [32:0]   brbus,
      input           dec_allowin,
      output [31:0]   inst
    );

    reg    [31:0] pc;

    wire          brbus_taken;
    wire   [31:0] brbus_offset;

    assign brbus_taken  = brbus[  0];
    assign brbus_offset = brbus[32:1];

    /* Please insert your code here. */

    endmodule

    module decode_module(
      input           clock,
      input           reset,
      input  [31:0]   inst,
      input  [ 4:0]   ex_dest,
      input  [ 4:0]   mem_dest,
```

```verilog
    input  [ 4:0] wb_dest,
    input  [37:0] wbbus,
    output        dec_allowin,
    output [76:0] idbus,
    output [32:0] brbus
);

reg         ir_valid;
reg  [31:0] ir_inst;

wire        wbbus_we;
wire [ 4:0] wbbus_dest;
wire [31:0] wbbus_value;

wire        idbus_valid;
wire [ 6:0] idbus_ctrlinfo;
wire [ 4:0] idbus_dest;
wire [31:0] idbus_value1;
wire [31:0] idbus_value2;

wire        brbus_taken;
wire [31:0] brbus_offset;

assign wbbus_we       = wbbus[ 0];
assign wbbus_dest     = wbbus[ 5:1];
assign wbbus_value    = wbbus[37:6];

assign idbus[    0]   = idbus_valid;
assign idbus[ 7: 1]   = idbus_ctrlinfo;
assign idbus[12: 8]   = idbus_dest;
assign idbus[44:13]   = idbus_value1;
assign idbus[76:45]   = idbus_value2;

assign brbus[    0]   = brbus_taken;
assign brbus[32:1]    = brbus_offset;

/* Please insert your code here. */

endmodule

module execute_module(
    input         clock,
    input         reset,
    input  [76:0] idbus,
    output [ 4:0] ex_dest,
```

```verilog
    output [72:0] exbus
);

wire         idbus_valid;
wire [ 6:0] idbus_ctrlinfo;
wire [ 4:0] idbus_dest;
wire [31:0] idbus_value1;
wire [31:0] idbus_value2;

wire         exbus_valid;
wire [ 2:0] exbus_ctrlinfo;
wire [ 4:0] exbus_dest;
wire [31:0] exbus_alures;
wire [31:0] exbus_stvalue;

assign idbus_valid    = idbus[ 0];
assign idbus_ctrlinfo = idbus[ 7: 1];
assign idbus_dest     = idbus[12: 8];
assign idbus_value1   = idbus[44:13];
assign idbus_value2   = idbus[76:45];

assign exbus[    0]   = exbus_valid;
assign exbus[ 3: 1]   = exbus_ctrlinfo;
assign exbus[ 8: 4]   = exbus_dest;
assign exbus[40: 8]   = exbus_alures;
assign exbus[72:41]   = exbus_stvalue;

/* Please insert your code here. */

endmodule

module memory_module(
    input            clock,
    input            reset,
    input    [72:0] exbus,
    output  [ 4:0] mem_dest,
    output  [39:0] membus
);

wire         exbus_valid;
wire [ 2:0] exbus_ctrlinfo;
wire [ 4:0] exbus_dest;
wire [31:0] exbus_alures;
wire [31:0] exbus_stvalue;
```

```
  wire        membus_valid;
  wire [ 1:0] membus_ctrlinfo;
  wire [ 4:0] membus_dest;
  wire [31:0] membus_result;

  assign exbus_valid    = exbus[    0];
  assign exbus_ctrlinfo = exbus[ 3: 1];
  assign exbus_dest     = exbus[ 8: 4];
  assign exbus_alures   = exbus[40: 8];
  assign exbus_stvalue  = exbus[72:41];

  assign membus[    0] = membus_valid;
  assign membus[ 2: 1] = membus_ctrlinfo;
  assign membus[ 7: 3] = membus_dest;
  assign membus[39: 8] = membus_result;

  /* Please insert your code here. */

endmodule

module writeback_module(
  input          clock,
  input          reset,
  input  [39:0]  membus,
  output [ 4:0]  wb_dest,
  output [37:0]  wbbus
);

  wire        membus_valid;
  wire [ 1:0] membus_ctrlinfo;
  wire [ 4:0] membus_dest;
  wire [31:0] membus_result;

  wire        wbbus_we;
  wire [ 4:0] wbbus_dest;
  wire [31:0] wbbus_value;

  assign membus_valid    = membus[    0];
  assign membus_ctrlinfo = membus[ 2: 1];
  assign membus_dest     = membus[ 7: 3];
  assign membus_result   = membus[39: 8];

  assign wbbus[    0] = wbbus_we;
  assign wbbus[ 5:1]  = wbbus_dest;
  assign wbbus[37:6]  = wbbus_value;
```

```verilog
/* Please insert your code here. */

endmodule

module alu_module(
  input  [ 3:0] aluop,
  input  [31:0] in1,
  input  [31:0] in2,
  output [31:0] out
);

/* Please insert your code here. */

endmodule

module regfile(
  input         clock,
  input  [ 4:0] ra1,
  output [31:0] rd1,
  input  [ 4:0] ra2,
  output [31:0] rd2,
  input         we1,
  input  [ 4:0] wa1,
  input  [31:0] wd1
);

reg [31:0] heap [31:0];

assign rd1 =heap[ra1];
assign rd2 =head[ra2];

always @(posedge clock)
begin
  heap[0] <=32'b0;
  if (we1 && (|wa1)) begin
    heap[wa1] <=wd1;
  end
end

endmodule

module rom(
  input         clock,
  input  [13:0] a,
  output [31:0] rd
```

```verilog
    );

    reg [31:0] rom [4095:0];

    assign rd = rom[a];

    initial
    begin
      $readmemh("rom.vlog", rom);
      $display("\nLoad rom successfully!\n");
    end

endmodule

module ram(
    input           clock,
    input           we,
    input   [13:0]  a,
    input   [31:0]  wd,
    output  [31:0]  rd
    );

    reg [31:0] ram [4095:0];

    assign rd = ram[a];

    always @(posedge clock)
    begin
      if (we) begin
        ram[a] <= wd;
      end
    end

endmodule
```

第 6 章
动态流水线

第 5 章讨论了静态流水线技术。所谓静态,指的是不允许指令的乱序执行。也就是说,一个程序前面的指令一定会先执行,后面的指令一定是后执行。静态流水线相对比较简单,容易实现,但是有一些不尽如人意的地方。比如说,只要前面有一条执行得比较慢的指令挡着,后面的所有指令都必须等待。就好像一条马路上不允许超车,前面一辆拖拉机慢慢开,后面就是保时捷也得乖乖地跟着。

这一章讨论动态流水线。它的核心思想就是允许超车,指令准备好了就执行,不用等候前面不相关的指令。

6.1 影响流水线效率的因素

为了提高流水线的性能,必须先搞清楚 CPU 的性能主要受到哪些因素的影响。当指令系统、程序、算法、编译都确定之后,程序的执行时间等于程序中的指令数乘以 CPI (Cycles Per Instruction)再乘以时钟周期。CPI 以前介绍过,就是执行每条指令的平均周期数。在理想的情况下,单发射流水线的 CPI 等于 1,4 发射流水线的 CPI 等于 0.25。但是,实际上没有这么简单,指令流水线比工厂里面生产汽车的流水线复杂得多,主要是因为指令之间存在着各种相关(包括结构相关、数据相关、控制相关)。第 5 章介绍了指令相关容易引起流水线的阻塞。因此,CPI 等于一条指令的理想执行周期数加上由于指令相关引起的阻塞周期数(Pipeline CPI= Ideal pipeline CPI+Structural stalls+RAW stalls+WAR stalls+WAW stalls+Control stalls)。要充分发挥指令级并行的优势,得想方设法地把流水线的阻塞降到最低。

先简单回顾一下第 5 章介绍的指令相关的概念。指令的相关性主要包括数据相关、控制相关和结构相关。其中数据相关又可以分成 RAW(Read After Write)、WAW(Write After Write)和 WAR(Write After Read),RAW 是真正的数据相关,因为指令之间存在着数据传递关系;WAW 和 WAR 又称为假相关或名字相关,指令之间实际上不存在数据传递。

数据相关有时候特指 RAW 相关。指令 J 数据相关于指令 I,是因为指令 J 使用了指令 I 产生的结果。显然,数据相关的指令不能并行执行。RISC 的兴起在很大程度上是因为在 RISC 结构中容易高效地判断指令间的数据相关,因为 RISC 是寄存器—寄存器型的,寄存器的数据相关比较容易判断。只要判断清楚了,就可以通过乱序执行来避免数据相关引起流水线堵塞:前面的指令因为相关而等待的时候,后面的可以继续前进。存储器的数据相关不好判断,例如,(R4)+100 指向的单元和(R6)+20 指向的单元在译码阶段不能判断其相关性,即使 R4 和 R6 的值已经读出来了,(R4)+100 和(R6)+20 不相等,也不能保证它们不相关,因为它们表示的虚地址可能被映射到同一个物理地址。

名字相关的两条指令使用相同的名字。例如,使用相同的寄存器和存储器,但是不交换数据。名字相关又分为两种,一是 WAR 相关(或者叫逆相关),前面的指令读操作不能读回后面的写指令写的值;另外一种是 WAW 相关(或者叫输出相关),两条指令写同一个单元,必须保证寄存器或内存单元的最终值是后面那条指令所写的值。因为名字相关并没有真正的数据交换,所以可以通过寄存器重命名来解决。寄存器重命名的设计思想是:指令产生结果后不立即修改寄存器,而是先存起来等前面的指令都执行结束,保证不会发生例外或者转移取消以后,才能修改寄存器。后面将详细介绍寄存器重命名机制。

解决控制相关需要转移猜测技术,就是在转移条件确定前猜测某个分支取指并执行。转移指令是很关键的,因为它关系到后面从哪里取指。在定点程序中平均每 8～10 条指令就会有一条转移指令。因此,一个 4 发射的结构,平均每两拍就有一条转移指令。Pentium 4 的流水线是 20 级,如果要等到执行完转移指令之后,才知道到哪里去取下一条指令,20 级流水线就有 18 级是空着的,效率非常低,所以要做转移猜测。转移猜测的技术后面有专门的章节介绍。

6.2 指令调度技术

指令调度指的是在不影响程序正确性的前提下,通过改变指令的执行次序来避免由于指令相关引起流水线阻塞。指令调度可以分为静态调度和动态调度。静态调度是由程序员或编译器在程序执行之前进行的指令调度;而动态调度是在程序执行过程中由硬件自动进行的指令调度。本节介绍静态调度,6.3 节介绍动态调度。

下面,通过一个例子介绍指令静态调度技术的概念和方法。在一个指令流水线中,假设浮点运算部件和访存部件的执行阶段需要不同的执行拍数,为解决数据相关引起的冲突,两条数据相关的浮点运算指令之间需要空 3 拍,数据相关的浮点取数指令和浮点运算指令之间需要空 1 拍,数据相关的浮点运算指令和浮点存数指令之间需要空 2 拍;再假设该指令流水线中转移指令有一个延迟槽。

以图 6.1(a)的程序为例,该程序通过循环把一个长度为 1000 的向量 x 中每个元素 x[j]都加一个标量 s。图 6.1(b)是该程序核心循环的汇编代码,在汇编代码中假设浮点寄存器 F2 存放的是 s 的值,定点寄存器 R1 初始值指向元素 x[1000]所在的 8000 号内存单元。这个循环每次把 R1 指向的内存单元通过 LDC1 指令取到浮点寄存器 F0 中,通过 ADD.D 指令加 F2 后,再通过 SDC1 指令存回 R1 指向的内存单元,然后 R1 减 8,再进行下一个元素的运算直到 R1 为 0。

在图 6.1(b)的代码中,ADD.D 依赖于 LDC1 的数据,而 SDC1 又依赖于 ADD.D 的数据。根据前述流水线的延迟,LDC1 和 ADD.D 之间流水线阻塞 1 拍,ADD.D 和 SDC1 之间流水线阻塞 2 拍。因此,在单发射的静态流水线中,每个循环需要 9 拍。图 6.1(c)描述了由于数据相关引起的流水线阻塞情况。

通过静态指令调度可以降低流水线的阻塞。图 6.1(d)描述了通过把 SD 调度到转移指令的延迟槽中来避免由于 ADD.D 和 SDC1 数据相关引起的阻塞。值得注意的是,在把

SDC1 调度到转移指令延迟槽的过程中,SDC1 越过了把访存基地址寄存器 R1 减 8 的 ADDI 指令,因此要把 SDC1 的存数地址从 0(R1) 调整为 8(R1)。通过上述指令调度,计算一个向量元素所需要的拍数从 9 拍降低到 6 拍。

```
for (j=1; j<=1000; j++) x[j]=x[j]+s;
```
(a) 源程序

```
1  LOOP: LDC1    F0,     0(R1)     ;取向量元素至 F0
2        ADD.D   F4,     F0,    F2 ;加上存在 F2 中的标量
3        SDC1    F4,     0(R1)     ;存回结果
4        ADDIU   R1,     R1,    -8 ;指针减 8 字节
5        BNEZ    R1,     LOOP      ;如果 R1 非 0 则转移
6        NOP                       ;延迟槽指令
```
(b) 汇编代码

```
1  LOOP: LDC1    F0,     0(R1)
2        stall
3        ADD.D   F4,     F0,    F2
4        stall
5        stall
6        SDC1    F4,     0(R1)
7        ADDIU   R1,     R1,    -8
8        BNEZ    R1,     LOOP
9        NOP
```
(c) 由于指令相关引起阻塞(每个单元运算 9 拍)

```
1  LOOP: LDC1    F0,     0(R1)
2        stall
3        ADD.D   F4,     F0,    F2
4        ADDIU   R1,     R1,    -8
5        BNEZ    R1,     LOOP
6        SDC1    F4,     8(R1)            ;移至减法后需调整偏移
```
(d) 通过指令调度减少阻塞(每个单元运算 6 拍)

图 6.1 通过指令调度减少阻塞

还可以对图 6.1(d) 中的程序进一步地优化。在图 6.1(d) 的程序代码中,LDC1、ADD.D 和 SDC1 指令是直接跟运算相关的,而 ADDI 和 BNEZ 指令则是循环开销的,可以通过循环展开来降低循环开销。所谓循环展开,就是在程序中直接罗列多次循环的运算部分以消除和减少循环开销。图 6.2(a) 描述了把图 6.1(a) 中的循环展开 4 次的程序代码。从图 6.2(a) 中可以看出,原来每算一个向量元素就需要一次 ADDI 和 BNEZ 的循环开销,而在循环展开后算 4 个向量元素才需要一次 ADDI 和 BNEZ 的循环开销。值得注意的是,循环展开后 ADDI 把 R1 寄存器每次减 4 个向量元素的地址增量为 32,而展开前是每次减 8;同时,相应调整了 LDC1 和 SDC1 的访存地址偏移量。

通过如图 6.2(a) 循环展开后的程序代码,由于每次运算都用到了 F0 和 F4,所以除了原来每次运算时 LDC1 和 ADD.D、ADD.D 和 SDC1 之间存在 RAW 相关,不同的运算之间

还存在 WAW 和 WAR 相关。密集的相关给指令调度设置了严重的障碍。为了减少不必要的相关,在同一个循环内的 4 次运算可以使用不同的寄存器,如图 6.2(b)所示。即第 1 次运算使用 F0 和 F4,第 2 次运算使用 F6 和 F8,第 3 次运算使用 F10 和 F12,第 4 次运算使用 F14 和 F16。这个过程称为软件寄存器重命名。可以看出,通过寄存器重命名可以完全消除 WAW 和 WAR 相关。

在寄存器重命名的基础上可以对图 6.2(b)的程序代码进行指令调度,如图 6.2(c)所示。从图中可以看出,通过指令调度,数据相关的指令都相隔得足够开,所以在执行时不会引起流水线的阻塞。同样,把最后一个 SDC1 挪到转移指令 BNEZ 的延迟槽中时,由于越过了 ADDI,需要调整该 SDC1 的访存偏移量。通过上述调度,计算 4 个向量元素需要 14 拍,平均计算每个元素只需 3.5 拍。

```
1    LOOP: LDC1    F0,    0(R1)
2          ADD.D   F4,    F0,     F2
3          SDC1    F4,    0(R1)           ;节省了 ADDI 和 BNEZ
4          LDC1    F0,    -8(R1)
5          ADD.D   F4,    F0,     F2
6          SDC1    F4,    -8(R1)          ;节省了 ADDI 和 BNEZ
7          LDC1    F0,    -16(R1)
8          ADD.D   F4,    F0,     F2
9          SDC1    F4,    -16(R1)         ;节省了 ADDI 和 BNEZ
10         LDC1    F0,    -24(R1)
11         ADD.D   F4,    F0,     F2
12         SDC1    F4,    -24(R1)         ;节省了 ADDI 和 BNEZ
13         ADDIU   R1,    R1,     -32    ;更新为 4×8
14         BNEZ    R1,    LOOP
15         NOP
```

(a) 循环展开

```
1    LOOP: LDC1    F0,    0(R1)
2          ADD.D   F4,    F0,     F2
3          SDC1    F4,    0(R1)
4          LDC1    F6,    -8(R1)
5          ADD.D   F8,    F6,     F2
6          SDC1    F8,    -8(R1)
7          LDC1    F10,   -16(R1)
8          ADD.D   F12,   F10,    F2
9          SDC1    F12,   -16(R1)
10         LDC1    F14,   -24(R1)
11         ADD.D   F16,   F14,    F2
12         SDC1    F16,   -24(R1)
13         ADDIU   R1,    R1,     -32
14         BNEZ    R1,    LOOP
15         NOP
```

(b) 寄存器重命名

图 6.2 循环展开、寄存器重命名和指令调度

```
1   LOOP:   LDC1    F0,     0(R1)
4           LDC1    F6,     -8(R1)
7           LDC1    F10,    -16(R1)
10          LDC1    F14,    -24(R1)
2           ADD.D   F4,     F0,     F2
5           ADD.D   F8,     F6,     F2
8           ADD.D   F12,    F10,    F2
11          ADD.D   F16,    F14,    F2
3           SDC1    F4,     0(R1)
6           SDC1    F8,     -8(R1)
9           SDC1    F12,    -16(R1)
13          ADDIU   R1,     R1,     -32
14          BNEZ    R1,     LOOP
12          SDC1    F16,    8(R1)           ;32-24-8
```

(c) 指令重排列

图 6.2 （续）

从这个例子中可以看到静态指令调度的威力，计算一个元素所需要的时钟周期数从 9 拍降低到 6 拍，再降低到 3.5 拍。在上述过程中，使用了指令重排序、循环展开以及寄存器重命名技术。强调一下，寄存器重命名可以消除 WAW 和 WAR 相关，但需要更多的寄存器；循环展开可以降低循环开销，但会增加代码空间，可能对指令 cache 的命中率产生影响。

现在的编译器还使用到一些更复杂的指令调度技术。感兴趣的同学可以去学习编译课程。在本教材中，我们点到即止。

6.3 动态调度原理

前面讲到，指令调度的基本思想是：为了提高指令级并行的效率，通过寄存器重命名和指令重排来避免由于指令之间的数据相关和名字相关而引起冲突。6.2 节我们介绍了静态指令调度，看到了通过静态指令调度可以避免由指令相关引起的流水线冲突，从而提高性能。

静态调度通过程序员或编译器对指令进行精心排列，把相关指令隔开。静态调度有以下问题。第一，编译器不是万能的，有些相关信息在编译时难以确定，如访存操作之间是否存在相关以及访存操作是否 cache 命中等。第二，静态调度需要针对具体的流水线结构，针对某个流水线结构优化的代码在另一个流水线结构中不见得适用。在 6.2 节的例子中，如果某个结构的 LDC1 和 ADD.D 之间的延迟超过 4 拍，那么循环展开 4 次就得不到最优结果。动态调度可以解决上述静态调度中存在的问题。所谓动态调度，就是在指令的执行过程中由硬件自动对指令的执行次序进行调度以避免由于数据相关引起的流水线阻塞。当然，为了保证程序的正确执行，硬件在动态调度时需要能够自动判断并遵循指令之间的相关关系。

在静态流水线中，指令在译码阶段判断相关关系。如果处在译码阶段的指令与前面处于执行、访存或写回阶段的指令存在相关，则阻塞处于译码阶段的指令，直到前面与之相关的指令退出指令流水线为止。当处于译码阶段的指令由于相关被阻塞的时候，即使该指令后面的指令与流水线中的其他指令不存在任何相关关系也被阻塞，即后面的指令不能越过前面被阻塞的指令而执行。

动态调度的基本思想是前面指令的阻塞不影响后面的指令继续前进。其具体做法是把译码分成两个流水级：译码和读操作数。在译码阶段，对指令进行译码并检查结构相关。在读操作数阶段，检查指令的操作数是否准备好，准备好就读操作数并送去执行，否则在一个称为保留站或发射队列的地方等待。当一条在读操作数阶段的指令由于相关而在保留站中等待时，后面指令的发射可以继续进行。也就是说，通过把需要等待的指令暂存在保留站中，可以腾出指令执行的通路，后面的不相关的指令就可以继续执行。可见，保留站是把指令从有序变成乱序的机构。

在动态调度结构中，虽然指令取指和译码是有序的，但执行是可以乱序的，只要没有相关就可执行，多条指令还可以同时执行。结束可以乱序，也可以有序。但现在的微处理器为了简化操作系统对例外的处理，都是按照程序规定的指令次序有序结束的。

与用编译器进行的静态调度相比，动态调度有很多优势。例如，可以检测有些编译无法检测的相关，编译器不用针对不同的机器进行不同的优化等。当然，动态调度也必须付出增加硬件复杂度的代价，例如用于保存等待数据的指令的保留站就需要增加硬件复杂度。

通过保留站机制，如果发现译码后的指令与前面的指令存在 RAW、WAW、WAR 中的任何相关，就让该指令在保留站中等待。实际上，WAW 和 WAR 相关并不存在真正的数据传递，是一种假相关或名字相关。可以通过寄存器重命名彻底消除 WAW 和 WAR 相关。下面，通过一个例子说明重命名寄存器的原理。

在如图 6.3(a)所示的程序段中，4 条指令都要访问 F0，如果指令调度只考虑 RAW 相关，则可能存在如下指令序列：

① DIV.D 发射，读 F1 和 F2 进入执行阶段；
② MUL.D1 发射，由于 F5 没有准备好，进入保留站等待；
③ ADD.D 发射，读 F1 和 F2 进入执行阶段；
④ MUL.D2 发射，由于 F6 没有准备好，进入保留站等待；
⑤ ADD.D 完成，写回到 F0；
⑥ DIV.D 完成，写回到 F0；
⑦ F5 准备好，MUL.D1 读 F0 和 F5 进入执行阶段；
⑧ F6 准备好，MUL.D2 读 F0 和 F6 进入执行阶段。

在上述执行序列中，由于 ADD.D 指令的执行延迟短，先于 DIV.D 指令执行完，导致 ADD.D 写回的值被 DIV.D 写回的"过时"的值覆盖，MUL.D2 读到了 DIV.D 指令的"过时"结果。为了避免上述错误，一种简单的做法是在 MUL.D1 读 F0 之前 ADD.D 不能写回，在 DIV.D 写回之前 ADD.D 不能写回，这正是 CDC6600 中记分板的办法。

在该程序中，F0 成为瓶颈，它必须保证 DIV.D 写、MUL.D1 读、ADD.D 写、MUL.D2 读的串行次序。当然，我们可以通过类似于前一节的静态的寄存器重命名，把 DIV.D 和 MUL.D1 指令中用到的 F0 改为 F7，如图 6.3(b)所示。注意，要保持该程序段中 F0 的最终结果为 ADD.D 的结果。

这段程序中的真正相关是 MUL.D1 用了 DIV.D 的结果，MUL.D2 用了 ADD.D 的结果，F0 最终的结果为 ADD.D 的结果。其实 MUL.D1 不一定通过 F0 用 DIV.D 的结果，MUL.D2 也不一定通过 F0 用 ADD.D 的结果。例如，可以指定 MUL.D1 指令的第一个源操作数只接收 DIV.D 的输出值，MUL.D2 指令的第一个源操作数只接收 ADD.D 的输出值，相当于 DIV.D 指令直接把结果写到 MUL.D1 的第一个源操作数位置，ADD.D 直接把结果写到 MUL.D2 的第一个源操作数位置。同样，为了避免 F0 的最终值为 DIV.D 所写的值，可以在 F0 记录它只接收 ADD.D 所写的值。

```
1    DIV.D      F0,    F1,    F2
2    MUL.D1     F3,    F0,    F5
3    ADD.D      F0,    F1,    F2
4    MUL.D2     F4,    F0,    F6
```
(a) 未重命名前 F0 成为瓶颈

```
1    DIV.D      F7,    F1,    F2
2    MUL.D1     F3,    F7,    F5
3    ADD.D      F0,    F1,    F2
4    MUL.D2     F4,    F0,    F6
```
(b) 软件寄存器重命名消除 WAR 和 WAW 相关

```
1    DIV.D      RenFa,       F1,    F2
2    MUL.D1     F3,          RenFa, F5
3    ADD.D      (RenFb,F0),  F1,    F2
4    MUL.D2     F4,          RenFb, F6
```
(c) 硬件寄存器重命名消除 WAR 和 WAW 相关

图 6.3 寄存器重命名示例

因此，只要硬件能够识别并记录 MUL.D1 的第一个源操作数使用 DIV.D 的结果，MUL.D2 的第一个源操作数使用 ADD.D 的结果，而且有地方能够临时保存 DIV.D 和 ADD.D 的结果分别给 MUL.D1 和 MUL.D2 用，上述指令序列就不会引起错误。把临时保存 DIV.D 和 ADD.D 的结果分别给 MUL.D1 和 MUL.D2 用的寄存器称为 RenFa 和 RenFb，该程序段如图 6.3(c)所示，其中 RenFa 和 RenFb 称为 DIV.D 和 ADD.D 结果的重命名寄存器，是处理器内部的硬件寄存器，不是程序员可见的逻辑寄存器。有了 RenFa 和 RenFb 重命名寄存器，上述执行序列如下：

① DIV.D 发射，读 F1 和 F2 进入执行阶段；
② MUL.D1 发射，由于 F5 没有准备好，进入保留站等待；
③ ADD.D 发射，读 F1 和 F2 进入执行阶段；
④ MUL.D2 发射，由于 F6 没有准备好，进入保留站等待；
⑤ ADD.D 完成，写回到 RenFb 和 F0；
⑥ DIV.D 完成，写回到 RenFa；
⑦ F5 准备好，MUL.D1 读 RenFa 和 F5 进入执行阶段；
⑧ F6 准备好，MUL.D2 读 RenFb 和 F6 进入执行阶段。

上述执行序列把 DIV.D 和 ADD.D 的结果分别重定向到 RenFa 和 RenFb，避免了由于 F0 引起的冲突。RenFa 和 RenFb 分别称为 DIV.D 目标寄存器和 ADD.D 目标寄存器的重命名寄存器。可见，通过硬件寄存器重命名，上述执行序列不用阻塞流水线也能给出正确的结果。这就是通过寄存器重命名消除由于 WAW 和 WAR 引起的流水线阻塞的基本原理。

通过上述例子可以看出指令动态调度的基本原理是：前面的指令由于相关而阻塞时，不阻塞后面不相关的指令。主要的结构特点是，把 5 级静态流水线的译码阶段分成译码和读寄存器阶段，在指令译码后读寄存器时如果和前面未写回的指令存在 RAW 相关则在保留站中等待，并通过对指令的目标寄存器进行重命名消除 WAW 和 WAR 相关。

6.4 Tomasulo 算法

Tomasulo 算法是动态调度中里程碑式的工作。搞懂了 Tomasulo 算法，基本上就能理解动态调度技术了。这个算法是由 Robert Tomasulo 在 1966 年提出的，并在 IBM 360/91 中首次使用。它的设计目标是让编译器在 360 系列计算机中通用，不用为每台计算机专门做一个编译器。现代处理器中普遍使用 Tomasulo 算法及其各种变种，包括 Alpha 21264 系列、HP 8000 系列、MIPS 10000 系列、PowerPC 系列以及 Pentium II 以后的 X86 处理器等。它的核心思想是通过硬件寄存器重命名消除 WAR 和 WAW 相关，而没有被指令相关所阻塞的指令可以尽早地送到功能部件去执行。

图 6.4 是一个简单的 Tomasulo 结构，包含 4 个浮点寄存器，3 项加法保留站（负责加减法），3 项乘法保留站（负责乘除法），以及定点/访存部件。每个寄存器增加一个结果状态域来表示寄存器是否可用：空表示寄存器的值可用，否则表示产生寄存器结果的保留站号。保留站内容包括：Busy（忙位），Op（操作码），Vj 和 Vk（源操作数的值），Qj 和 Qk（在源操作数没有准备好的条件下表示产生源操作数的保留站号，如为 0 则表示操作数已经准备好）。结果总线除了送回结果值外，还要送回产生该结果的保留站号。

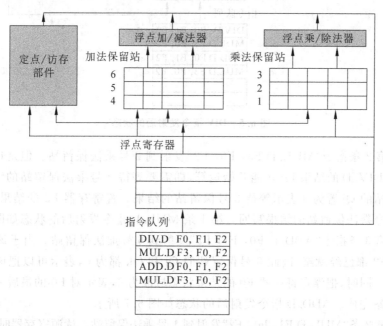

图 6.4 Tomasulo 结构

在 Tomasulo 算法中，译码后的指令被存放在操作队列中。在发射阶段，根据操作类型把操作队列的指令送到相应的保留站（如果保留站有空），发射过程中读寄存器的值和结果状态域;如果寄存器的值处于可用状态则读出寄存器的值,如果寄存器的值处于不可用状态则读出状态域中记录的写该寄存器的保留站号。在执行阶段,每个功能部件都检查保留站中的指令,如果其中某条指令所需要的操作数都准备好(Qj 和 Qk 都为 0)了,则执行该指令;保留站中操作数没有准备好(Qj 或 Qk 不为 0)的指令侦听结果总线并接收结果总线的值;指令执行完后写回时不仅要写回指令运算的结果,而且要写回该指令的保留站号,保留站和寄存器侦听结果总线并根据结果总线的内容修改自己的状态,指令写回后释放保留站。

下面用图 6.4 浮点操作队列中存放的一段简单程序的执行过程来解释 Tomasulo 算法。

(1) 从队列中读出第 1 条指令"DIV.D F0,F1,F2"并发射到 3 号乘法保留站,由于两个源操作数 F1 和 F2 都已准备好,3 号保留站的 Qj 和 Qk 都为 0,置寄存器 F0 的结果状态域为 3,表示它需要等待 3 号乘法保留站的结果写回。DIV.D 指令发射后的状态如图 6.5 所示。

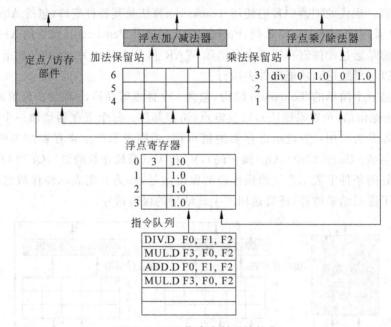

图 6.5 DIV 指令发射后的状态

(2) 将第 2 条指令"MUL.D F3,F0,F2"发射到 2 号乘法保留站。但是这条 MUL.D 依赖于前面 DIV.D 的结果 F0 才能开始运算,即需要等待 3 号乘法保留站的结果。因此 2 号乘法保留站的 Qj 置为 3 表示等待 3 号保留站的结果。置寄存器 F3 的结果状态域为 2,表示等待 2 号乘法保留站的结果写回。第 1 条 MUL.D 指令发射后的状态如图 6.6 所示。

(3) 把第 3 条指令"ADD.D F0,F1,F2"发射到 6 号加法保留站。由于该指令的源操作数 F1 和 F2 都已经就绪,因此 6 号保留站的 Qj 和 Qk 都为 0,表示可以把该指令送到功能部件执行。同时,把浮点寄存器 F0 的结果状态域改为 6,表示对 F0 的最后一次写操作将由 6 号保留站完成。ADD.D 指令发射后的状态如图 6.7 所示。

(4) 把第 2 条"MUL.D F3,F0,F2"发射到 1 号乘法保留站。读源寄存器时,发现它要等 6 号保留站写回后才能开始运算,因此置 1 号保留站的 Qj 为 6。F3 的结果状态域置为 1,表示等待 1 号保留站指令的执行结果。第 2 条 MUL.D 指令发射后的状态如图 6.8 所示。

(5) 终于等到 6 号保留站的加法做完了,通过结果总线把加法结果写回到 F0,并通知

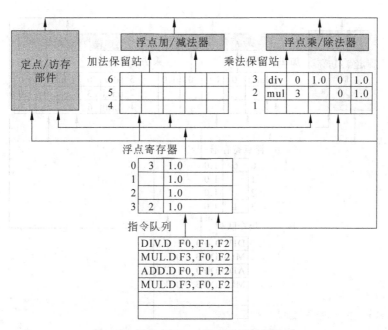

图 6.6 第 1 条 MUL 指令发射后的状态

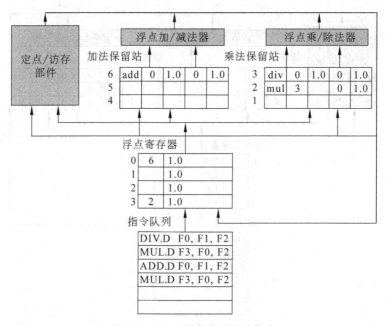

图 6.7 ADD 指令发射后的状态

了各个保留站。第 2 条 MUL.D 指令(在 1 号保留站中)侦听到结果总线的保留站号 6 等于自己的 Qj 中的保留站号,把 Qj 置为 0 并把结果总线上的运算结果(2.0)放到 Vj 中。这样,1 号保留站中的 MUL.D 指令的 Qj 和 Qk 都为 0,表示可以把指令送到功能部件中执行。寄存器 F0 也侦听到结果总线的 6 号保留站和自己状态域中的值相等,因此接收结果总线的值并清除结果状态域。ADD.D 指令写回后的状态如图 6.9 所示。

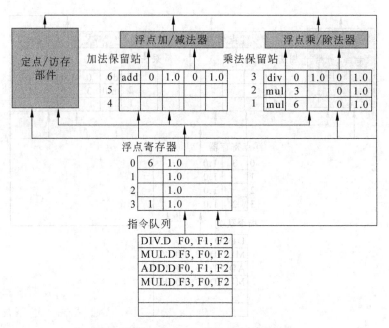

图 6.8 第 2 条 MUL 指令发射后的状态

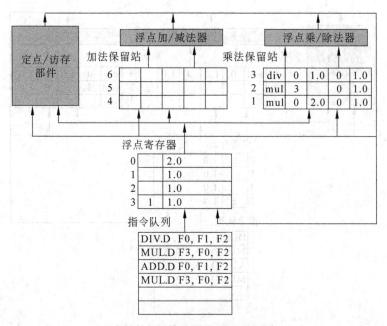

图 6.9 ADD 指令写回后的状态

(6) 3 号保留站的 DIV.D 指令写回结果，2 号保留站的 MUL.D 指令侦听到 3 号保留站的结果。注意，虽然 DIV.D 指令要写 F0 寄存器，但由于 F0 寄存器中目标寄存器的结果状态域是空，不等待任何保留站的结果，因此 DIV.D 的结果对 F0 没有影响，保证了在 F0 中保存的是 ADD.D 的结果。也就是说，F0 的结果在指令发射时就已经被确定了，而与指令的执行次序无关。DIV.D 指令写回后的状态如图 6.10 所示。

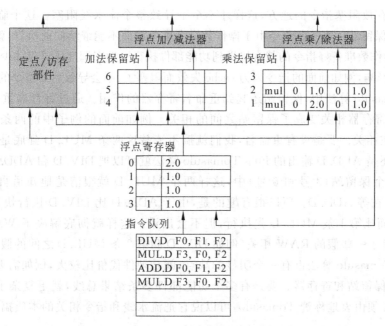

图 6.10 DIV 指令写回后的状态

（7）最后，1 号保留站和 2 号保留站的乘法指令先后写回。同样要注意，F3 最后接收的是 1 号保留站的值，也就是第 2 条 MUL.D 的结果。两条乘法指令都写回后的状态如图 6.11 所示。

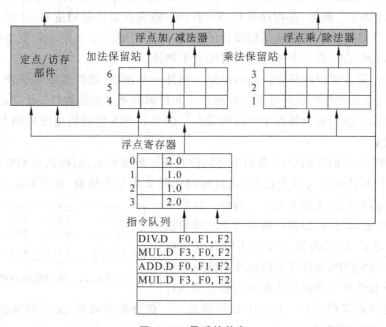

图 6.11 最后的状态

我们大致了解了 Tomasulo 算法的执行过程，现在来总结一下动态流水线的核心思想。要做到乱序发射，即在前面指令由于相关而阻塞时，后面不相关的指令还可以继续前进，就得有个临时存放阻塞指令的地方,这样才不至于导致整个流水线阻塞。这个临时存放指令的地方就是保留站。有一些指令由于操作数没有准备好而不能继续向前执行,就先在保留站里面等待,操作数准备好指令的就直接送到功能部件执行。动态调度还可以减少因 cache 失效而对性能的影响,例如前面的指令因为 cache 失效而阻塞了,不会导致后面指令的阻塞。

在 Tomasulo 算法中,保留站还起到重命名寄存器的作用。通过寄存器重命名,指令和指令之间的寄存器相关变成了保留站之间的相关。例如前面的例子中的两条 MUL.D,都由于 F0 存在相关。要是没有重命名,我们就搞不清楚这两条 MUL.D 到底是在等 DIV.D 输出的 F0 还是 ADD.D 输出的 F0。Tomasulo 算法就可以把 DIV.D 和 ADD.D 输出的 F0 重命名到两个保留站(3 号和 6 号)中,这样两条 MUL.D 就很清楚地知道自己到底在等 DIV.D 还是在等 ADD.D。所以很有趣的是,由于 ADD.D 比 DIV.D 执行快得多,第 2 条 MUL.D 反而比第 1 条 MUL.D 先执行,但不会出错。这样就彻底解决了 WAR 和 WAW 相关,还消除了一些假的 RAW 相关(例如 DIV.D 和第 2 条 MUL.D 之间的假相关)。

当然,Tomasulo 算法也有一个明显的缺点,就是硬件代价比较大,例如需要把结果总线广播到各个保留站和寄存器。要是有多个功能部件多条结果总线,就更复杂了。但是瑕不掩瑜,我们必须由衷地称赞 Tomasulo,可以说它把流水线和指令相关的本质搞透了。

6.5 例外与动态流水线

例外通路与正常的数据通路相伴而行。在数据处理的任何一个流水级都有可能发生例外。例外的原因包括 I/O 请求、指令例外、运算部件的例外、存储管理部件的例外、保留指令错以及硬件错等。例如,在程序里写 A=B+C,假设我们已经知道 B=1,C=1。从程序的角度看 A 肯定等于 2,但是从结构设计的角度,中间可能经历一个非常复杂的过程,从取指令,到取数,到运算,每一个过程都有可能发生例外。

Tomasulo 算法实现的是非精确的例外。例外一旦出现,硬件就不好处理,尤其是一些多功能部件及多拍操作的例外处理比较困难。非精确例外不能给软件一个干净的现场。处理完例外以后,不能回到例外发生之前的状态。例外处理不精确的重要原因是难以预料例外发生的时机。

例如在图 6.12 的代码中,3 条指令之间没有任何数据相关,根据动态调度的思想,后面的加法指令和减法指令可以先执行,而且可以比除法指令先结束。如果在加法和减法指令两条都执行完以后,除法指令发生了例外。操作系统在进行例外处理时,只能假设例外指令之前的指令肯定执行完了,后面的指令肯定还没有开始执行。但在这个例子中,硬件没有给操作系统一个精确的现场,导致例外处理时加法和减法指令都执行

```
DIV.D    F0,    F2,    F4
ADD.D    F10,   F10,   F8
SUB.D    F12,   F12,   F14
```

图 6.12 非精确例外的例子

完了,也就是浮点寄存器 F10 和 F12 已经被改了。例外恢复以后,加法和减法指令还要重新再做一遍,这就出错了。

操作系统非常期望采用动态流水线的处理器能提供精确例外。所谓精确例外,就是指在处理例外的时候,发生例外指令之前所有的指令都已经执行完了,例外指令后面的所有指令都还没有执行。实现精确例外处理的办法,就是把后面指令对机器状态的修改延迟到前

面指令都已经执行完。具体来讲,在流水线中增加一个叫提交(Commit)的阶段,在这个阶段指令才真正修改计算机状态。在执行或者写回阶段,把指令的结果先写到被称为重排序缓存(ReOrder Buffer,ROB)的临时缓冲器中;在提交的时候,再把 ROB 的内容写回到寄存器或者存储器。ROB 是微体系结构的概念,程序员是看不到的,程序员看得到的计算机状态包括寄存器和存储器。指令提交是有序的,只有前面的指令都提交之后才能进行。这种流水线叫乱序执行,有序结束,指令执行是乱序的,但提交是有序的。程序员可见的机器状态在执行阶段是不能修改的,只有在提交阶段才能修改。

保留站和 ROB 是现在通用处理器的两个核心部件。它们两个的作用恰好相反:保留站把有序变成乱序,ROB 把乱序重新排回有序。指令有序地进入流水线;为了提高效率,先乱序执行;为了保证正确性,执行完了以后有序地结束。不只是例外处理,在后面章节介绍的转移指令猜测执行也要用上述乱序执行有序结束的机制。猜测执行和精确例外处理的核心思想都是在某些不确定的情况下先执行,但是留有反悔的余地。

我们来看看 ROB 里面需要有些什么信息。ROB 要有目标地址(存储地址或寄存器号)的值和操作类型等。一条指令的结果寄存器可以被重命名为其结果的 ROB 号,这样后面的指令有可能从 ROB 读操作数。指令执行完了以后,不直接把结果写回寄存器,而是写到 ROB。一条指令只要没有被提交,就不会修改寄存器或者存储器的内容,很容易取消该指令。有时候,ROB 还可以跟 Write Buffer(Write Buffer 是解决访存乱序写操作用的缓存)合并。

增加了 ROB 和提交阶段后,需要对指令流水线进行适当的调整。在发射阶段根据译码后指令的操作类型把该指令送到保留站(如果保留站以及 ROB 有空),并在 ROB 中指定一项作为临时保存该指令结果之用;在发射过程中读寄存器的值和结果状态域,如果结果状态域指出结果寄存器已被重命名到 ROB,则读 ROB。在执行阶段,如果保留站中的指令所需要的操作数都准备好,则执行;否则根据结果 ROB 号侦听结果总线并接收结果总线的值。在写回阶段,运算部件把结果送到结果总线,释放保留站;寄存器根据结果总线修改相应项的结果状态域,ROB 根据结果总线修改相应项状态和内容。在提交阶段,如果队列中第 1 条指令的结果已经写回且没有发生例外,则把该指令的结果从 ROB 写回到寄存器或存储器,释放 ROB 的相应项;如果队列中第 1 条指令发生了例外,清除操作队列以及 ROB 等。

图 6.13 给出了前面的 Tomasulo 算法加上 ROB 之后的结构。假设指令队列中有 4 条已经译码的指令,和前面 Tomasulo 的例子一样,我们再看看指令在流水线中的执行情况。

(1) 将第一条指令"DIV.D F0,F1,F2"发射到乘法保留站里面。ROB 的第 1 项记录了 DIV.D 指令目标寄存器是 F0,浮点寄存器 F0 的结果状态域也指向 ROB 第 1 项,表示等待 ROB 第 1 项的结果,如图 6.14 所示。

(2) 把第 2 条指令"MUL.D F3,F0,F2"发射到乘法保留站中,并登记在 ROB 的第 2 项中。F3 结果状态域指向 ROB 第 2 项,表示等待第 2 项 ROB 的结果。但该指令被发射到保留站中后,暂时不能送到运算部件中去执行,因为需要等待 ROB 第 1 项的结果写回后才能拿到源操作数 F0,所以该指令保留站中的 Qj 域置为 1,如图 6.15 所示。

(3) 将第 3 条指令"ADD.D F0,F1,F2"发射并登记在 ROB 第 3 项中。F0 结果状态域改为指向 ROB 第 3 项。由于这条指令不存在 RAW 相关,因此保留站的 Qj 和 Qk 域都为 0,表示马上可以送到功能部件中进行执行,如图 6.16 所示。

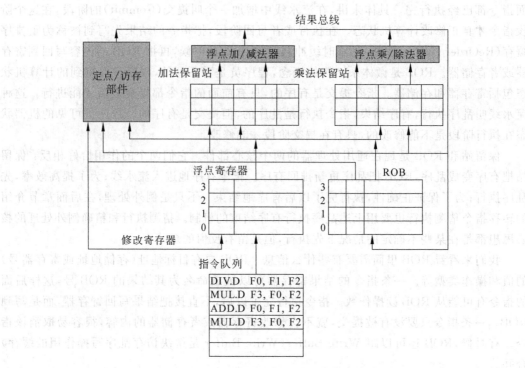

图 6.13 增加 ROB 后的动态流水线结构

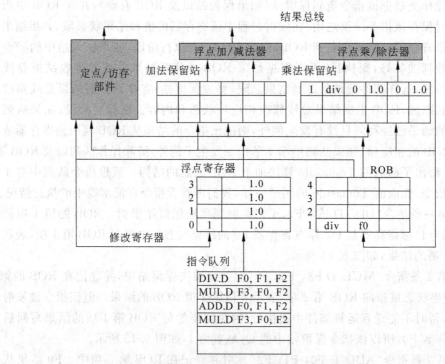

图 6.14 DIV 指令发射后的流水线状态

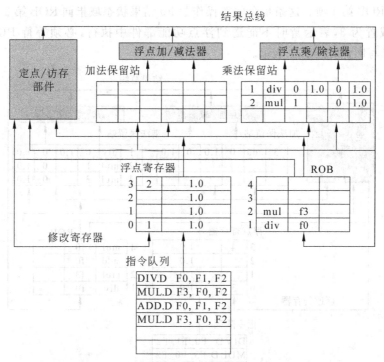

图 6.15　第 1 条 MUL 指令发射后的流水线状态

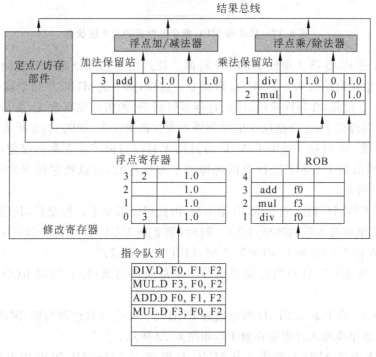

图 6.16　ADD 指令发射后的流水线状态

（4）将第 4 条指令"MUL.D F3，F0，F2"发射并登记在 ROB 第 4 项中。F3 结果状态域改为指向 ROB 第 4 项。这条指令的源操作数 F0 结果状态域指向 ROB 第 3 项,因此保留站中的 Qj 域置为 3,表示暂时不能送到浮点功能部件中执行,必须等待 ROB 第 3 项的 ADD.D 结果写回,如图 6.17 表示。

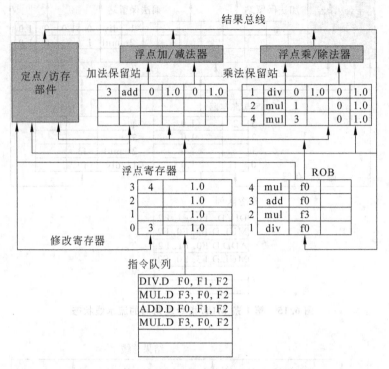

图 6.17 第 2 条 MUL 指令发射后的流水线状态

（5）然后是 ROB 第 3 项的 ADD.D 写回。通过结果总线把这个写回的值(2.0)送到 ROB,同时送给保留站的第 2 条 MUL.D 指令。这样,第 2 条 MUL.D 指令就可以送到功能部件中执行了。但是,在写回阶段,浮点寄存器里面 F0 的值并没有改变,还是 1.0。只有等到 ROB 第 3 项提交了,才会把这个值存到浮点寄存器里面去,如图 6.18 所示。

（6）接下来,ROB 第 1 项的 DIV.D 通过结果总线写回了。在乘法保留站中等待 1 号 ROB 指令结果的第 1 条 MUL.D 也因此得到了源操作数,可以把它送到功能部件中去执行,如图 6.19 所示。

（7）进行 DIV.D 写回,它是 ROB 第 1 项,因此可以提交了。提交后,其退出 ROB,并且往浮点寄存器里面写入新的结果(1.0)。同时,第 2 条 MUL.D 在功能部件中算完了,通过结果总线把结果(2.0)送到 ROB 的第 4 项,如图 6.20 所示。

（8）第 1 条 MUL.D 也执行完并通过结果总线把结果(1.0)写回 ROB 的第 2 项,如图 6.21 所示。

（9）接下来,第 1 条 MUL.D 指令成为 ROB 的头指令并且已经写回,因此可以提交,退出 ROB 并把新结果写入浮点寄存器 F3,如图 6.22 所示。

（10）接下来是 ADD.D 和第 2 条 MUL.D 提交,它们分别从 ROB 中退出并把结果写回浮点寄存器。下面就不再展开了。

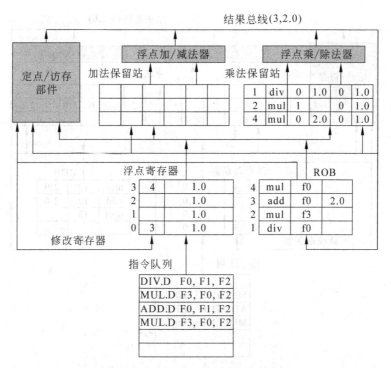

图 6.18 ADD 写回后的流水线状态

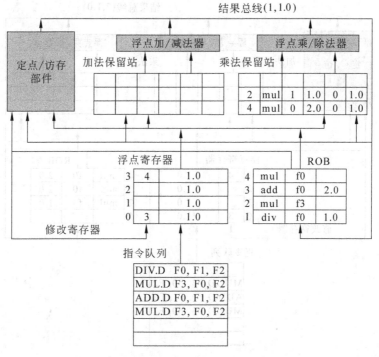

图 6.19 DIV 写回后的流水线状态

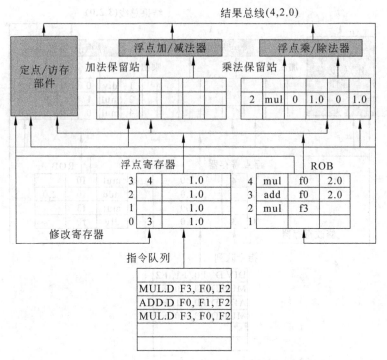

图 6.20 DIV 提交以及第 2 条 MUL 写回后的流水线状态

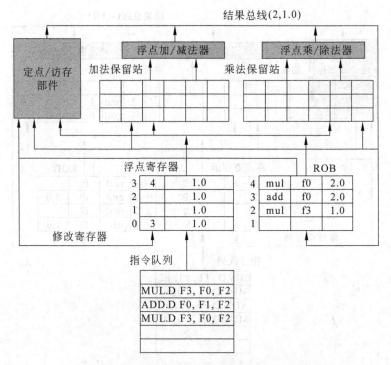

图 6.21 第 1 条 MUL 写回后的流水线状态

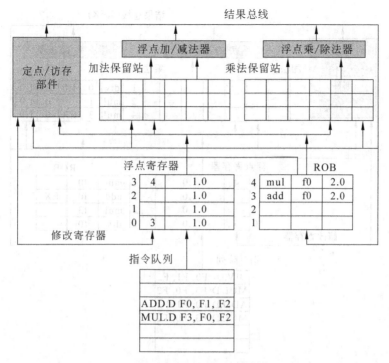

图 6.22　第 1 条 MUL 提交后的流水线状态

到这里,大家应该已经清楚在有 ROB 的情况下流水线是怎样执行的。下面再来看看 ROB 机制是如何做到例外现场精确的。如果 ADD.D 指令在执行过程中发生了例外(如加法溢出)怎么办?很简单,只要 ADD.D 写回时把例外信息记录在 ROB 中,如图 6.23 所示。等到 ADD.D 前面的指令都提交后轮到 ADD.D 提交时,不写回到寄存器而是清除整个流水线,保留必要的现场(如例外原因和例外指令的 PC 值等),并把 PC 的值置为例外程序入口地址就可以了。由于 ADD.D 提交时前面的指令都已经提交修改了机器状态,而 ADD.D 后面的指令都没有提交修改寄存器或内存,因此可以保证例外现场是精确的。

当然,ROB 又会增加硬件开销。在龙芯 1 号的设计中,为了降低硬件开销,把 ROB 和指令队列合并在一起。

总结一下重排序缓存 ROB 的作用。ROB 是有序的,用于保证乱序执行的指令进行按序提交。当把一条指令送入保留站的同时需要将该指令插入 ROB 队列的尾部,执行完的指令将从 ROB 队列的头部移除。在动态调度结构中,指令都是有序进入、乱序执行和有序退出。ROB 的大小限制了能乱序执行的指令条数,项数越大则表示正在执行的指令数目(in-flight)越多。龙芯 2 号处理器有 64 项 ROB,也就是最多时有 64 条指令在乱序执行,Intel 公司的 Nehalem 有 128 项 ROB,而 IBM 公司的 Power 4/5 的 ROB 多达 200 项。打个比方,假设到超市购物,超市要求顾客有序进来,在里面乱序地买东西,但有序退出。如果 ROB 为 64 项表示这个超市最多允许 64 个人同时在里面买东西,多了不行。所以,ROB 的大小以及保留站的大小体现了处理器乱序执行的能力。

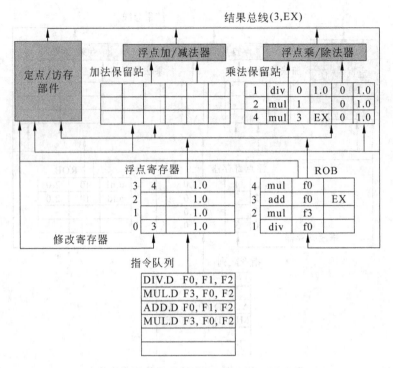

图 6.23 ADD 发生例外写回后的流水线状态

6.6 本章小结

简单地回顾一下指令流水线的发展历史。最初是 5 级静态流水,即把 1 条指令的执行分成取指(IF)、译码(ID)、执行(EX)、访存(MEM)、写回(WB)5 个阶段。在静态流水线中,前面的指令堵住了,后面的指令也只能等待。于是在 CDC 6600 中就提出把译码分成发射和读操作数两个阶段,用记分板去动态控制以解决 RAW 相关,只要没有相关的指令就可以先被执行(本教材没有介绍记分板技术,感兴趣的读者可以查阅相关参考资料)。Tomasulo 觉得这样还不够,有很多 WAR 和 WAW 相关也会带来流水线阻塞。于是他在 IBM 360/91 中提出了 Tomasulo 算法,通过寄存器重命名彻底消除了 WAR 和 WAW 相关。为了实现猜测执行和精确例外,又提出了重排序缓存 ROB,指令乱序执行时先把执行结果写到 ROB,并增加流水线提交阶段以有序提交写回的指令。

流水线的发展过程很有趣。一开始都是顺序执行;顺序效率不好,就发展到乱序执行;乱序在转移、例外时难处理,又弄出个 ROB 把顺序给找回来。这是一个顺序到乱序再到顺序的螺旋上升的过程。通过这个过程,流水线的效率得到了极大的提升。现代处理器中的指令都是顺序进入、乱序执行、有序结束。保留站把指令从顺序变成乱序,而 ROB 又把指令从乱序变回顺序。

本章讲到的结构已经允许指令"超车"了,但其还是存在一个关键性的瓶颈:只有 1 条"车道",1 拍只能发射 1 条指令。这样的流水线再好,IPC 最多是 1。在下一章介绍的多发射结构中,为了进一步提高效率而把"车道"拓宽,这样每拍可以发射多条指令并让它们一起执行。

习题

1. 在乱序执行的指令流水线中，指令有序进入流水线、乱序执行并有序退出，分别说明保留站、重命名寄存器和重排序缓存在乱序执行流水线中的作用。

2. 证明：如果数组元素 A(a∗i+b) 和 A(c∗i+d) 之间存在相关，那么 GCD(c,a) 能够整除 (d−b)。

3. 请比较 Tomasulo 算法和记分板技术分别是如何处理 RAW、WAR 和 WAW 相关的。

4. 请简述动态流水线中如何实现精确例外。

5. 以下这个循环是高斯消元法中的核心操作，称为 DAXPY 循环（双精度的 a 乘以 X 再加上 Y），以下代码实现了对长度为 100 的向量进行 DAXPY 操作：Y=a∗X+Y。

```
bar:
    LDC1    F2, 0(R1)       ;取数 X(i)
    MUL.D   F4, F2, F0      ;乘法操作 a*X(i)
    LDC1    F6, 0(R2)       ;取数 Y(i)
    ADD.D   F6, F4, F6      ;加法操作 a*X(i)+Y(i)
    SDC1    F6, 0(R2)       ;存数 Y(i)
    DADDIU  R1, R1, #8      ;X 的下标加 1
    DADDIU  R2, R2, #8      ;Y 的下标加 1
    DSGTUI  R3, R1, #800    ;测试循环是否结束
    BEQZ    R3, bar         ;如果循环没有结束,转移到 bar
    NOP
```

在单发射静态流水线上，假定浮点流水线的延迟如附表 6.1 所示（延迟为 N 表示第 T 拍操作数准备好开始运算，第 $T+N-1$ 拍可以生成结果），分支指令在译码阶段（ID）计算结果，采用了分支延迟槽技术，整数操作在一拍之内发射和完成，并且结果是完全旁路的（fully bypassed）。

附表 6.1 浮点流水线的延迟

产生结果的指令	使用结果的指令	延迟（时钟周期）
FP ALU op	Another FP ALU op	4
FP ALU op	Store double	3
Load double	FP ALU op	2
Load double	Store double	1

(1) 把这个循环展开足够的次数，要求消除所有停顿周期和循环开销指令。循环将会被展开多少次？写出调度后的代码，每产生一个结果需要多少执行时间？

(2) 写出 DAXPY 循环在软件流水后的代码，可以省略软件流水的装入代码和排空代码，每产生一个结果需要多少执行时间？

6. 假设有一个如附图 6.1 所示的支持精确例外处理的浮点流水线。流水线分成发射、执行并写回以及提交 3 个阶段，其中浮点加法部件延迟为 2 拍（即假设第 T 拍操作数准备好开始运算，第 $T+1$ 拍可以写回结果），浮点乘除法部件延迟为 3 拍，浮点操作队列中已有

图中所示的指令,且寄存器的初值如图 6.1 所示,请给出 6 拍内每一拍的寄存器以及结果总线值的变化。

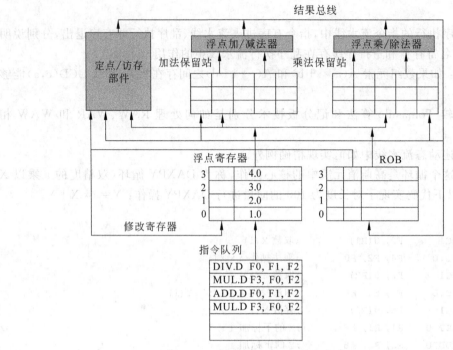

附图 6.1　支持精确例外处理的浮点流水线

7. 假设有一个处理器的浮点流水线结构和指令延迟同第 6 题。

(1) 请写出一段程序,会使得流水线因争用结果总线而停顿。

(2) 为了避免结果总线争用带来的停顿,至少需要多少条结果总线？

8. *分析 Apple 的 A4 处理器和 Intel 的 Atom 处理器的流水线结构特性,并进行性能比较,包括定点和浮点性能。

9. *用 Verilog 写一个 Tomasulo 算法中保留站的模块,该保留站主要特征如下：

① 两项保留站,一条结果总线,一条发射总线,一条输出总线；

② 每项保留站包括 valid(1)、op(8)、qj(8)、qk(8)、vj(32)、vk(32)、rj(1)、rk(1)、dest(8)域；

③ 结果总线包括 valid(1),dest(8),value(32)域；

④ 发射总线包括 valid(1)、op(8)、qj(8)、qk(8)、vj(32)、vk(32)、rj(1)、rk(1)、dest(8)域；

⑤ 输出总线包括 valid(1)、op(8)、dest(8)、vj(32)、vk(32)域。

```
module rs(
    input           clock,
    input           reset,
    input [98:0]    issuebus,
    input [40:0]    resbus,
    output [80:0]   out
```

```verilog
    );

    reg         rs_valid [1:0];
    reg [ 7:0]  rs_op    [1:0];
    reg [ 7:0]  rs_qj    [1:0];
    reg [ 7:0]  rs_qk    [1:0];
    reg         rs_rj    [1:0];
    reg         rs_rk    [1:0];
    reg [31:0]  rs_vj    [1:0];
    reg [31:0]  rs_vk    [1:0];
    reg [ 7:0]  rs_dest  [1:0];

    wire        issue_valid;
    wire        issue_rj;
    wire        issue_rk;
    wire [ 7:0] issue_op;
    wire [ 7:0] issue_dest;
    wire [ 7:0] issue_qj;
    wire [ 7:0] issue_qk;
    wire [31:0] issue_vj;
    wire [31:0] issue_vk;

    wire        res_valid;
    wire [ 7:0] res_dest;
    wire [31:0] res_value;

    wire        out_valid;
    wire [ 7:0] out_dest;
    wire [ 7:0] out_op;
    wire [31:0] out_vj;
    wire [31:0] out_vk;

    assign issue_valid = issuebus[    0];
    assign issue_rj    = issuebus[    1];
    assign issue_rk    = issuebus[    2];
    assign issue_op    = issuebus[10: 3];
    assign issue_dest  = issuebus[18:11];
    assign issue_qj    = issuebus[26:19];
    assign issue_qk    = issuebus[34:27];
    assign issue_vj    = issuebus[66:35];
    assign issue_vk    = issuebus[98:67];

    assign res_valid   = resbus[    0];
    assign res_dest    = resbus[ 8: 1];
    assign res_value   = resbus[40: 9];
```

```
    assign out[    0] = out_valid;
    assign out[ 8: 1] = out_dest;
    assign out[16: 9] = out_op;
    assign out[48:17] = out_vj;
    assign out[80:49] = out_vk;

    /* Please insert your code here. */

endmodule
```

第 7 章
多发射数据通路

第 6 章介绍了动态流水线技术,大家理解了为了提高流水线的效率,通过保留站把有序的指令流进行乱序执行,在乱序执行过程中通过寄存器重命名消除 WAR 和 WAW 相关并减少 RAW 相关引起的流水线阻塞,执行后再通过重排序缓存 ROB 把乱序执行的结果进行有序提交的基本过程。本章先介绍上述"有序进入、乱序执行、有序提交"的各种指令和数据通路的情况,并在此基础上介绍多发射的指令和数据通路。

7.1 指令级并行技术

动态流水线的目的是实现指令级并行技术。在前面介绍计算机系统结构基础的时候,提到过计算机体系结构的并行主要有三大类技术。第一类技术是数据级并行(Data Level Parallelism,DLP),即一条指令可以处理多个数据,其最典型的就是向量指令。例如,龙芯 3 号中 1 个 256 位的通路可以同时做 4 个 64 位的运算或 8 个 32 位的运算。第二类技术是指令级并行(Instruction Level Parallelism,ILP)。这种并行不需要修改程序(数据级并行就需要重写程序),而只需要修改硬件结构就能提高性能。例如,把单发射(1 拍执行 1 条指令)改成多发射(1 拍执行多条指令),就像马路从单车道改成多车道。第三类技术是线程级并行(Thread Level Parallelism,TLP),或者进程级并行。这是比较宏观的并行,现在多核技术都是这种并行。本节主要介绍指令级并行。

可以从 3 个角度去看指令级并行。第一,指令流水线通过时间重叠实现指令级并行,由于同一个周期里面有多条指令在执行,实际上是提高了频率。第二,多发射通过空间重复实现指令级并行,例如 4 个加法器可以同时做 4 条加法指令。第三,乱序执行提高流水线的效率,挖掘指令间潜在的可重叠性或不相关性。

乱序执行技术由动态调度和寄存器重命名两大技术组成。乱序执行技术综合使用这两种技术使指令能够不按照它们原来的顺序执行,指令提交的时候仍然按序结束。根据 DEC 公司的工程师针对 Alpha 结构的分析结果,使用乱序执行技术可以使 CPU 的性能提高 1.5~2 倍。

动态调度技术指在指令因为相关而被阻塞的情况下,后续指令可以越过前面阻塞的指令继续被调度执行。在采用动态调度技术的流水线中,某条指令由于各种原因发生堵塞了,要其不影响后面的指令执行,就必须有一个地方供这条堵塞的指令等待,这个供堵塞指令等待的地方就是保留站。具体做法是把流水线中的译码阶段分成两个阶段:译码阶段和读操作数阶段(或称为发射阶段)。译码阶段用于指令译码和检查结构相关(如保留站满),读操作数阶段检查操作数是不是准备好,如果准备好了就读操作数,否则到保留站等待。当一条指令在读操作数阶段等待的时候,后续指令的发射操作可以继续进行。同时,为了让乱序执行的指令有序结束,采用重排序缓存 ROB 来记录指令原来的次序,并在流水线中增加提交阶段,只有在提交阶段才能修改程序员可见的结构状态信息。如果后面的指令执行完了而前面的指令还没有执行完,则后面先执行完的指令在 ROB 中等待,等到前面的指令提交后,后面的指令才能提交。

寄存器重命名使用软件或硬件的方法将目标寄存器重新命名(指向)到其他的逻辑寄存器或体系结构中不可见(而微体系结构中可见)的物理寄存器。这种方法可以消除指令之间的 WAW 和 WAR 相关,从而提高指令间的可重叠性。采用寄存器重命名技术的流水线中,指令结果产生后不能立即修改结构寄存器,只有在指令提交的时候才能修改结构寄存器,因为该指令可能被取消。指令被取消的原因包括前面的转移指令发生转移猜测错误或前面的指令发生例外等。

可见,在乱序执行的指令流水线结构中,保留站(有些地方叫发射队列等)、重排序缓存 ROB 以及重命名寄存器 3 个部件起着重要的作用。它们之间是既相对独立又有机合作的整体。它们各自的具体组织是怎样的?它们之间的相互关系怎样的?表面上看形形色色的各种微处理器具体的组织各不相同,但万变不离其宗,都离不开保留站、重排序缓存以及重命名寄存器的不同组织及组合。

7.2 保留站的组织

在动态调度结构中,译码后的指令到保留站中去检查指令的数据依赖关系,准备好数据的指令被调度到功能部件中执行,没有准备好数据的指令在保留站中等待。图 7.1 给出了从静态调度到动态调度的结构变化原理。

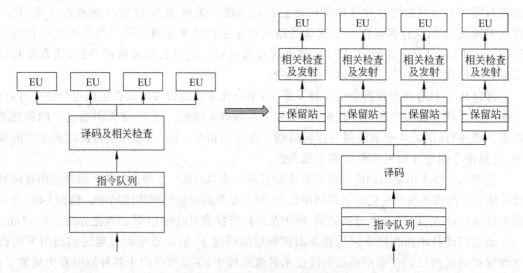

图 7.1 从静态调度到动态调度

保留站有独立保留站、分组保留站和全局保留站 3 种常见的组织方式。独立保留站就是每一个功能部件有一个保留站,前面介绍的 Tomasulo 算法就是每个功能部件一个保留站。分组保留站就是把功能部件分组,同一组的功能部件共用一个保留站,例如,定点部件和访存部件共用一个保留站,浮点部件共用一个保留站。全局保留站就是所有功能部件共同使用一个保留站。图 7.2 给出了独立保留站、分组保留站和全局保留站的结构。

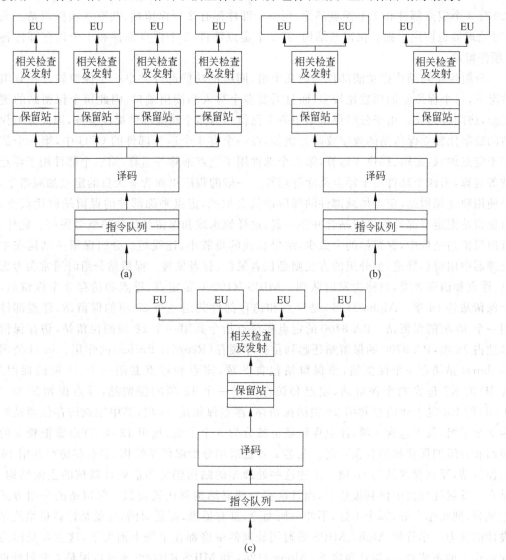

图 7.2 独立保留站、分组保留站和全局保留站结构

在独立保留站结构中,每一个功能部件都有一个保留站。这种方式的每个保留站的项数比较少,一般为 2~4 项。这种保留站结构的特点是设计简单,每个保留站只要一个写入端口和一个读出端口,其输出选择的逻辑也比较简单,容易达到比较高的频率。但这种结构的保留站利用率较低,可能忙的保留站忙死,甚至引起堵塞,而闲的保留站闲死。例如,假设一个结构中有两个定点部件,两个浮点部件,每个功能部件有 4 项保留站,一共有 16 个保留站项。如果在指令队列中没有浮点指令,所有的指令都是定点的,那么浮点保留站就会一直空闲,定点保留站就会很忙,甚至有可能出现堵塞。此外,要把由于功能部件的运算结果送到保留站中,通常要把定点结果送到所有定点保留站,把浮点结果送到所有的浮点保留站,把访存结果送到所有保留站,导致结果总线负载大,连线长,延时会很长。独立保留站结构

在早期的计算机上用得比较多。例如,CDC 6600 中每一个功能部件都有一项保留站;IBM 360/91 中浮点加减部件的保留站是 2 项,浮点乘法部件的保留站是 3 项;IBM 的 PowerPC 620 有 3 个定点部件和 1 个浮点部件,每一个部件都有 2 项保留站,共有 8 项保留站。龙芯 1 号处理器也使用了独立保留站结构,其 2 个定点部件、2 个浮点部件和 1 个访存部件各有 2 项保留站。

分组保留站结构把功能部件分为几个组,同组的功能部件共享一个保留站。在分组的情况下,每个保留站的项数比较多,而且需要多个写入和读出端口,因此每个保留站的逻辑复杂,访问延迟长。由于分组保留站中每个保留站为多个功能部件提供服务,因此分组保留站的效率比独立保留站的效率要高。例如,在一个有 4 个运算部件的 CPU 中,第一个部件用于定点加减、逻辑、移位等运算,第二个部件用于定点乘除等运算,第三个部件用于浮点加减等运算,第四个部件用于浮点乘除等运算。一般的程序里面含有大量的定点加减指令,如果使用独立保留站,定点加减部件的保留站就会忙死,定点乘除部件的保留站就比较空,分组保留站把定点部件的保留站合并在一起,这样流水线和保留站的效率就会提高。此外,在分组保留站结构中,保留站的个数少,结果总线的负载小,连线短。分组保留站结构在主流处理器中用得很普遍,而分组的方法则是仁者见仁、智者见智。保留站分组时通常会考虑定点、浮点和访存 3 类,也称为发射队列。MIPS R10000 是定点、浮点和访存 3 个保留站,每个保留站各 16 项。Alpha 21264 是定点和访存部件共用一个 20 项的保留站,浮点部件共用一个 15 项的保留站。PA 8700 的定点和浮点指令共用一个 28 项的保留站,访存保留站单独占 28 项,PA 8700 的保留站还起到重排序缓存(Reorder Buffer)的作用。Intel 公司的 Netburst 是访存一个保留站,该保留站包含 8 项,定点和浮点共用一个 38 项的保留站。AMD 的 K7 包含两个保留站,定点和访存共用一个 18 项的保留站,浮点保留站 36 项。AMD 的 K8 定点和访存共用 24 项的保留站,浮点保留站 36 项,其中定点访存保留站被分为 3 个子组,每组包含 8 项,浮点保留站也被分为 3 个子组,每组 12 项,有点像把独立的保留站和分组的保留站结合在一起。龙芯 2 号也采用分组保留站结构,定点和访存共用 16 项的保留站,浮点保留站为 16 项。上述这些处理器的结构仍是当前处理器核的主流结构,都是在 4 发射处理器中做到极致了,而且这些处理器结构都比较类似。保留站的分组方式见仁见智,到底哪个好,哪个不好,不能一概而论,都有道理,都是对的,这就是计算机系统结构设计的魅力。尽管像 Alpha、MIPS 等通用处理器最终都在市场上消失了,这主要是因为商业运作上的不成功,从设计角度看,Alpha 21264 和 MIPS R10000 等可以说是 4 发射处理器中的经典之作,至少是学术上的经典之作,我们不能否认其学术上的价值。Intel 公司也好,AMD 公司也好,都从它们那里借鉴了很多东西,它们的很多设计思想也是非常值得我们学习和借鉴的。

在全局保留站结构中,所有的功能部件共享一个保留站,保留站的项数比较多,保留站的读出和写入端口也很多,导致保留站读出的时间比较长,因此保留站的控制比较复杂。当然,全局保留站的使用效率最高,而且结果总线只要送到全局保留站就行了。例如,Intel 公司的 P6 构架包括 Pentium Pro、Pentium Ⅱ、Pentium Ⅲ 都是类似的结构,它们只有一个保留站,一共有 20 项,也就是同时有 20 条指令可以在保留站里等待,而第 21 条就被堵住了。Intel 的 Pentium M 和最新的 Core 构架也采用全局保留站结构,其中 Pentium M 包含 24 项保留站项,而第 1 代 Core 结构包含 32 项保留站项。

表 7.1 中列出了不同处理器的保留站组织。从中可以看出,分组保留站比较主流。

表 7.1　不同处理器保留站组织

独立保留站	分组保留站	全局保留站
Power 1(1990)	ES/9000	Pentium Pro/Ⅱ/Ⅲ（1995）
Nx586(1994)	Power 2 (1993)	Pentium-M(2003)
PowerPC 603(1993)	MIPS R10000(1996)	Core (2006)
PowerPC 604(1995)	PM1(Sparc 64) (1995)	
PowerPC 620(1996)	HP PA 8700(1998)	
Am 2900 sup (1995)	Alpha 21264 (1998)	
Am K5 (1995)	Godson-2 (2003)	
Godson-1 (2001)	AMD K7 (1999)	
	AMD K8 (2003)	

表 7.2 列出了各种处理器的保留站总项数,是将定点、浮点和访存部件的保留站都加起来的总和。保留站总项数表明有多少条指令由于数据相关阻塞之后,后面的指令还可以继续前进,这从一个非常重要的角度反映出一个处理器乱序执行的能力。如果需要在保留站中等待的指令数目超过了保留站的总项数,流水线就被阻塞了。从表 7.2 中可以看出,现代处理器的保留站一般为几十项。

表 7.2　不同处理器保留站总项数比较

处理器	保留站总项数	处理器	保留站总项数
PowerPC 603(1993)	3	MIPS R10000(1996)	48
PowerPC 604(1995)	12	PA 8000(1996)	56
PowerPC 620(1996)	15	Alpha 21264	35
Nx586(1994)	42	AMD K7/K8	54/60
K5(1995)	14	Intel Core(第 1 代)	32
PM1(Sparc64)(1995)	36	Godson-2	32
Pentium Pro(1995)	20		

7.3　保留站和寄存器的关系

7.2 节从保留站组织的角度讨论了流水线结构,本节从保留站和寄存器关系的角度来讨论流水线结构。从指令流水线中指令什么时候读取寄存器的值的角度,保留站和寄存器的关系有两种情况:一是指令在进入保留站之前读寄存器,二是指令在进入保留站之后读寄存器,如图 7.3 所示。

在指令进入保留站前就读寄存器的结构中,指令在译码后读寄存器,读寄存器时需要的数据可能是前面指令的运算结果没有写回,因此读寄存器时不一定能读到指令所需要的值,指令进入保留站后需要侦听结果总线并根据侦听结果保存结果总线写回的值。保留站的每一项都需要存储源操作数的值,现代处理器中每条指令最多需要 3 个源操作数,每个操作数 64 位,因此保留站中的每一项需要的位数比较多。保留站中源操作数的来源有 3 种可能的情况:一是读寄存器时寄存器中的数值是有效的,可以直接把寄存器中的值读出并存入保

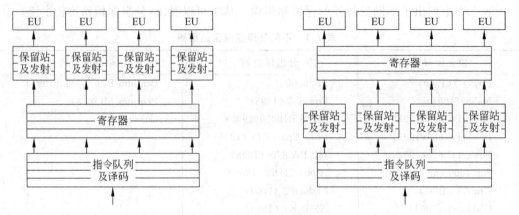

图 7.3 保留站和寄存器的关系

留站;二是读寄存器时寄存器中的值是无效的,指令进入保留站后侦听结果总线并等待操作数被写回,一旦侦听到结果总线上有所需要的数据,就存入保留站中相应的数据域;三是读寄存器时寄存器中的值是无效的,但该值刚好在读寄存器的那一拍被写回,这时候指令进入保留站的同时侦听结果总线,并根据侦听结果把结果总线写回的值存入保留站。

在指令进入保留站前读寄存器的结构中,寄存器读端口的数目和发射的宽度相关,例如 4 发射的处理器,每条指令需要两个源操作数,这个寄存器堆就需要 8 个读端口,8 端口寄存器堆的面积和延时开销都很大,少数处理器还有一些指令是 3 个源操作数,相应的端口数还要增加。译码阶段需要读寄存器,还需要侦听结果总线,其逻辑比较复杂;而从保留站读出指令去执行的逻辑相对简单,保留站和功能部件联系得比较紧密,通常采用独立保留站结构。第 6 章介绍的 Tomasulo 算法属于保留站前读寄存器的结构。

第二种情况是指令在保留站后读寄存器。指令译码后直接进入保留站,并在保留站中等到所有源操作数的值都在寄存器(或重命名寄存器)中处在有效状态时把指令从保留站中读出,读取寄存器(或重命名寄存器)中源操作数的值并送到功能部件中执行;或者需要的寄存器值虽然还没有写回到寄存器但是正在写回的路上时,把指令从保留站中读出,通过前递(Forward)机制来获得正在写回的寄存器值,然后送到功能部件中执行。在保留站前读寄存器的结构中,不管寄存器中的值是否有效都要先读寄存器,保留站中需要保存源操作数的值;在保留站后读寄存器的结构中,每次读寄存器时寄存器的值都是有效的。因此,保留站不用保存源操作数的值,保留站的结构相对简单。

在保留站后读寄存器的结构中,寄存器读端口数和功能部件的数目相关,而不是跟发射宽度相关,有多少个功能部件就需要多少个相应的读端口数目。例如,定点寄存器的读端口数要根据定点部件的需求来设置,浮点寄存器的读端口数要根据浮点功能部件的需求来设置。保留站后读寄存器的结构通常采用分组保留站。现代处理器大多采用在保留站后读寄存器的结构,而且通常把读寄存器之前的保留站称为发射队列。

不论是保留站前读寄存器还是保留站后读寄存器,基本原理都是一样的。就是指令进入保留站是有序的,在保留站中等待所需要的源操作数都准备好再送出去执行,因此从保留站出来是乱序的。其核心思想都是为了不要让前面阻塞的指令影响到后面不相关的指令,都是为了允许指令"超车"。表 7.3 给出了根据保留站和寄存器关系分类的处理器的例子。

AMD 的 K8 处理器比较奇怪,其定点和访存通路是在保留站之前读寄存器,其浮点通路是在保留站之后读寄存器。

表 7.3 保留站前(后)读寄存器的机器

保留站前读寄存器	保留站后读寄存器
IBM 360/91(1967)	CDC 6600(1964)
PowerPC 603(1993)	Power 1(1990)
PowerPC 604(1993)	Power 2(1993)
PowerPC 605(1993)	Lighting(1991)
PowerPC 620(1996)	ES/9000(1992)
Am 2900 sup(1995)	Nx586(1994)
Am K5(1995)	PA 8000(1996)
PM-1(Sparc64)(1995)	MIPS R10000(1996)
Pentium Pro(1995)	Alpha 21264(1997)
Intel Core(2006)	Intel Netburst(2001) AMD K7/K8(2006)
Godson-1	Godson-2

7.4 重命名寄存器的组织

寄存器重命名技术在乱序执行流水线中有两个作用:一是消除指令之间的寄存器读后写相关(WAR)和写后写相关(WAW);二是当指令执行发生例外或转移指令猜测错误而取消后面的指令时可以保证现场的精确。

寄存器重命名的思想很简单:就是一条指令写某一个结果寄存器时不直接写到这个结果寄存器,而是先写到一个中间寄存器过渡一下,当这条指令提交的时候再写到结果寄存器中。在乱序执行流水线中,后面的指令可能比前面的指令先执行完,这时候不急于把该指令的执行结果写到结果寄存器中,必须等到前面的指令都提交后才能写入到结果寄存器中。这样虽然指令乱序执行,但修改寄存器是有序的。

寄存器重命名的方法灵活多样。第 6 章介绍过可以通过软件的寄存器重命名来消除 WAR 和 WAW 假相关。下面先简单回顾一下软件寄存器重命名,然后重点介绍硬件寄存器重命名。

图 7.4 给出了一个软件寄存器重命名的简单例子。在该程序段中浮点寄存器 F0 和 F4 被两个不相关的运算片段都作为结果寄存器。可以使用软件重命名的方法将第二个运算片段的结果寄存器 F0 换成 F6,F4 换成 F8。这种变换并没有改变程序的逻辑,但消除了指令之间的假相关,提高了流水线的效率。寄存器重命名后的程序还可以重排指令,如将第二个 LDC1 提到前面,放置在第一个 LDC1 后面,这样可以减少处理器停顿的时间。第 6 章介绍过,程序中的 WAW 和 WAR 相关是假相关。如上述程序中两个 LDC1 指令都写 F0,指令间并没有真正的数据传递,只是名字相同,称为名字相关,也称为假相关。使用软件寄存器重命名可以消除这种假相关从而实现乱序执行。

从重命名寄存器组织方式上看,硬件寄存器重命名大致可以分成两类:一是把重命名寄存器和结构寄存器分开;二是不把重命名寄存器和结构寄存器分开。这里说的结构寄存器是程序员可见的逻辑寄存器,而重命名寄存器是程序员不可见的微结构寄存器。

LDC1	F0	0	R1
MUL.D	F4	F0	F2
SDC1	F4	0	R1
LDC1	F0	0	R1
MUL.D	F4	F0	F2
SDC1	F4	0	R1

LDC1	F0	0	R1
MUL.D	F4	F0	F2
SDC1	F4	0	R1
LDC1	F6	0	R1
MUL.D	F8	F6	F2
SDC1	F8	0	R1

图 7.4 软件寄存器重命名

第一是把重命名寄存器和结构寄存器分开的情况。在 RISC 结构中,结构寄存器通常是固定的 32 个,需要另外再找一个地方临时存放指令的运算结果,这个临时存放的地方就是重命名寄存器。重命名寄存器可以与保留站或 ROB 结合在一起,也可以使用专门的重命名寄存器。指令在写回运算结果的时候只写回到重命名寄存器,在提交的时候再把运算结果从重命名寄存器中读出来写回到结构寄存器中。

第二种寄存器重命名方式是不把重命名寄存器和结构寄存器分开。这种方式把重命名寄存器和结构寄存器合并在一起形成一个比较大的物理寄存器堆,并为每条指令的目标寄存器动态分配物理寄存器。为了保持逻辑寄存器与物理寄存器之间的映射关系,需要建立逻辑寄存器和物理寄存器之间的映射表。映射表的作用就是根据逻辑寄存器找到物理寄存器,或根据物理寄存器找到逻辑寄存器。映射表有两种实现方式:一是 RAM 的实现方式,包含逻辑寄存器数目那么多项,以逻辑寄存器号为索引去查映射表里对应哪个物理寄存器;二是 CAM(内容寻址存储器)的实现方式,包含物理寄存器数目那么多项,用逻辑寄存器号和每一项比较,匹配的那一项所指的物理寄存器就是重命名寄存器。

第 6 章较详细地介绍了独立的逻辑寄存器和重命名寄存器的例子。下面介绍在逻辑寄存器和重命名寄存器合并的情况下,如何建立逻辑寄存器到重命名寄存器的映射。结构寄存器和重命名寄存器合并后称为物理寄存器(堆)。物理寄存器的个数要比逻辑寄存器多,例如 RISC 指令系统的逻辑寄存器大多数都是 32 个(定点),而 Alpha 21264 物理寄存器有 80 个,MIPS R10000 以及龙芯 2 号物理寄存器都是 64 个。逻辑寄存器被动态映射到物理寄存器。指令在译码后进行寄存器重命名时要为该指令的目标寄存器分配新的物理寄存器,并为该指令的源寄存器找到最近一次为该源寄存器分配的物理寄存器。例如,在图 7.5(a) 的程序段中,6 条指令都是把 R1 加 1,再把结果存到 R1。这些指令之间都是真相关。寄存器重命名为这些指令的每个目标寄存器 R1 分配物理寄存器,每个源寄存器都要找到最近一次给 R1 分配的物理寄存器。重命名的结果如图 7.5(b) 的程序段所示。初始时,逻辑寄存器 R1 跟物理寄存器 PR1 对应,因此第 1 条指令的源寄存器 R1 被重命名到 PR1,并为目标寄存器 R1 分配一个新的物理寄存器 PR2;第 2 条指令的源寄存器 R1 被重命名到上一次分配给 R1 的物理寄存器 PR2,并给它的目标寄存器 R1 分配一个新的物理寄存器 PR3,依次类推。每个目标寄存器都分配一个新的物理寄存器,WAR 和 WAW 相关自然就没有了;每个源寄存器都重命名到最近一次分配给它的物理寄存器,RAW 关系就不会搞错。在寄存器重命名后,指令执行时只通过物理寄存器号判断数据相关,指令执行结果直接写回到相应的物理寄存器。指令提交时,为该指令的目标寄存器分配的物理寄存器就被标记为结构可见的(不能被取消掉),而原来为该逻辑寄存器分配的物理寄存器被释放掉。例如,在图 7.5 中的

第 4 条指令提交时，PR5 被标记为与 R1 对应的结构可见寄存器，而 PR4 被释放掉。

ADD	R1	R1	1
ADD	R1	R1	1
ADD	R1	R1	1
ADD	R1	R1	1
ADD	R1	R1	1
ADD	R1	R1	1

(a)

ADD	PR2	PR1	1
ADD	PR3	PR2	1
ADD	PR4	PR3	1
ADD	PR5	PR4	1
ADD	PR6	PR5	1
ADD	PR7	PR6	1

(b)

图 7.5 建立逻辑寄存器到物理寄存器的映射关系

当某条指令在执行过程中发生例外时，需要取消在该指令之后逻辑寄存器和物理寄存器之间建立的对应关系。如上述程序中第 4 条加法指令发生例外了，则第 4 条之后的指令都需要取消，这时需要确定逻辑寄存器 R1 的值所在的寄存器。根据 ROB 中记录的第 4 条指令的相关信息，在重命名表中标志 PR4 为与 R1 对应的结构可见寄存器。这样，以后其他指令访问 R1 时就会被重命名到 PR4 去。建立逻辑寄存器和物理寄存器的映射关系有点像操作系统中的虚实地址的映射，为虚空间分配物理内存并把虚地址映射为物理地址。不过在寄存器的重命名中，一个逻辑寄存器有可能要对应多个物理寄存器。

下面再结合具体结构分别看一下两种重命名结构在不同流水阶段的操作以及相关状态转换。图 7.6 分别给出了独立重命名寄存器以及使用物理寄存器堆寄存器重命名结构，前者在保留站前读寄存器，后者在保留站后读寄存器。

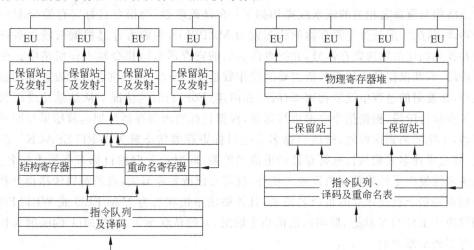

图 7.6 独立重命名寄存器和合并重命名寄存器结构

先看独立重命名寄存器的结构。重命名寄存器包含 3 个状态：EMPTY 表示该寄存器没有被用于重命名；MAPPED 表示该寄存器已经被重命名但结果没有写回；WRITEBACK 表示结果已经写回重命名寄存器但没有提交到结构寄存器。结构寄存器只有两个状态：VALID 表示有效，以及 INVALID 表示无效。当状态为无效时，要指定这个值所在的重命名寄存器，需要在结构寄存器中增加一个域用于表示在结构寄存器无效时对应的重命名寄存器号。

该结构与重命名相关的流水线操作如下：①在读寄存器阶段，为目标寄存器分配一个空闲的重命名寄存器；为源寄存器找到读操作数的位置，指令的操作数来源有两种情况，一是直接来自于结构寄存器，二是来自于重命名寄存器；从图 7.6 中可以看出，指令译码之后读寄存器然后送到保留站之前有一个 3 选 1 逻辑，选择一是从结构寄存器中读，二是从重命名寄存器中读，三是结果正在写回则从结果写回总线上获取该值。②在执行阶段，从保留站中选择所有源操作数都准备好的指令并送到功能部件进行运算，并把运算结果写回到重命名寄存器和写回到侦听该重命名寄存器值的保留站，但不写回到结构寄存器。③在提交阶段，把重命名寄存器的值写回到相应的结构寄存器中，并释放重命名寄存器。可见，重命名寄存器在译码阶段进行分配，在提交阶段进行释放。

如果发生例外，当发生例外的指令作为 ROB 的第 1 条指令而被提交时，取消例外指令之后已经建立的重命名关系。具体做法是把结构寄存器的状态都改为有效，把重命名寄存器的状态都置为空。

再看使用物理寄存器堆合并结构寄存器和重命名寄存器的情况。重命名算法的核心是重命名表的构造。重命名表可以用 CAM 或 RAM 的方法构造。假设使用 CAM 结构来构造重命名表，重命名表的项数与物理寄存器的数目一样多。重命名表中每项主要包括 3 个域：name 域表示所映射的逻辑寄存器号；valid 域表示当同一个逻辑寄存器对应多个物理寄存器时最新的映射；state 域表示重命名映射的状态，其中 EMPTY 状态表示该寄存器没有被重命名，MAPPED 状态表示已经被重命名但结果还没有写回，WRITEBACK 状态表示结果已经写回重命名寄存器但还没有提交成为结构寄存器，COMMIT 状态表示结果已经提交成为结构寄存器。

该结构与重命名相关的流水线操作如下：在译码阶段，为指令目标寄存器分配一个空闲的物理寄存器，把新分配寄存器的状态置为 MAPPED，为源寄存器根据依赖关系查找映射表并找到相应的物理寄存器号，并把重命名后的寄存器号随指令写入保留站中。在读寄存器阶段，判断保留站中的指令所需要的操作数是否已经准备好，准备好后发射到功能部件中执行，在发射的过程中读取物理寄存器，在前递（Forward）的情况下从结果总线获取写回的值。在执行阶段，根据指令要求进行运算，根据目标物理寄存器号把运算结果写回到物理寄存器，不用写回到保留站，修改重命名表把目标寄存器状态置为 WRITEBACK。在提交阶段，修改重命名表确认目标寄存器的重命名关系，同时释放旧的目标寄存器重命名关系。如果流水线发生了转移猜测错误或者例外，就需要修改重命名表，取消猜错转移指令和例外指令后面的指令已经建立的重命名关系，具体做法是把状态为 MAPPED 或 WRITEBACK 的都修改为 EMPTY 状态，取消后面的指令映射，并确认状态为 COMMIT 的映射为相应逻辑寄存器的最新映射。

下面让我们对前述内容总结一下。硬件寄存器重命名方法有两种：一种使用物理寄存器堆，并通过一个映射表建立逻辑寄存器跟物理寄存器的映射关系，给每条指令的目标寄存器分配物理寄存器，指令提交时确认该物理寄存器为结构寄存器并释放老的物理寄存器，指令取消的时候只需修改重命名表以取消后面已经建立的重命名关系；另一种是独立的重命名寄存器，把运算结果写回到独立的重命名寄存器，提交的时候再从重命名寄存器写到结构寄存器，指令被取消时确认结构寄存器的内容为最新内容并清空重命名寄存器。

表 7.4 列举了典型处理器采用的重命名方法。使用物理寄存器堆进行重命名的处理器包括 Alpha 21264、MIPS 的 R10000、IBM 的 Power 1 和 Power 2、龙芯 2 号等。使用独立的

重命名寄存器的处理器包括 HP 的 PA-RISC、IBM 的 PowerPC 系列和 Power 3 等。把独立的重命名寄存器和 ROB 结合的处理器包括龙芯 1 号、Pentium Pro、Pentium Ⅱ、Pentium Ⅲ以及 Intel 的 Core 和 Nehalem 等。

表 7.4　不同计算机的重命名方法

使用物理寄存器堆	单独的重命名寄存器	
	专设重命名寄存器	重命名到 ROB
Power 1(1990)	PowerPC 603(1993)	Am29000 (1995)
Power 2(1993)	PowerPC 604(1995)	K5(1995)
ES/9000	PowerPC 620(1996)	M1(1995)
nX 586	Power 3(1998)	K6(1997)
PM1(Sparc64,1995)	PA 8000	Pentium Pro(1995)
MIPS R10000	PA 8200	Pentium Ⅱ(1997)
MIPS R12000	PA 8500	Pentium Ⅲ(1999)
Alpha 21264(1998)	AMD K8 Int	Intel Core
AMD K8 FP		Godson-1
Godson-2(2003)		

7.5　乱序执行的流水线通路

前面分析了影响乱序执行的指令和数据通路的 3 个因素：保留站可以采用独立、分组和全局 3 种结构，保留站和寄存器的关系有在保留站前读寄存器和在保留站后读寄存器两种情况，重命名寄存器可以独立于结构寄存器，也可以和结构寄存器一起合并成物理寄存器堆。表 7.5 根据上述 3 个方面对处理器流水线结构进行了分类，一共有 3×2×2=12 种组合。从中可以看出，有两种组合用得最多。第 1 种是独立保留站、保留站前读寄存器和独立的重命名寄存器，常见的处理器如 PPC 603、PPC 604、PPC 620、K5 和龙芯 1 号等，都是比较早期的处理器；第 2 种是分组保留站、保留站后读操作数和物理寄存器堆重命名，如 ES-9000、Power 4、Alpha 21264、MIPS R10000、龙芯 2 号、AMD K7 及 K8 的浮点部分等。不过也有其他结构，如 Intel 比较喜欢使用全局保留站，从 Pentium Pro、Pentium Ⅱ、Pentium Ⅲ到 Core 都采用全局保留站。

表 7.5　数据通路的类型

	单项保留站	分组保留站	全局保留站
保留站前读操作数独立重命名寄存器	PPC 603，PPC 604，PPC 620，K5，Godson-1		Intel Core
保留站前读操作数物理寄存器堆			
保留站后读操作数独立重命名寄存器		PA-8700 AMD K8 Int	Pentium Pro/Ⅱ/Ⅲ
保留站后读操作数物理寄存器堆		ES-9000，Power 4，Alpha 21264，MIPS R10000，Godson-2，AMD K7/K8 FP	

无论结构怎么设计，目标都是正确且高效地执行程序。只要搞清楚保留站的作用是能够乱序执行指令；ROB 的作用是能够有序结束指令；重命名寄存器可以与 ROB 或保留站结合，也可以与结构寄存器结合形成物理寄存器堆等，但是流水线的结构的基本原理是不变的。

表 7.6 列出了不同处理器指令和数据通路的主要参数，包括各种队列、寄存器堆、执行单元等。其中重排序缓存、保留站或发射队列、多端口寄存器堆、多功能部件等都是为了发掘指令级并行性，尤其通过流水线、乱序执行、多发射来挖掘指令级并行性。发掘指令级并行性与处理器能容纳的指令窗口大小有很大关系，一般硬件维护的指令窗口通常为 64 个、80 个和 128 个，有的甚至高达 200 多个，也就是说硬件最多能够从几十到上百条指令中发掘指令级并行性。相比之下，编译器则通过分析程序的基本块，从更多的指令中发掘指令级并行性。但编译器缺少指令运行时的动态信息，有时候很难判断其相关性。在结构设计时，还要注意 ROB 大小、保留站大小、重命名寄存器大小的平衡。如果其中任意一个成为瓶颈，其他部分做多了也没有用。

表 7.6 不同处理器的数据通路

CPU	保留站/队列/ROB	寄存器	运算部件
龙芯 2 号	In-flight window(64) Int. issue queue(16) FP issue queue(16)	Int. regfile (64 4w8r) FP regfile (64 4w8r)	arith./logic,shift/branch add/logic,shift/mult/div load/store FP madd/div/sqrt/comp/media/ FP madd/
ALPHA 21264	In-flight window(80) Int. issue queue(20) FP issue queue(15)	2 Int. regfile (80 4r6w) FP regfile (72, 4r4w)	arith./logic,shift/branch, mult add/logic,shift/branch,MVI/PLZ arith./logic load/store arith./logic load/store FP add, div, sqrt FP mult
MIPS R10000	Integer queue(16) Address queue(16) FP queue(16)	Int. regfile (64 7r3w) Cond. file (64x1 2r3w) FP regfile(64 5r3w)	arith./logic,shift/branch arith./logic,mult/div FP add, sub,comp,conversion FP mult, div, sqrt load/store
HP PA 8700	ALU Reorder Buffer(28) Memory Reorder Buffer(28)	Int. arch. reg. (32, 4w8r) Int. ren. reg. (56, 4w9r) FP arch. reg. (32, 4w8r) FP ren. reg. (56, 4w9r)	2 arith./logic units 2 shift merge units 2 FP MAC units 2 FP div/sqrt units 2 load/store units
ULTRA SPARC III	Instruction queue(20) Miss queue(4)	Int reg (144 3w7r) FP regfile (32, 5r4w)	2 arith.,logic,shift branch load/store FP adder, graphic FP div/sqrt, mult, graphic
POWER 4	fixed point&load/store (4x9) floating-point (4x5) Branch execution(1x12) CR logical(2x5) in flight win(200=20x5)	GPRS (80) FPRS (72) CRS (32) Link/count (16) FPSCR(20) XER(24)	2 fixed-piont 2 floating-point 2 load/store 1 branch 1 CR

7.6　多发射结构

所谓多发射结构,就是流水线的每一级都能同时执行多条指令的结构。如果把单发射结构比作单车道马路,多发射结构就是多车道马路。例如,Alpha 21264 在取指阶段每拍可以取 4 条指令,在发射阶段每拍能同时发射 6 条指令,在写回阶段每拍能写回 6 条指令,在提交阶段每拍可以提交 11 条指令。

多发射结构和单发射结构的区别首先在于它的指令和数据通路变宽了。例如,多发射结构使得寄存器端口变多了,访存端口也要增加。Alpha 21264 的寄存器堆有 8 个读端口、6 个写端口;有 2 个访存部件,数据 cache 通过倍频(double-pumped)来实现的两个访问端口,即数据 cache 的频率是处理器时钟频率的两倍,每拍能访问两次数据 cache。因为其处理器核的执行能力变强了,所以对数据和指令供应能力也提出了更高的要求。

多发射结构中存在一个弊端,就是在流水级各个阶段同一拍中进行操作的多条指令之间可能存在相关性。如图 7.7(a)的程序段所示,假设采用物理寄存器堆的重命名结构,开始时逻辑寄存器对应 R1 物理寄存器 PR1,要在同一拍对这 4 条指令中的 R1 进行重命名。重命名逻辑为 4 条指令的目标寄存器分别分配物理寄存器 PR2、PR3、PR4、PR5。但为这 4 条指令的源寄存器 R1 查重命名表时,都对应到 PR1,从而导致图 7.7(b)所示的错误的重命名结果。其原因在于本例中同一拍重命名的 4 条指令之间存在 RAW 数据相关,但在查重命名表时只考虑到了这一拍发射的指令跟上一拍指令的相关性,没有考虑到同一拍发射 4 条指令之间也有相关性。多条指令在同一拍进行寄存器重命名时,不仅要查找上一拍形成的重命名表,而且还要照顾互相之间的数据相关关系。这个重命名该如何做呢?

```
ADD  R1  R1  1          ADD  PR2  PR1  1          ADD  PR2  PR1  1
ADD  R1  R1  1          ADD  PR3  PR1  1          ADD  PR3  PR2  1
ADD  R1  R1  1          ADD  PR4  PR1  1          ADD  PR4  PR3  1
ADD  R1  R1  1          ADD  PR5  PR1  1          ADD  PR5  PR4  1
       (a)                       (b)                       (c)
```

图 7.7　多发射结构下建立逻辑寄存器到物理寄存器的映射关系

图 7.8 是龙芯 2 号 4 发射结构中,通过查找重命名表把译码后指令的逻辑寄存器映射到物理寄存器映射的结构示意图。如前所述,重命名表有 64 项,每项主要包括 3 个域:name 域表示所映射的逻辑寄存器号;v(valid)域表示当同一个逻辑寄存器对应多个物理寄存器时最新的映射;st(state)域表示重命名映射的状态。

在每一拍,重命名逻辑同时为 4 条指令的目标寄存器和源寄存器进行重命名,为每条指令的目标寄存器分配新的物理寄存器;为每条指令的源寄存器和目标寄存器在重命名表中查找对应的物理寄存器。为目标寄存器查找对应的物理寄存器的原因是在指令提交时需要释放该物理寄存器。由于每条指令有一个目标寄存器和两个源寄存器,重命名表需要 12 个查找端口。后期的龙芯 2 号由于支持 3 操作数指令,重命名表有 16 个查找端口。

对 4 条指令中的第 1 条指令来说,从表中查出的物理寄存器号就是重命名后的物理寄存器号,但对于另外 3 条指令来说则不一定。第 2 条指令要看自己的源寄存器及目标寄存

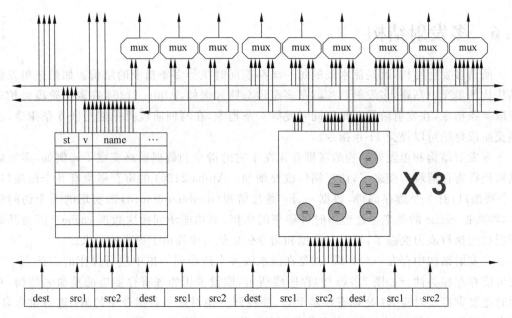

图 7.8 龙芯 2 号 4 发射结构的寄存器重命名逻辑

器号是否跟第 1 条指令的目标寄存器号相等,如果相等就要用给第 1 条指令的目标寄存器新分配的物理寄存器号来代替自己从表中查出的物理寄存器号。第 3 条指令要将自己的源寄存器和目标寄存器号同时和第 2 条和第 1 条指令的目标寄存器相比较,第 4 条指令则要将自己的源寄存器和目标寄存器号同时和第 3、第 2 条和第 1 条指令的目标寄存器相比较,如果相等就重命名到离自己最近的指令的目标寄存器新分配的物理寄存器。图 7.8 后半部分的逻辑反映了寄存器号的比较和根据比较的结果选择重命名寄存器号的情况。图中只给出了每条指令一个寄存器的比较逻辑。可以看出,通过上述逻辑,图 7.7(a)的程序段在查表后得到图 7.7(b)的结果,通过对 4 条指令内部的相关判断和选择可以得到图 7.7(c)的重命名结果。

因此,在单发射的时候,指令只要通过查表看有没有与上一拍的指令相关即可,因为这个时候指令是排成一纵列往前走的,盯着自己前面的有没有相关就行;而在多发射情况下,不仅要纵向看,还要横向看,指令排成 4 个纵队往前走,不仅要看有没有跟前面的相关,还要横着看跟两边的有没有相关。因此,多发射会增加结构的复杂性,有些地方的复杂度与发射宽度的平方成正比。主流的商用处理器一般都只做到 4 发射,一个重要原因是更宽的发射太复杂。

这里介绍了多发射对重命名逻辑的影响。此外,多发射还会增加发射选择逻辑、唤醒逻辑以及提交逻辑的复杂度。

7.7 龙芯 2 号多发射结构简介

到目前为止,我们学习了简单流水线、动态流水线和多发射结构。最后,以龙芯 2 号为例,简单回顾一下指令流水线结构。

龙芯 2 号处理器是经典的 4 发射结构。它使用组保留站，其定点和访存指令共用一个 16 项的保留站，又称为定点发射队列；浮点指令使用一个保留站，又称为浮点发射队列。龙芯 2 号寄存器堆在保留站的后面，采用物理寄存器堆来实现重命名，通过维护一个重命名表来建立物理寄存器跟逻辑寄存器的映射关系。图 7.9 给出了龙芯 2 号的结构图。图中的定点发射队列(Fix Queue)和浮点发射队列(Float Queue)就是两个组保留站；发射队列之前是寄存器重命名模块(Register Mapper)，7.6 节介绍的重命名表就在重命名模块中；重命名模块前面是译码模块(Pre-Decoder 和 Decoder)，译码模块还包括转移猜测逻辑(BHT 和 BTB 等)；再往前是取指令模块(PC、指令 cache 和指令 TLB)。发射队列后面是定点和浮点寄存器堆，然后是两个定点部件(ALU1 和 ALU2)、两个浮点部件(FPU1 和 FPU2)以及一个访存部件(AGU、DCACHE、DTLB、Tag Compare、CP0 Queue)。与发射队列并行的是重排序缓存(Reorder Queue)。龙芯 2 号的定点和浮点发射队列都是 16 项，定点和浮点物理寄存器堆都是 64 项，重排序缓存是 64 项。

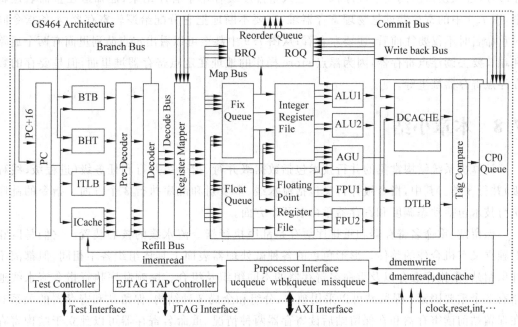

图 7.9　龙芯 2 号处理器结构框图

龙芯 2 号的基本流水线包括取指、预译码、译码、寄存器重命名、调度、发射、读寄存器、执行、提交 9 级。在取指阶段，根据程序计数器(PC)来访问指令 cache 和指令 TLB，如果 TLB 和 cache 命中，就从指令 cache 中取 4 条指令到指令寄存器。在预译码阶段，对分支指令进行转移猜测。在译码阶段，指令寄存器里的 4 条指令被译码成处理器内部指令格式。在寄存器重命名阶段，为每个逻辑目标寄存器分配一个物理寄存器，并且将逻辑源寄存器重命名为该寄存器最新映射的物理寄存器。在调度阶段，重命名后的指令被调度到定点或者浮点保留站中等待执行，同样也被送到重排序队列(ROQ)中以保证按序完成，分支指令和访存指令还分别被发送到分支队列和访存重排序队列。在发射阶段，从定点或浮点保留站中选取操作数都准备好的指令并发射，操作数没有准备好的指令在保留站里侦听结果总线和前递总线。在读寄存器阶段，已经发射的指令从物理寄存器堆中读取源操作数并发送到相应的功能单元。在执行阶段,根据指令的要求进行运算,把运算的结果写回寄存器堆,结果总线还会把结果写到保留站和寄存器重命名表中来通知相应的物理寄存器已经写回,执行阶段可能需要多拍。在提交阶段,按照重排序缓存记录的程序顺序提交已经执行完的指令,每拍可以提交 4 条指令,把提交的指令送往寄存器重命名表用于确认它的目的寄存器的重命名关系并释放原来分配给同一逻辑寄存器的物理寄存器,并送往访存队列以便允许那些提交的存数指令写入 cache 或内存。龙芯 2 号的上述 9 级流水线和前面介绍的动态调度流水线稍微有点不同,主要是为了降低延迟而把有些流水线划分得更细了。

记得第 1 章问大家什么叫 CPU,CPU 就是在纸上画一些方块,然后连上一些线,涂上一点颜色,写上几个字。最初看到这个结构框图时,大家可能就是这种感觉。现在回过头来看图 7.9 就不这样想了,因为大家知道了画在纸上的方块的含义以及方块间的关系。例如,从图 7.9 中,大家可以知道指令译码后进行寄存器重命名,重命名后进入发射队列以及重排序缓存,进入发射队列用于乱序执行,进入重排序缓存用于有序结束;还知道在重命名逻辑中,图 7.9 中的寄存器堆是物理寄存器堆,需要不断地把它分配给逻辑寄存器,4 条指令同时重命名时不仅要往前看,还要左右看;从图 7.9 中甚至可以看出定点队列里面有两个通路和端口要去读浮点寄存器,因为浮点 store 操作的地址在定点寄存器堆里面,但是要存的数在浮点寄存器堆里等。

7.8 本章小结

计算机系统结构常见的并行技术包括数据级并行、指令级并行和任务级(进程级、线程级)并行 3 类。其中,指令级并行又包括流水线、多发射和乱序执行 3 个方面。指令的乱序执行技术包括动态调度和寄存器重命名两个方面。

保留站、重命名寄存器和重排序缓存是乱序执行指令流水线的核心装置。它们是既相对独立又有机合作的整体。形形色色的各种微处理器表面上具体组织各不相同,但都离不开保留站、重排序缓存以及重命名寄存器的不同组织及组合。影响乱序执行指令流水线通路有 3 个重要因素:保留站可以采用独立、分组和全局 3 种结构,保留站和寄存器的关系有在保留站前读寄存器和在保留站后读寄存器两种情况,重命名寄存器可以独立于结构寄存器也可以和结构寄存器一起合并成物理寄存器堆。对这 3 个因素进行组合一共可以形成 12 种结构。本章利用上述 3 种因素分析了常见的现代处理器的结构。

多发射结构在流水线的每一级都能同时执行多条指令。如果把单发射结构比作单车道马路,多发射结构就是多车道马路。多发射结构和单发射结构的区别首先在于它的指令和数据通路变宽了。此外,同一拍发射的指令间的相关性会增加多发射结构的复杂性。

本章最后结合龙芯 2 号的具体设计对指令流水线进行了概括。有了指令流水线的基本知识,我们不再把龙芯 2 号的结构框图简单地看作是在纸上画的几个方块了。

到本章为止,本教材的第二大部分指令流水线就介绍完了。第 8 章开始将从转移猜测、运算部件、cache 和存储管理 4 个部分深入介绍处理器的模块级结构。

习题

1. 在多发射乱序执行的处理器上，编译器的调度还需要吗？请举例论证你的观点。
2. 请给出一种在多发射动态调度的处理器上解决访存相关的方案。
3. 以下有 4 段 MIPS 代码片段，每段包含两条指令：

①
```
DADDI   R2, R2, 2
LD      R2, 4(R2)
```

②
```
DSUB    R3, R1, R2
SD      R2, 7(R1)
```

③
```
SDC1    F2, 7(R1)
SDC1    F2, 200(R7)
```

④
```
BLEZ    R2, place
SD      R2, 7(R2)
```

（1）分析上述 4 个代码片段，给出可能的相关和解决办法。
（2）假设目标硬件的流水线是支持乱序执行的双发射结构且指令在保留站后读寄存器，每个代码段的两条指令能够同时发射吗？

4. 假设流水线延迟如附表 7.1 所示。

附表 7.1 流水线延迟

产生结果的指令	使用结果的指令	延迟（时钟周期）
FP ALU op	Another FP ALU op	4
FP ALU op	Store double	3
Load double	FP ALU op	2
Load double	Store double	1

下面循环计算 Y[i]＝a*X[i]+Y[i]高斯消元法中的关键一步。

```
L:  LDC1    F4,0(R2)        ;读 Y[i]
    LDC1    F0, 0(R1)       ;读 X[i]
    MUL.D   F0,F0,F2        ;求 a*X[i]
    ADD.D   F0,F0,F4        ;求 a*X[i]+Y[i]
    SDC1    F0,0(R2)        ;保存 Y[i]
    DADDIU  R2,R2,-8
    DADDIU  R1,R1,-8
    BNEZ    R1,L
    NOP
```

(1) 假设目标机器的流水线是单发射的,将次循环展开足够的次数,使得代码执行没有不必要的延迟,写出调度后的代码并计算一个元素的执行时间。

(2) 假设目标机器的流水线是双发射的,将次循环展开足够的次数,使得代码执行没有不必要的延迟,写出调度后的代码并计算一个元素的执行时间。

(3) 自己写一段与题中类似的 C 代码,用 gcc 的不同优化编译选项编译后,查看汇编代码,对不同优化选项进行比较,描述 gcc 做的优化。

5. 一个 n 发射的处理器,流水线情况如下:取指、译码、重命名到物理寄存器后送入发射队列,发射队列乱序发射,功能部件乱序执行,乱序写回物理寄存器,最后顺序提交并释放物理寄存器。已知该处理器有 m 个逻辑寄存器,i 个功能部件($i>n$),每条指令从重命名到写回需要 t1 拍,从重命名到提交需要 t2 拍。为了能让流水线满负荷工作,最少需要多少个物理寄存器?(提示:并不是每个参数都有用)

6. 设计一个采用如下结构的流水线,画出结构图并写出每个流水阶段的相应操作。
① 采用物理寄存器堆重命名;
② 保留站后读寄存器;
③ 全局保留站;
④ 一个定点部件、一个浮点部件、一个访存部件;
⑤ 双发射;
⑥ 流水阶段:取指、译码(包括重命名)、发射(包括读寄存器)、执行(包括写回)、提交。

7. 请简述 Intel 的 Nehalem 处理器核的多发射机制。Nehalem 做了哪些措施来配合高的发射宽度?

8. *请从寄存器重命名以及动态调度等方面简单比较 Alpha 21264 和 MIPS R10000 的多发射结构。

9. *在一个采用物理寄存器堆进行寄存器重命名的 4 发射处理器中,假设逻辑寄存器个数为 32 个,物理寄存器个数为 64 个。4 条指令的逻辑源寄存器号和逻辑目标寄存器号分别为 rs0、rt0、rd0、rs1、rt1、rd1、rs2、rt2、rd2、rs3、rt3、rd3;在寄存器重命名阶段根据逻辑源寄存器号查找重命名表以及为逻辑目标寄存器分配的物理目标寄存器得到的物理寄存器号分别为 prs0、prt0、prd0、prs1、prt1、prd1、prs2、prt2、prd2、prs3、prt3、prd3。由于同一拍发射的指令的相关关系,需要对源寄存器的重命名寄存器号进行调整,请写出该调整电路的 Verilog 代码。

```
module inter_dep_check(
    input   [4:0] rs0, rt0, rd0,
    input   [4:0] rs1, rt1, rd1,
    input   [4:0] rs2, rt2, rd2,
    input   [4:0] rs3, rt3, rd3,
    input   [5:0] prs0, prt0, prd0,
    input   [5:0] prs1, prt1, prd1,
    input   [5:0] prs2, prt2, prd2,
    input   [5:0] prs3, prt3, prd3,
    output  [5:0] qrs0, qrt0,
    output  [5:0] qrs1, qrt1,
```

```
  output [5:0] qrs2, qrt2,
  output [5:0] qrs3, qrt3
);

/* Please insert your code here. */

endmodule
```

第 8 章
转移预测

可以从宏观和微观两个方面理解转移指令的高效执行对处理器的重要性。从宏观的结构角度来看,冯·诺依曼结构"存储程序"的基本思想使如何提供足够的指令和数据供处理器"消费"成为体系结构研究的永恒课题。因此,几十年来转移预测(又称为转移猜测或分支预测)技术和存储层次技术一直是计算机系统结构研究的热点。从微观的指令流水线的角度,在一般程序中平均 8～10 条指令中有 1 条转移指令,意味着在 4 发射结构中每 2 拍就有 1 条转移指令,而转移指令的执行结果直接影响下一条指令的取指,即如果转移指令的结果不确定,那么下一条指令的第 1 拍都无从做起。

本章在对程序中转移指令的行为进行分析的基础上,分别从软件和硬件的角度介绍解决转移指令引起的控制相关的方法,并介绍常见处理器的转移预测机制。

8.1 转移指令

程序中的转移指令引起控制相关。控制相关实际上是与程序计数器 PC 的相关,和普通的寄存器相关不一样,指令在译码后读取寄存器的值,在执行后才写寄存器的值,而 PC 在取指时就要使用。如果转移指令处理得不好,一碰到转移指令,下一条指令的取指都没法进行,从而引起流水线的阻塞。因此,对指令流水线来说,解决控制相关的紧迫性比数据相关的更强烈,如果控制相关处理得不好,就会大大影响流水线效率。

在简单的 5 级流水线中,如果转移指令在 EX 阶段计算下一条指令地址,而下一条指令在取指时就要用这个地址值,那么下一条指令需要等 2 拍。如果使用专门的地址运算部件把地址计算提前到译码阶段,就可以少等 1 拍,如图 8.1 所示。如果采用延迟槽技术并且转移指令的延迟槽(delay slot)指令的执行不受转移指令执行结果的影响,就可以不用等待。

第1条	IF	ID	EX	MEM	WB			第1条	IF	ID	EX	MEM	WB		
第2条		IF	ID	EX	MEM	WB		第2条		IF	ID	EX	MEM	WB	
第3条			IF	ID	EX	MEM	WB	第3条			IF	ID	EX	MEM	WB
第4条				IF	ID	EX	MEM	第4条			IF	ID	EX	MEM	WB
第5条					IF	ID	EX	第5条				IF	ID	EX	MEM

图 8.1 5 级简单流水线的转移指令执行

在现代处理器普遍采用的超流水、乱序执行、多发射结构中,上述简单流水线中的转移指令处理方法就不够用了。例如,现在的处理器多使用多发射结构,在发射宽度为 n 的处理器中,遇到转移指令的速度也快了 n 倍。如果平均 8 条指令中有 1 条转移指令,则在 4 发射情况下平均 2 拍要遇到 1 条转移指令;而且流水线越深,处理转移指令所需要的时钟周期数就越多。此外，像转移指令延迟槽这样的方法，在多发射结构中甚至成为兼容的负担，例如在 4 发射结构中需要 4 条延迟槽指令才能消除 1 拍的阻塞，所以后来定义的 Alpha 指令系统就没有使用转移指令延迟槽。

现代处理器普遍采用转移预测的方法以减少因控制相关引起的阻塞，即不等转移指令执行，就在指令流水线的取指或译码阶段根据转移指令的地址和内容预测转移方向和转移目标，并根据预测的结果继续取指令。这样，在猜对的情况下就不用阻塞流水线，在猜错的情况下取消该转移指令后面指令的执行。下面举一个简单的例子来说明转移指令对性能的影响。假设平均每 8 条指令中有一条转移指令，某处理器采用 4 发射结构，在第 10 级流水解决转移地址相关（即第 10 级流水算出转移方向和目标），如果预测失败，那么会产 $(10-1)*4=36$ 个气泡；在 A 系统中不进行转移预测，遇到转移指令就等待，则取指令带宽浪费 $36/(36+8)=82\%$；在 B 系统中进行简单的转移预测，转移猜错率为 50%，那么平均每 16 条指令预测错误一次，则取指令带宽浪费 $36/(36+16)=75\%$；在 C 系统中，转移指令猜错率为 10%，那么平均每 80 条指令预测错误一次，则取指令带宽浪费 $36/(36+80)=31\%$；在 D 系统中，转移指令猜错率为 4%，平均每 200 条指令预测错误一次，则取指令带宽浪费 $36/(36+200)=15\%$。

转移指令有条件/无条件、直接/间接、相对/绝对 3 种属性。条件转移需要先判断条件是否成立才决定是否转移，无条件转移不用判断条件就可以转移；一般来说，在程序中条件转移所占的比例较高，定点程序中的条件转移所占的比例比浮点程序中的条件转移所占的比例更高，因为浮点程序比较规整，主要是大数组的运算；无条件转移指令的典型例子是函数调用和函数返回。直接转移的转移目标可以根据指令内容直接得出；而间接转移的转移目标在寄存器或内存中。相对转移的转移目标为当前 PC 值加上偏移量，偏移量一般在指令中；而绝对转移的转移目标直接由指令或寄存器内容给出。转移预测一方面要做出转移指令是否转移的判断，另一方面要计算出跳转的目标；无条件转移是肯定要进行跳转的，条件转移才需要预测是否跳转；直接转移的目标地址在译码阶段就可以根据指令内容直接得出（或跳到某个地址，或跳到当前 PC 加上一个偏移量），而间接转移则需要通过读寄存器才能知道跳转的目的地址，在译码阶段只能根据过去的情况进行预测。

根据转移指令的上述 3 种属性进行组合，可以有 8 种不同的转移指令，但是一般没有必要做这么多类。例如，MIPS 指令系统就只有 3 类转移指令。下面，简单介绍 MIPS 指令系统的转移指令。详细的指令说明可参见 MIPS 相关资料。

MIPS 中条件转移都是直接、相对转移。定点条件转移指令的条件为直接判断两个寄存器的值是否相等或者一个寄存器的值是否大于等于或小于 0，浮点条件转移指令的条件为浮点控制寄存器中的标志位。MIPS 条件转移指令的转移目标为转移指令的延迟槽指令的 PC 加上指令中一个 16 位的偏移量。

MIPS 中的无条件转移都是绝对转移，即转移目标跟当前的 PC 无关。无条件直接转移（J 或 JAL）的转移目标为{延迟槽指令 PC[31:28],IR[25:0],2'b0}，即延迟槽指令 PC 的高 4 位不变，然后拼接指令的后 26 位，最低两位添 0。无条件间接转移（JR 或 JALR）的转移目标为指令指定的寄存器内容。

MIPS 转移指令的一个特点是，任何一条条件转移指令都有普通转移指令和 likely 转移指令两类。likely 类转移指令和普通转移指令的不同之处是 likely 类转移指令的延迟槽指令取自转移目标的基本块，因此只有转移成功时才执行延迟槽指令。当编译器判断一条指令跳转的可能性较大时,就把该条转移指令编译为 likely 转移指令。

MIPS 转移指令的另外一个特点是,没有函数调用指令 call 和返回指令 return,而是通过 link 类的转移指令实现 call 指令的功能。link 类转移指令在转移的时候把当前 PC+8(当前 PC+4 指向的是延迟槽指令)保存到指定的通用寄存器(一般是 31 号通用寄存器),便于以后返回,如 JALR(Jump And Link Register)表示根据寄存器的内容进行无条件间接转移,并把当前转移指令的 PC+8 保存到 31 号通用寄存器。

8.2 程序的转移行为

要在结构设计中高效地处理转移指令,需要对程序的转移行为有清楚的认识。所有转移指令归根到底都是程序员写出来的或者根据程序员写的程序编译出来的。在 C 程序中,产生转移指令的主要语句包括条件语句(if…else…)、循环语句(for…)、开关语句(switch…case…)以及函数调用。不同语句产生的转移指令行为不一样,例如从转移预测的角度,循环语句和函数返回产生的转移指令比较容易预测其方向和目标,对条件语句和开关语句产生的转移指令进行转移预测就相对比较困难。

下面以 SPEC CPU 2000 程序为例来看一下程序中转移指令的行为。

先看转移指令在程序运行时所占的比例。表 8.1 和表 8.2 分别给出了 SPEC INT 2000 和 SPEC FP 2000 程序运行时转移指令在所有指令中所占的比例。这是在龙芯 2 号处理器上使用 gcc 编译器统计出来的结果。从中可以看出,在定点程序中,转移指令所占的比例为 11.5%;在浮点程序中,转移指令所占的比例为 8.0%。也就是说,定点程序每 8、9 条指令有 1 条转移指令,浮点程序每 12、13 条指令有 1 条转移指令。4 发射结构运行定点程序时平均每两拍有 1 条转移指令,运行浮点程序时平均每 3 拍有 1 条转移指令。

表 8.1 SPEC INT 2000 转移指令比例统计

程 序 名	语 言	程 序 功 能	动态无条件分支频度/%	动态条件分支频度/%
gzip	C	压缩	3.05	6.73
vpr	C	FPGA 电路布局布线	2.66	8.41
gcc	C	C 程序语言编译器	0.77	4.29
crafty	C	游戏:象棋	2.79	8.34
parser	C	字处理	4.78	10.64
perlbmk	C	perl 编程语言	4.36	9.64
gap	C	群论,翻译	1.41	5.41
vortex	C	面向对象数据库	5.73	10.22
bzip2	C	压缩	1.69	11.41
twolf	C	布局布线模拟器	1.95	10.23
平均			2.92	8.53

图 8.2 在龙芯 2 号平台上统计了部分 SPEC CPU 2000 程序中不同类型转移指令占所有转移指令的比例。其中,29% 是无条件直接跳转指令,可以直接预测转移成功;5% 是返回指令,可以采用返回地址栈(Return Address Stack,RAS)预测;1% 是间接转移指令,可以采用 BTB 预测;65% 是条件转移指令,可以采用模式历史表(Pattern History Table,PHT 表)预测。

表 8.2 SPEC FP 2000 转移指令比例统计

程序名	语言	程序功能	动态无条件分支频度/%	动态条件分支频度/%
wupwise	F77	物理：量子色动学	2.02	7.87
swim	F77	浅水模拟	0.00	1.29
mgrid	F77	多网格求解器：三维势场	0.00	0.28
applu	F77	差分方程	0.01	0.42
mesa	C	三维图形库	2.91	5.83
art	C	图像识别/神经网络	0.39	10.91
equake	C	地震波传导模拟	6.51	10.66
facerec	F90	图像处理：脸部识别	1.03	2.45
ammp	C	计算化学	2.69	19.51
lucas	F90	数论/素数测试	0.00	0.74
fma3d	F90	有限元碰撞模拟	4.25	13.09
apsi	F77	气象学：污染分布	0.51	2.12
平均			1.69	6.26

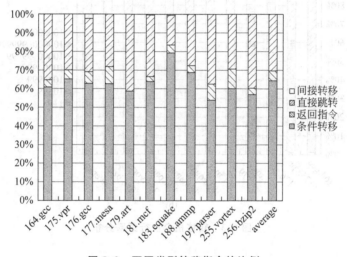

图 8.2 不同类型转移指令的比例

图 8.3 在龙芯 2 号平台上统计了部分 SPEC CPU 2000 程序中转移指令执行频率分布，图 8.3(a)表示执行一定次数的转移指令在所有转移指令中的静态分布，图 8.3(b)表示执行一定次数的转移指令在所有转移指令中的动态分布。可见，大部分转移指令在程序运行过程中仅仅执行几次。平均来说，所有转移指令的 44% 仅仅执行 99 次或者更少，这 44% 的转移指令仅占所有转移指令总执行次数的 0.03%；只有 4.2% 的转移指令执行了超过 100000 次或者更多，但占所有转移指令总执行次数的 87%（或者说，只有 14.7% 的转移指令超过了 10000 次，占所有转移指令总执行次数的 97%）。

图 8.4 在龙芯 2 号平台上统计了部分 SPEC CPU 2000 程序中转移指令的跳转成功率。其中，45% 的指令总是跳转，15% 的指令总是不跳转，另外 20% 的指令跳转的几率小于 5% 或者大于 95%，也就是说，80% 的转移指令具有一个较明确的跳转方向，具有挑战性的工作是预测其余 20% 转移指令的跳转方向。

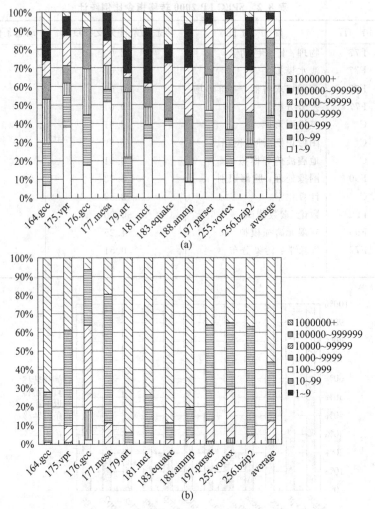

图 8.3 转移指令执行频率分布

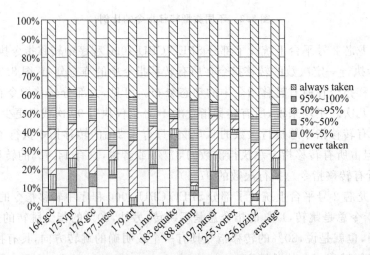

图 8.4 转移指令的跳转概率统计

分支是可以预测的。分支的可预测性主要包括单条转移指令的重复性、不同转移指令之间的相关性以及函数调用的递归性等。单条转移指令的重复性多出现在循环结构中,例如 for 循环可以用一个 0 和 1 字符串来记录程序循环模式,分支预测器根据模式预测;不同转移指令之间的相关性多出现在程序的 if…else 结构中,包括方向相关和路径相关等;函数调用的递归性指的是函数返回时可以根据函数调用的路径进行转移。

单个转移指令的重复性主要与程序中的循环有关。如 for 型循环的模式为 TT…TN(成功 n 次后跟一次不成功);while 型循环的模式为 NN…NT(不成功 n 次后跟一次成功)。还有复杂一些的周期重复模式,如块模式 $\{T^n N^m\}^q$(成功 n 次,不成功 m 次,如此循环)等。

除了单个转移指令呈现出重复性外,程序中不同的转移指令之间还有相关性。转移指令的相关性主要出现在"if…else…"结构中。图 8.5(a)是转移指令之间存在方向相关的例子。两个分支的条件(完全或部分)基于相同或相关的信息,后面分支的结果基于前面分支的结果。图 8.5(b)是转移指令之间路径相关的例子。如果一个分支是通向当前分支的前 n 条分支之一,则称该分支处在当前分支的路径之上,处在当前分支路径上的分支与当前分支结果之间的相关称为路径相关。

```
Y: if (cond1)         Z: if (cond1)         Y: if (cond1) a=2;         Z: if (!cond1)
   ⋮                     ⋮                     ⋮                        Y: else if (!cond2)
X: if (cond1 & cond2) Y: if (cond2)         X: if (a==0)                V: else if (cond3)
                        ⋮                                                 ⋮
                      X: if (cond1 & cond2)                              X: if (cond1 & cond2)
```

(a) 方向相关　　　　　　　　　　　　　　　　　　　　　(b) 路径相关

图 8.5　转移指令之间的相关性

通过上面的分析,可以看出程序中的转移指令具有一定的规律性:转移指令是很频繁的,平均每 8~10 条就有 1 条转移指令,意味着在 4 发射情况下,每 2 拍就要遇到 1 个转移指令;转移指令有较好的局部性,10%的转移指令占所有转移指令执行次数的 90%;转移指令具有可预测性,转移指令与自己过去的历史有关系,也可能与前后的转移指令有关系。程序中转移指令的上述规律性是进行转移预测的基础。

8.3　软件方法解决控制相关

解决由转移指令引起的相关的方法有许多。最简单的方法是一碰到转移指令就阻塞取指,直到确定转移条件和目标。在 5 级简单流水线中,可以用转移指令的延迟槽容忍延迟。编译优化可以有效地降低转移指令对指令流水线效率的影响,常见的编译优化技术包括循环展开和软流水、全局代码调度、函数内联调用(inline)、通过条件指令或谓词把控制相关转换为数据相关、软件预测执行等。其中,循环展开和软流水主要针对循环结构,全局代码调度主要针对条件语句"if…else…"结构,函数内联调用主要针对函数调用,条件指令在各种处理器中使用得比较多,谓词和软件预测主要是在 Intel 的 IA64 结构中使用。下面重点介绍循环展开、软流水、条件指令和谓词技术。其他技术可以查阅相关参考文献。

(1) 循环展开。在前面介绍动态流水线的时候已经介绍过循环展开的例子。进行循环展开可以在更大的范围中挖掘指令级并行性,并通过指令调度提高流水线的效率。循环展开需要考虑循环的数据相关关系。循环的数据相关关系包括循环内相关和循环体间相关。在图 8.6 的循环中,语句 S2 使用同一次循环中 S1 计算的 A[k+1],因此存在循环内相关;本次循环计算的 A[k+1]以及 B[k+1]被下一次循环使用,因此存在循环间(loop-carried)相关。循环内相关表示一个循环体内的多条指令不能并行执行;循环间相关表示多个循环体不能并行执行。因此在图 8.6 的循环中,通过循环展开挖掘指令级并行性的可能性不大。

```
for (k=0;k<100;k++){
  A[k+1]=A[k]+C[k];        //S1
  B[k+1]=B[k]+A[k+1];      //S2
}
```

图 8.6 循环内相关和循环间相关

可以通过适当的变换把循环间相关转化为循环内相关,从而简化循环的相关关系,以便于编译器在循环展开时进行指令调度。在图 8.7(a)的循环中,语句 S1 使用上一次循环中 S2 计算的 B[k+1],因此存在循环间相关;图 8.7(b)通过简单的变换把该循环间相关转化为循环内相关。

```
for (k=0;k<100;k++){
  A[k]=A[k]+B[k];          //S1
  B[k+1]=C[k]+D[k];        //S2
}
```
(a) 转化前

```
A[0]=A[0]+B[0];
for (k=0;k<99;k++){
  B[k+1]=C[k]+D[k];        //S1
  A[k+1]=A[k+1]+B[k+1];    //S2
}
B[100]=C[100]+D[100];
```
(b) 转化后

图 8.7 把循环间相关转化为循环内相关

在有些循环中,数组元素的下标比较复杂。编译器对仿射(Affine)的数组下标,即数组元素形式为 X[a∗i+b]的数组下标,可以判断不同数组元素的相关性;而对于非仿射(Nonaffine)的数组下标,即数组元素形式为 X[Y[i]]的数组下标,难以判断不同数组元素的相关性。对于仿射类的数组下标,判断两个数组元素 X[a∗j+b]和 X[c∗k+d]是否相关的方法是 a 和 c 的最大公约数 GCD(a,c)是否能整除(d−b);其中 a、b、c、d 是常量,j、k 是循环变量。

为了在循环展开后对循环体进行有效调度,还可以用重命名技术来消除循环体内各语句之间的名字相关。图 8.8 给出了通过重命名消除数组元素 Y[k]的名字相关的例子。

```
for (k=0;k<100;k++){
  Y[k]=X[k]/C;             //S1
  X[k]=X[k]+C;             //S2
  Z[k]=Y[k]-C;             //S3
  Y[k]=Y[k]*C;             //S4
}
```
(a) 转化前

```
for (k=0;k<100;k++){
  T[k]=X[k]/C;             //S1
  X[k]=X[k]+C;             //S2
  Z[k]=T[k]-C;             //S3
  Y[k]=T[k]*C;             //S4
}
```
(b) 转化后

图 8.8 消除循环体内的名字相关

循环体的相关性分析是通过编译技术开发指令级并行性的关键技术,对进行循环展开、向量编译以及多核结构下的并行编译都是至关重要的。当然,对有些循环,分析循环体的相关性非常困难,例如非仿射的数组下标和指针等。

(2) 软流水。软件循环展开使得编译器可以在更多的指令中进行调度,提高指令级并行性,但软件循环展开会增加指令 cache 的负担。软流水通过重组循环体使不同循环体的指令可以并行执行。新循环体的每个操作来自不同的循环体,以分开数据相关的指令。

图 8.9 是一个软流水的例子。图 8.9(a) 的程序通过循环把一个长度为 1000 的向量 x 中每个元素 x[j] 都加一个标量 s,该程序和第 6 章 "动态流水线" 中软件循环展开例子中(见图 6.1)的程序一样。图 8.9(b) 是该程序核心循环的汇编代码。在该代码中,假设浮点寄存器 F2 存放的是 s 的值,定点寄存器 R1 初始值指向元素 x[1000] 所在的 8000 号内存单元。这个循环每次把 R1 指向的内存单元通过 LDC1 指令取到浮点寄存器 F0 中,通过 ADD.D 指令加 F2 后再通过 SDC1 指令存回 R1 指向的内存单元,然后 R1 减 8 再进行下一个元素的运算直到 R1 为 0。在图 8.9(b) 的代码中,ADD.D 依赖于 LDC1 的数据,而 SDC1 又依赖于 ADD.D 的数据。假设由于数据相关,LDC1 和 ADD.D 之间流水线阻塞 1 拍,ADD.D 和 SDC1 之间流水线阻塞 2 拍。

```
for (j=1; j<=1000; j++) x[j]=x[j]+s;
```

(a) 源程序

```
LOOP:   LDC1    F0,     0(R1)       ;取向量元素至 F0
        ADD.D   F4,     F0,     F2  ;加上存在 F2 中的标量
        SDC1    F4,     0(R1)       ;存回结果
        ADDIU   R1,     R1,     -8  ;指针变 8 字节
        BNEZ    R1,     LOOP        ;如果 R1 非 0 则转移
        NOP                         ;延迟槽指令
```

(b) 汇编代码

```
Iteration k:    LDC1    F0,     16(R1)
                ADD.D   F4,     F0,     F2
                SDC1    F4,     16(R1)
Iteration k+1:  LDC1    F0,     8(R1)
                ADD.D   F4,     F0,     F2
                SDC1    F4,     8(R1)
Iteration k+2:  LDC1    F0,     0(R1)
                ADD.D   F4,     F0,     F2
                SDC1    F4,     0(R1)
```

(c) 符号循环展开

```
LOOP:   SDC1    F4,     16(R1)
        ADD.D   F4,     F0,     F2
        LDC1    F0,     0(R1)
        ADDIU   R1,     R1,     -8
        BNEZ    R1,     LOOP
        NOP
```

(d) 软流水

图 8.9 软流水

在图 8.9(b)的程序中,每个循环先通过 LDC1 把数据从内存取到寄存器,再通过 ADD.D 完成增量,最后通过 SDC1 把寄存器的内容写回内存。把 3 个循环要做的上述事情排列成图 8.9(c)所示,并从第 k 次循环中抽取 SDC1、从第 k+1 次循环中抽取 ADD.D,从第 k+2 次循环中抽取 LDC1 作为新的循环体组成新循环,如图 8.9(d)所示。可以看出,重新组成的循环对同一个元素的计算由于在 LDC1 和 ADD.D,以及在 ADD.D 和 SDC1 之间隔得足够开,不会由于相关引起流水线的阻塞。当然,在 8.9(d)的程序中,前两次和最后两次循环要在循环体外进行特殊处理,分别被称为该软流水循环体的装入和排空代码。

上述过程从不同循环体中选取指令,并仍然能保证重复出现的原始循环体中的相关关系。如果把"LDC1-ADD.D-SDC1"的过程当作一条"宏指令"的不同流水阶段,那么上述过程实际上是通过软件的方法组装了执行该"宏指令"的"流水线",即循环体。循环体前后的装入和排空代码分别对应于软件流水循环体中的开始和结束部分。由于在循环体中把"LDC1-ADD.D-SDC1"的执行过程调度成"SDC1-ADD.D-LDC1"的"乱序"的过程,所以软流水技术就相当于软件的 Tomasulo 算法。

(3) 条件指令。条件指令的基本思想是在执行指令的同时判断某条件,如果条件为真,则指令正常执行;如果条件为假,则指令不执行(相当于是 NOP 指令)。例如,很多现代处理器都有形式为"CMOV A,B,x"的条件转移指令。该指令的功能是 if (x) then A=B else NOP,其中条件 x 一般为某个寄存器的值是否为 0。图 8.10(a)的程序段通过转移指令判断要不要移数,再用加法指令实现移数;图 8.10(b)的程序直接使用条件移数指令进行条件移数。

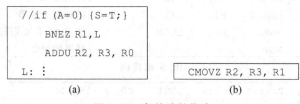

图 8.10 条件移数指令

图 8.11 是一个条件取数的例子,假设转移指令没有延迟槽。图 8.11(a)显示在一个双发射结构中,由于 ADD 和 BEQZ 的结构相关以及最后两条 LW 指令的数据相关,该程序段有两个指令阻塞周期。图 8.11(b)中的程序段使用条件取数指令 LWC 消除了两个指令阻塞周期。

```
    LW      R1,40(R2)       ADD R3,R4,R5
    stall                   ADD R6,R3,R7
    BEQZ    R10,L
    LW      R8,0(R10)
    stall
    LW      R9,0(R8)
L:
```

(a) 不使用条件指令

图 8.11 条件取数指令

```
            LW      R1,40(R2)        ADD R3,R4,R5
            LWC     R8,0(R10), R10   ADD R6,R3,R7
            BEQZ    R10,L
            LW      R9,0(R8)
         L:
```

(b) 使用条件取数指令 LWC

图 8.11 （续）

条件指令中的条件一般在执行阶段进行判断而不是像转移指令那样在译码阶段就进行判断。条件指令的条件作为指令执行阶段的一个输入，实际上是把控制相关转化为数据相关。

条件指令在现代处理器中被普遍采用，RISC 系统如 Alpha、MIPS、PowerPC、SPARC 都有条件移数指令 CMOV；PA-RISC 可以取消任何后续指令；Itanium 处理器的 EPIC 结构有 64 个 1 位的谓词寄存器，运算指令可以根据某个谓词寄存器的内容决定是否写执行结果。

条件指令的缺点是：条件为假时仍需要 1 拍，占用发射槽和功能部件；条件指令的条件未确定时需要在执行前等待，而在转移预测结构中转移指令后面的指令只要在执行后等待转移指令执行的结果以决定是否被取消。条件指令可消除简单的条件转移，对于取绝对值等操作非常有用。

8.4 硬件转移预测技术

1. 转移预测的基本思想

在指令流水线中，转移指令的结果决定后面指令的取指。为了避免由于转移指令引起的流水线阻塞，需要在转移指令的取指或译码阶段预测转移指令的方向和目标地址并从预测的目标地址继续取指令执行。因此，硬件转移预测分为两个步骤：第一步是在取指或译码阶段预测转移是否成功以及转移目标地址并进行后续指令的取指，以减少指令流水线由于控制相关而堵塞；第二步是在转移指令执行后，根据确定的转移条件或转移目标对预测结果进行修正，如果发现前面的转移预测错误，需要取消预测后的指令执行。

转移预测分为静态预测和动态预测。静态预测总是预测转移成功或总是预测转移不成功；动态预测根据转移指令执行的历史进行预测，较精确却比较复杂；还有一种是混合预测，例如在 MIPS 中有 likely 转移指令，可以利用编译器的提示进行静态预测，编译器不提示时进行动态预测。

转移预测机制的性能取决于 3 个因素：预测精度、正确预测的延迟以及转移取消的延迟。预测精度越高，能抽取的并行性就越多；但高精度的预测器复杂度也高。以后将重点介绍预测器的设计。

正确预测的延迟主要与其是在取指阶段还是在译码阶段预测有关。在指令流水线中，在取指阶段还不知道所取的指令是否为转移指令，只有取回来的指令经过译码后才知道该指令是不是转移指令。但如果在译码阶段进行转移预测，则转移指令在译码时取指流水级还不知道转移预测的结果，导致浪费 1 拍的取指槽，在 4 发射情况下就浪费 4 条指令的取指带宽。如果在取指的时候就进行转移预测，由于取指阶段还没有被取指令的信息，只能根据当前被取指令的 PC 进行预测，这就需要 BTB/Trace cache 等复杂机制，而且精度也较差。现代的转移预测器经常在取指阶段根据当前指令的 PC 值进行预测，并在译码阶段根据译码的结果进行再次预测以纠正取指阶段的预测结果。例如，在 MIPS R10000 无 BTAC（Branch Target Address cache），MIPS R12000 有 32 项 BTAC。

既然是预测，就不是必然，就会有错误。发生转移预测错误时，需要取消该转移指令后面的所有指令，流水级越长，转移预测错误需要取消的指令数越多，指令流水线的效率损失也越大，所以应该尽量提前执行转移指令。在 Pentium II/III 和 Alpha 21264 转移预测错误时，重新刷新流水线都需要 10 个周期以上。

转移预测都是根据历史记录预测未来。因此，如何记录转移历史、记录哪些转移历史、记录多少转移历史是转移预测需要研究的关键技术。历史要不断更新，更新太晚，导致转移历史不准确；但更新太早，如果转移指令被取消，记录的历史就是错误的，所以什么时候记录预测的信息也很有讲究。

转移预测错误取消后续指令时，需要保证现场的精确性。一是在指令流水线中增加提交流水级，确保在指令提交时才能修改寄存器（通过寄存器重命名）和内存（使用 write buffer 机制），以便于指令提交前可以根据需要来取消该指令。二是要识别流水线中哪些指令需要取消，哪些不要取消。转移取消和由于例外引起的取消不一样，例外取消一般在提交时取消所有后续指令，而转移取消一般在执行后只取消部分指令，这就要求有一种机制来判断指令流水线中的每一条指令和错误预测的转移指令的先后关系。三是避免对 I/O 指令预测执行，I/O 指令一般是对某个地址空间进行访问，例如访问 PCI 外部设备，即使是读操作也可能修改 I/O 控制器的状态，一旦完成就难以被取消。

一般的多发射处理器每个周期只预测一条转移指令，基本可满足 4~6 发射需要的取指带宽；也有的处理器每个周期可以进行多条转移指令的预测，以满足 6 发射以上取指带宽的需要。

根据上述分析，一个高性能转移预测机制需要包括如下特征：减少预测延迟槽（如用根据 PC 预测的 BTB/BTAC 等机制）；在执行阶段尽早确定转移结果，降低错误预测的开销；在转移预测错误时要有高效的流水线刷新机制；具有高预测精度的转移预测机制等。

2. 根据单条转移指令的历史进行基本转移预测

基本的转移预测结构主要是根据单条转移指令的转移历史来预测该指令未来的跳转方向和目标。这种转移预测主要依据转移指令重复性的规律，对于重复性特征明显的转移指令（如循环）可以产生良好的效果。例如，循环语句 for (i=1; i<=10; i++){ } 的转移模式是(1111111110)，前 9 次跳转成功，第 10 次跳转不成功。因此，基本的转移预测可以利用循环语句的重复性特点，把每条转移指令的历史记录在转移历史表（Branch History Table，BHT）中，每次转移预测时根据 BHT 表的内容判断转移方向。最简单的 BHT 表利用 PC 的低位索引，每项 1 位，记录同一项上次转移是否成功，1 表示转移成功，0 表示不成功。这种 BHT 表被称为转移模式历史表（Pattern History Table，PHT）。

由于没有用整个 PC 做索引（那样 PHT 表太大），有可能出现两条转移指令的 PC 低位相同，从而引起冲突。但 PHT 表不用像 cache 那样通过 Tag 比较来确定是否命中，反正是预测的，猜错了有纠正措施，大不了影响性能（以后会专门讨论这种别名干扰对性能的影响)。一般来说,用 12 位 PC 索引 4096 项 PHT 表的冲突概率就不大了。

上述 PHT 表每次只记录转移指令上一次的跳转方向,对简单循环十分有效,但还可以改进。例如,两重循环:

```
for (i=0; i<10; i++) for (j=0; j<10; j++){…}
```

中的外层循环有 10 次转移,内层循环有 100 次转移。使用上述一位的 PHT 表预测时只看该转移指令上次跳转是否成功,每次进入和退出循环都要猜错一次,导致外层循环有 2 次猜错,内层循环有 20 次猜错,转移预测成功率为 80%。为了提高上述情况的转移预测准确率,可以用每项两位的 PHT 表。PHT 表的每项都是两位饱和计数器,相应的转移指令每次转移成功就加 1(加到 3 为止),转移不成功就减 1(减到 0 为止)。转移预测时,如果相应 PHT 表项的高位为 1(计数器的值为 3 或 2)就预测跳转,高位为 0(计数器的值为 1 或 0)就预测不跳转。也就是说,如果一条转移指令在连续多次跳转之后出现一次不跳转,或者在连续多次不跳转之后出现一次跳转,在下一次碰到这条转移指令时,还是根据其连续的行为进行预测。使用上述饱和计数器机制后,在刚才两重循环的例子中,假设 PHT 表初值为 0,则内层循环在后 9 次进入时不再猜错,转移预测正确率为 $(8+88)/(10+100)=87.3\%$。图 8.12 给出了采用两位 PHT 表的转移预测机制。

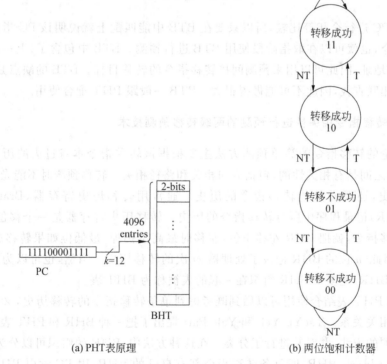

(a) PHT表原理　　(b) 两位饱和计数器

图 8.12　两位 PHT 原理

大量的实验和分析表明,2 位预测已经足够,n 位预测($n>2$)与 2 位预测效果差不多。

上述 PHT 表只能预测转移指令的跳转方向,不能预测转移指令的跳转目标。由于间接转移指令的跳转目标不能直接从指令中获得,因此需要有一种机制对间接转移指令的跳转目标进行预测。另一方面,PHT 表一般只能在译码阶段使用,因为只使用 PC 的低位索引,所以在取指阶段使用 PHT 表有可能把普通指令也当作转移指令进行预测。转移目标缓冲器(Branch Target Buffer,BTB)可以解决 PHT 表以上两个问题。BTB 的结构如图 8.13 所示。BTB 表每项保存转移指令的 PC、转移指令的目标地址以及预测转移指令是否跳转的两位饱和计数器。BTB 使用 CAM(Content Access Memory)结构,转移预测时把当前的 PC 和 BTB 表中每一项的 PC 进行比较,如果相等,则根据相等项的饱和计数器预测是否跳转并读出跳转地址。

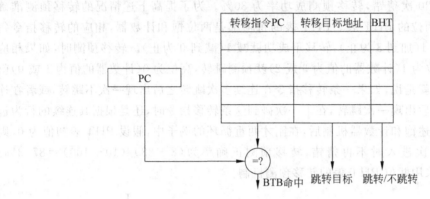

图 8.13　BTB 结构

由于对 PC 进行全相等比较,所以只要在 BTB 中能匹配上就说明该 PC 指向的指令肯定是转移指令,也就可以在取指阶段使用 BTB 进行预测。BTB 中包含了(上一次或某次转移)转移目标地址,因此可以用来预测间接转移指令的转移目标。BTB 的缺点是表项复杂,而且需要全相联查找,因此不可能做得很大。BTB 一般跟 PHT 配合使用。

3. 结合转移指令相关性进行预测的两级转移预测技术

前面讨论的转移指令的简单预测方法主要根据该转移指令本身过去的历史。前面提到,转移指令之间是有相关性的,包括方向相关和路径相关。转移预测时不能光看该转移指令本身的历史,还要看其他转移指令的历史。通常用转移历史寄存器(Branch History Register,BHR)记录程序中所有转移指令的历史。转移历史寄存器是一个移位寄存器,处理器执行转移指令,就把 BHR 左移 1 位,左移时最高位扔掉,最低位如果转移成功就填 1,否则填 0。因此 m 位的 BHR 记录了处理器 m 次的转移历史。当然,也可以为每条转移指令单独记录 BHR,把多个 BHR 组织在一起的表被称为 BHT 表。

BHR 和 PHT 表结合使用可以做到既考虑到单条转移指令的转移历史,又考虑到转移指令之间的相关关系。TseYu Yeh 和 Yale Patt 提出了把一种 BHR 和 PHT 表结合在一起用于转移预测的方法,并对其进行了分类。在这种方法中,BHR 的组织可以分为 3 种情况:PA 表示 per address BHR,即每条转移指令都有自己的 BHR,用 PC 索引 BHR;GA 表示 global address BHR,即所有转移指令共用一个 BHR;SA 表示 set address BHR,即用 PC 的低位索引 BHR。PHT 表的组织也可以分为 3 种情况:只用 BHR 索引 PHT 表,用 g(global)表示;用 PC 和 BHR 一起索引 PHT 表,用 p(per-address)表示;使用部分 PC 和历史记录一起索引 PHT 表,用 s(set)表示。因此,共有 9 种 BHR 和 PHT 的组合,如表 8.3 所示。

表 8.3 两级自适应转移预测组合

	Global PHT	Per-address PHTs	per-Set PHTs
Global BHR	GAg	GAp	GAs
Per-address BHR	PAg	PAp	PAs
per-Set BHR	SAg	SAp	SAs

下面简单介绍一下表 8.3 中的几种结构。图 8.14 给出了 GAg(k) 结构。在该结构中，BHR 和 PHT 都是全局的，全局的 BHR 又称为 GHR(Global History Register)。其中，GHR 存储过去 k 次转移历史，并用 GHR 的 k 位值去索引 2^k 个入口的 PHT，PHT 每项利用 2 位饱和计数器进行预测。

图 8.15 给出了 GAs(k) 结构。其中，BHR 表还是全局的，有 k 位；PHT 表用 k 位的 GHR 和 PC 的低 n 位进行索引，一共有 2^{k+n} 项。

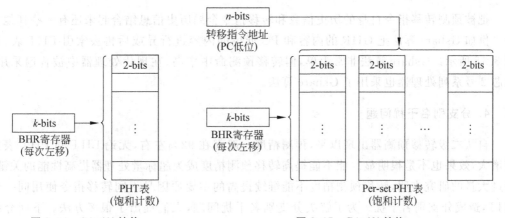

图 8.14 GAg(k) 结构　　　　　图 8.15 GAs(k) 结构

图 8.16 给出了 SAg(k) 的结构，PHT 是全局的，BHR 寄存器一共有 2^n 个，每个 BHR 为 k 位。先用 PC 的低 n 位索引 BHR，然后再用 GHR 的值索引 PHT 表。

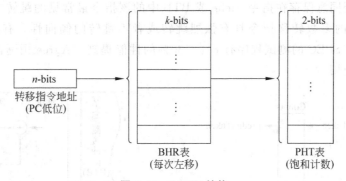

图 8.16 SAg(k) 结构

图 8.17 给出了 PAp(k) 的结构，每个 PC 值一个 BHR 寄存器，每个 BHR 为 k 位。先用 PC 索引 BHR，然后用 BHR 的值和 PC 一起索引 PHT 表。

还有其他一些组合。但不管怎么组合，无非都是想体现两种历史信息：一是被预测转移指令本身的历史信息，二是跟被预测指令相关的其他转移指令的历史信息。

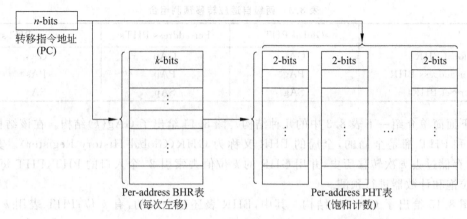

图 8.17 PAp(k)结构

把被预测转移指令自身的历史信息和转移指令全局历史信息结合起来还有一些其他方法。例如 Gshare 算法把 GHR 的内容和 PC 低位的内容进行异或后再去索引 PHT 表,如图 8.18 所示。Gshare 算法非常简单,但转移预测命中率高,在现代处理器中被普遍采用。龙芯 2 号系列处理器也采用了 Gshare 算法。

4. 分支别名干扰问题

自从二级转移预测器出现以来,预测精度一般都在 92% 左右,无论 BHT 和 PHT 表如何增大,效果也不是很明显。能不能提高转移预测精度成为超标量处理器提高性能的关键。经过大量的研究表明,转移预测精度不能继续提高的主要原因是不同转移指令使用同一个 PHT,造成分支别名干扰。为了解决分支别名干扰问题,人们提出了很多方法。下面介绍几种比较有代表性的方法。

(1) Agree 预测器。Agree 转移预测器的结构如图 8.19 所示。Agree 转移预测器在指令 cache 或 BTB 中设置了一个偏向位来保存该指令最常见的跳转方向,而 Gshare 预测器则用来指明是否同意保存在指令 cache 或 BTB 中的该指令最常见的跳转方向。其主要依据是,前面分析的多数转移指令具有强烈跳转或者不跳转的倾向性。有实验仿真显示,Agree 预测器对 SPEC 的测试程序有 8%~30% 的性能提高。Agree 预测器在 HP 的处理器中得到实际应用。

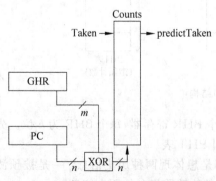

图 8.18 Gshare 算法

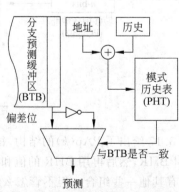

图 8.19 Agree 分支预测器

下面举例说明 Agree 预测器对解决分支别名干扰问题所起的作用。假设 2 条转移指令 A 和 B 使用同一项 PHT,它们跳转成功的概率分别为 85% 和 15%。使用普通的 PHT 表进行预测,2 条分支结果相反(分支冲突)的概率为：

(br1taken,br2nottaken)+(br1nottaken,br2taken)=(85%×85%)+(15%×15%)=74.5%

而使用 Agree 预测方法,两条分支结果相反(分支冲突)的概率为：

(br1agree,br2disagree)+(br1disagree,br2agree)=(85%×15%)+(15%×85%)=25.5%

也就是说,使用 Agree 预测器后,虽然两条转移指令使用同一个 PHT 表项,但它们各有 85% 的概率"同意"指令 cache 或 BTB 表所做的预测,而在指令 cache 或 BTB 中,两条转移指令预测的方向是不一致的。可见,使用 Agree 预测可以有效降低由于 PHT 表项冲突引起的分支别名干扰。

(2) Bi-Mode 分支预测器。Bi-Mode 分支预测器结构如图 8.20 所示。Bi-Mode 和 Agree 预测的思想是一致的。不过它把容易发生跳转和不跳转的转移指令分别放入不同的 PHT。其中,两个 PHT 表分别存储容易发生跳转和不容易发生跳转的转移指令,另一个 PHT 表则用来选择使用哪个 PHT 表的预测结果。由于对预测器的选择达到了针对每条转移的程度,所以其命中率也有所提高。

此外,针对分支别名干扰的分支预测器还有 Filter 分支预测器、Skew 分支预测器、YAGS 分支预测器等。

5. 组合分支预测器

大量的研究表明,不同的转移预测只能对某类的转移分支行为有效,而没有万能的转移预测。因此,有人就把不同的转移预测组合起来,根据转移指令的分支行为来选取不同的预测器,这就是如图 8.21 所示的混合预测器。混合预测器同时采用多种转移预测器,然后通过一个选择机制来选择其中一个预测器的预测结果。

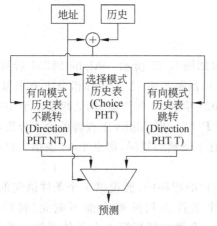

图 8.20　Bi-Mode 分支预测器

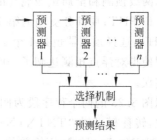

图 8.21　混合预测器

6. 转移预测的新发展

伴随着指令级并行特征的超标量处理器的成熟,传统转移预测也日趋成熟。当人们觉得转移预测已经很难再有进步的时候出现了新的方向。主要原因如下：第一,随着新应用的出现及新处理器结构的提出,需要有新的预测机制,如 SMT 结构的转移预测等;第二,功耗越来越成为处理器的重要指标,需要更好地分析转移预测和功耗的关系;第三,对提高处理器转移预测精度的需求依然很大,例如预测精度提高 0.5%,10 000 条转移指令就可以减少 50 次流水线刷新,对性能提升很有好处。近几年,国际学术界开始举办分支预测大赛,神经网络转移预测器成为当前的研究热点。

SMT 分支预测器。随着超标量处理器的成熟,挖掘指令级并行性越来越困难,同时多线程(Simultaneous Multi-Threading,SMT)结构能有效地挖掘线程级并行性,因此在现代处理器中得到了广泛应用。由于 SMT 的基本特点是同时从多个线程取指令,因此设计分支预测器需要考虑如下问题:是每个线程采用独立的分支预测器,还是多个共享一个分支预测器?如果多个线程共享一个分支预测器,会不会发生线程间干扰现象?这些问题都需要研究。

Power Aware(节约功耗导向)转移预测。2000 年以来,半导体工业的发展进入了深亚微米时期,半导体集成度越来越高,处理器的规模也越来越大,使得处理器的功耗急剧上升,加之芯片过热使芯片封装很困难,所以低功耗处理器设计成为研究热点。由于转移预测器对处理器的性能影响很大,如何平衡其精度和功耗也成为一个值得研究的问题。

神经网络预测器。随着转移预测研究的深入,学术界认识到转移预测的本质是机器学习问题,而机器学习已经在模式识别、自动控制等领域进行过大量的研究,其中,神经网络是目前机器学习的有效方法。有实验研究表明,对于 4KB 的硬件开销,采用 SPEC CPU 2000 测试程序,神经网络转移误预测率要比 Gshare 降低了 26%,比组合转移预测降低了 12%。将神经网络引入转移预测领域,使得转移预测研究又开始活跃起来,许多新的转移预测机制被提出。

8.5 一些典型商用处理器的分支预测机制

分支预测器的设计是所有商用处理器的重中之重。下面简单介绍几个典型商用处理器的分支预测器。

1. Alpha 21264 的分支预测器

Alpha 21264 分支预测器堪称经典,其结构如图 8.22 所示。Alpha 21264 转移预测器是局部两级预测和全局预测混合的预测器。全局预测器用 12 条转移指令历史来索引 4096 项的 2 位 PHT;局部分支预测第 1 级是 1 个 1024 项的 10 位历史,第 2 级是 1 个 1024 项的 3 位 PHT;选择预测器也是 1 个 4096 项的 2 位 PHT。据 Alpha 工程师的论文分析,这种预测机制使得对浮点预测达到了 1000 条指令只有 1 条预测错误,定点 1000 条指令只有 11 条预测错误。

以图 8.23 的两个程序段为例。在图 8.23(a)的程序中,假设第 1 个条件语句的条件隔次成立,转移模式为"TNTNTN…";而第 2 个条件语句的每次都不成立,转移模式为"NNNNNN…"。显然,用简单的 PHT 表就可以准确地猜测第 2 个条件语句的跳转方向,但对第一个条件语句的猜测就无能为力。使用 Alpha 21264 的两级局部预测器(见图 8.22 左半部分)可以很好地猜测第一个条件语句的方向。对于该语句,"局部历史表"相应的表项有 2 个可能的值 1010101010 和 0101010101,这两个值分别指向"局部预测表"中的两个表项,前者预测跳转,后者预测不跳转。

在图 8.23(b)的程序段中,假设第 1 个和第 2 个条件都成立,显然第 3 个条件也成立。

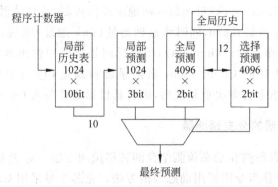

图 8.22　Alpha 21264 分支预测器

这就需要根据全局转移历史而不是单条转移指令的局部转移历史进行预测。结合图 8.22 的具体结构，当全局转移历史为 xxxxxxxxxx11 时，全局预测表将预测 if(a==b)指令跳转。经过训练后的选择预测表也会根据 if(a==b)的全局转移历史，在全局转移历史最后两位为 11 时选择全局预测表而不是局部预测表的预测结果。

```
if (a%2==0) {…;}   (TNTNTN…)        if (a==0) {…;}
if (b==0)   {…;}   (NNNNNN…)        if (b==0) {…;}
           (a)                      if (a==b) {…;}
                                         (b)
```

图 8.23　Alpha 21264 转移预测的例子

2. Pentium 4 处理器的转移预测器

Pentium 4 采用的是 2 个动态预测器(BTB)和静态预测混合预测。Pentium 4 的主要转移猜测结构如图 8.24 所示。Pentium 4 采用 Trace cache 来保存译码后的微指令，译码前的指令是 CISC，而译码后的微指令是 RISC。程序运行时 Trace cache 命中的指令不用被重新译码。Pentium 4 在译码前和译码后各使用一个 BTB 进行转移预测，译码前的 BTB 有 4096 项，译码后的 BTB 有 512 项。当 BTB 中没有该跳转指令时采用静态预测，跳转方向是 backward 时则预测 taken，反之则 not taken。

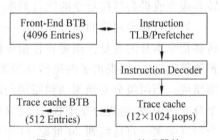

图 8.24　Pentium 4 处理器的转移猜测结构

3. Power 4 处理器转移预测器

Power 4 采用静态预测与动态预测混合的预测方法，其每条转移指令有两位转移预测信息，一位表示是否用静态预测，另一位表示静态预测时是否跳转。Power 4 的动态预测器采用混合预测结构，其中局部预测器、全局预测器和选择预测器都由 16×1024 项 1 位的表组成。局部预测器由指令地址 PC 来索引；全局预测器由一个 11 位的历史向量与 PC 异或来索引，历史向量记录前 11 组指令是否连续的信息，即每一位向量记录下一组指令与本组指令是否连续(Power 4 将指令分组，1 组指令为 5 条)；选择预测器与全局预测器相同。

Power 4 使用链接栈(Link stack)对函数返回地址进行预测,其具体做法是遇到函数调用指令(branch and link)时预测 taken,同时将返回地址(link 地址)压栈,由编译器对返回指令(branch to link 指令)作上标记(hint bit),函数返回是从栈中弹出地址。此外,Power 4 还有一个 32 项的直接相联的 Count cache 来记录跳转地址(相当于是直接用地址索引的 BTB),若软件标志该指令会多次重复跳转,则将其目标地址写入 Count cache。

4. 龙芯 2 号处理器的分支预测器

龙芯 2 号采用静态预测和动态预测结合的转移预测方法。对于 likely 类的转移指令直接预测跳转,而其他转移指令则采用动态预测方法。龙芯 2 号采用 Gshare 结构进行条件指令的转移预测,其中 BHR 共 9 位,PHT 表有 4096 项。使用 16 项 BTB 预测普通 JR 指令,4 项 RAS 预测函数返回指令(目标寄存器为 31 号寄存器的 JR 指令)。

8.6 本章小结

在冯·诺依曼结构中,如何提供足够的指令和数据供处理器"消费"是体系结构研究的永恒课题,因此如何处理好由转移指令带来的控制相关以源源不断地向处理器核心提供指令是处理器设计的重中之重。

程序中的转移指令具有一定的规律性。转移指令在程序中频繁出现,平均每 8~10 条就有 1 条转移指令,这意味着在 4 发射情况下,每 2 拍就要遇到 1 条转移指令。转移指令有较好的局部性,10% 的转移指令占所有转移指令执行的 90%。转移指令具有可预测性,转移指令与自己过去的历史有关系,也可能与前后的转移指令有关系。

编译器可以通过循环展开、软件流水、全局代码调度、使用条件指令等方式来消除部分转移指令或提高转移指令的执行效率。

硬件转移预测器的发展经历了一个持续改进的过程。简单的硬件转移预测根据被预测转移指令本身的重复性预测转移指令的方向和目标地址。当简单的转移预测不能继续提高预测精度时,人们提出了两级转移预测的方法,通过利用转移指令之间的分支相关来提高预测精度。当两级分支预测遇到瓶颈的时候,人们发现其主要原因是多条转移指令访问同一个分支历史表,造成分支干扰,于是又提出了大量的解决方案,例如 Agree、Bi-mode 等。这个研究热潮一直持续到 20 世纪 90 年代末。伴随着以指令级并行为代表的超标量处理器的成熟,传统分支预测也日趋成熟。当人们觉得分支预测已经很难再有进步的时候,SMT 结构的分支预测、低功耗分支预测器、神经网络分支预测器又成为研究热点。

转移预测的发展一直伴随着高性能处理器的发展,转移预测器对处理器性能的提高起着重要作用,一直都是处理器设计的重中之重。在进行结构设计时,不要拘泥于具体的方法,而是要掌握其精髓,关键是要抓住应用程序的特点,灵活处理,正所谓运用之妙,存乎一心。

习题

1. 附表 8.1 是转移猜测的 Yeh 和 Patt 分类中根据转移历史表(BHT)和模式历史表(PHT)的不同组合形成的转移猜测种类。PC 中用来索引 BHT 表的位数为低 6 位,索引

PHT 表的位数为低 8 位,BHT 表每项 9 位,请画出 SAs 转移猜测的结构图,说明其基本原理,并计算该结构使用的存储单元位数。

附表 8.1 转移猜测的不同组合

	Global PHT	Per address PHT	Per set PHT
Global BHR	GAg	Gap	GAs
Per-address BHR	PAg	PAp	PAs
Per-set BHR	SAg	SAp	SAs

2. 考虑下面一段 MIPS 代码,假设开始时 R1 寄存器存放值 a。

```
       BNEZ    R1,L1         ;分支 b1(a!=0)
       ADDIU   R1,R0,2       ;a==0,a 的值变为 2
L1:    ADDIU   R2,R1,-2
       BNEZ    R2,L2         ;分支 b2(a!=2)
       ⋮
L2:
```

假定采用(1,1)相关分支预测器(根据 1 位全局历史去选择 2 项的局部历史表 PHT,局部历史表为 1 位的计数器),初始预测位 NT/NT,且 a 值以 0,1,0,1 的规律变化,画出转移预测执行情况表,并统计预测错误的数目。

3. 一个流水线处理器为条件分支配置了一个分支目标缓冲器 BTB。假设预测错误的损失为 5 个时钟周期,BTB 不命中的开销是 3 个时钟周期,并假设 BTB 命中率为 90%,命中时预测精度为 90%,分支频率为 20%,没有分支的基本 CPI 为 1,请计算:

① 该程序执行的 CPI;

② 另外一个处理器没有转移猜测部件,每个分支有固定 2 个时钟周期的性能损失,与 ①中的处理器比较执行速度。

4. 分析并列出下列循环中的所有相关,包括输出相关、反相关、真相关。将循环展开,分析并讨论循环体间的相关。

```
for (i=2; i<N; i++)    {
    a[i]=a[i]+b[i];        //S1
    d[i+1]=a[i]-c[i];      //S2
    a[i-1]=1-b[i];         //S3
    b[i+1]=1+b[i];         //S4
}
```

5. 通常转移历史表的索引是分支指令的低位地址。增大转移历史表可以降低同一个程序中多个分支使用同一个表项的概率。

(1) 请给一个由于多个分支共用一个历史表项而导致分支预测错误增加的例子。

(2) 请给一个由于多个分支共用一个历史表项而导致分支预测错误减少的例子。

(3) 如果使用分支指令的其他地址位来索引转移历史表,对分支预测正确率会有什么影响?

6. 假设流水线延迟如附表 8.2 所示,分支延迟为 1 个周期,有延迟槽。

附表 8.2 流水线延迟

产生结果的指令	使用结果的指令	延迟周期数
FP ALU op	Another FP ALU op	4
FP ALU op	Store double	3
Load double	FP ALU op	2
Load double	Store double	1

(1) 下面程序段实现对数组元素增值，R1 和 R2 的初始值满足 R1＝8n＋R2，n 为循环次数。

```
L1:     LDC1    F0,0(R1)
        ADD.D   F2,F0,F1
        SDC1    F2,0(R1)
        ADDIU   R1,R1,-8
        BNE     R1,R2,L1
        NOP
```

写出完整的软件流水循环代码，包括装入代码和排空代码，并且计算软件流水循环完成所有操作需要的总时钟周期数表达式。

(2) 分析比较软件流水和循环展开两种方案的区别。

7. 请简述动态调度的处理器中如何实现转移猜测失败的取消。

8. *请分析和比较嵌入式处理器（如 ARM11 和 Cortex A8/A9）和桌面处理器（如 Nehalemn）对分支指令的处理的不同，包括硬件的转移预测机制、条件转移指令等。为什么有这样不同实现机制的选择？

9. *对 Alpha 21264 处理器的转移预测器（见附图 8.1）原理进行分析。

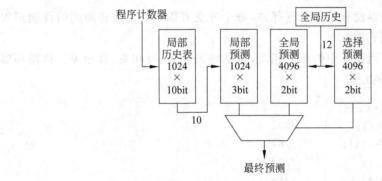

附图 8.1　Alpha 21264 处理器的转移预测器

(1) 请编写一段程序，Alpha 21264 的转移预测器对该程序的猜测正确率低于 50%。

(2) 请设计一个转移预测器，对该程序的猜测正确率高于 50%。

第 9 章
功 能 部 件

本章介绍计算机体系结构中的运算部件,运算部件就是计算机中进行加减乘除的部件。CPU 的流水线技术、转移猜测技术、高速缓存技术等归根到底都是为了给运算部件提供指令和数据。

在计算机发展的早期阶段,运算部件指的就是算术逻辑单元(ALU),ALU 可以做算术运算、逻辑运算、移位运算和比较运算。后来功能部件不断地扩充,还可以执行乘法、除法、开根等运算。早期的运算部件主要做定点运算,后来发展为浮点运算。计算机中的定点数一般采用补码编码,浮点数遵行 IEEE 754 标准,也有少量处理器如 IBM 的 z 系列处理器实现了十进制数运算。

在计算机系统结构中,运算部件和计算机算术是一个相对独立的体系,在 20 世纪六七十年代,计算机算术的一些二进制算法已经比较成熟,但现在仍有计算机算术算法尤其是浮点算法的研究。

本章主要介绍定点补码加法器的设计、ALU 部件的设计以及定点补码乘法器的设计。

9.1 定点补码加法器

加法是许多运算的基础。加法器的实现方式有很多,用于满足不同性能和面积的需求。进位处理是加法器的核心。根据进位处理方法的不同,常见的加法器包括行波进行加法器(Ripple Carry Adder,RCA)、先行进位加法器(Carry Lookahead Adder,CLA)、跳跃进位加法器(Carry Skip Adder,CSKA)、进位选择加法器(Carry Select Adder,CSLA)和进位递增加法器(Carry Increment Adder,CIA)等。其中,先行进位加法器使用得较为广泛。

1. 全加器

全加器是构成加法器的基本单元。全加器实现两位本地二进制数及低位来的进位数相加,即将 3 个 1 位的二进制数相加,求得本地和及向高位的进位。它有 3 个输入 A、B 和 C_{in}。其中 A、B 分别为加数和被加数,C_{in} 为低位来的进位,两个输出为相加后得到的本地和位 S 及向高位的进位 C_{out}。全加器的真值表如表 9.1 所示。

根据真值表,可以写出全加器的如下逻辑表达式:

$$S = \sim A \& \sim B \& C_{in} | \sim A \& B \& \sim C_{in} | A \& \sim B \& \sim C_{in} | A \& B \& C_{in}$$
$$C_{out} = A \& B | A \& C_{in} | B \& C_{in}$$

其中,& 号表示与操作,| 号表示或操作,~ 号表示取反操作。图 9.1 给出了全加器的逻辑图及其示意图。每一个全加器需要 2、3 级门的延迟。

表 9.1　全加器真值表

A	B	C_{in}	S	C_{out}	A	B	C_{in}	S	C_{out}
0	0	0	0	0	1	0	0	1	0
0	0	1	1	0	1	0	1	0	1
0	1	0	1	0	1	1	0	0	1
0	1	1	0	1	1	1	1	1	1

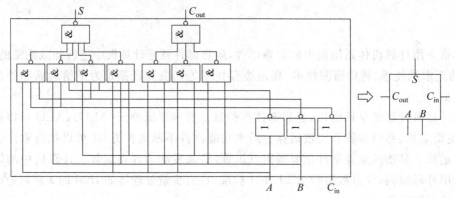

图 9.1　全加器逻辑图

2．串行进位加法器

把多个全加器串接起来就形成了串行进位加法器。图 9.2 给出了 16 位串行进位加法器示意图。其中，$A=a_{15}\cdots a_0$ 和 $B=b_{15}\cdots b_0$ 为输入，c_0 为最低位进位。串行进位加法器将低位全加器的进位输出 C_{out} 作为本级全加器的进位输入 C_{in}。串行进位加法器的每一位相加都必须等待低位的进位产生之后才能完成，即进位在各级之间是顺序传递的。这种串行的进位传递方式和我们小学所学的十进制加法的进位传递方式一样。在 16 位的串行进位加法器中存在一条从 c_0 到 c_{16} 的进位链，例如输入 A、B 和 c_0 全为 1 时，进位需要从最低位传递到最高位，形成 c_{16} 需要 32 级门延迟。因此，串行进位加法器虽然简单，但其延迟随位数增加而线性增长。在 CPU 设计中，加法器的延迟是决定主频的一个重要的参数指标，如果加法器延迟太长，则 CPU 的主频就会降低。对于高性能通用 CPU 来说，32 级门延迟太长了。

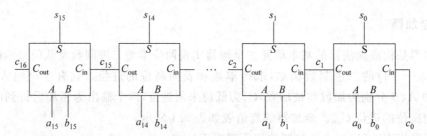

图 9.2　16 位串行进位加法器

3．先行进位加法器

串行进位加法器的延迟太长，因此需要对算法进行改进。先行进位加法器就是一种通过加快进位传递以加快加法速度的加法器。它的主要思想是先并行计算每一位的进位,由于每一位的进位已经提前算出,计算每一位的结果时只要将本地和与进位相加即可。

假设要将两个 N 位的数相加,被加数为 $A = a_{N-1} a_{N-2} \cdots a_i a_{i-1} \cdots a_1 a_0$,加数为 $B = b_{N-1} b_{N-2} \cdots b_i b_{i-1} \cdots b_1 b_0$,$A$ 与 B 相加的和为 $S = s_{N-1} s_{N-2} \cdots s_1 s_0$,第 i 位的进位输入为 c_i,进位输出为 c_{i+1}。则

$$c_{i+1} = a_i \& b_i | a_i \& c_i | b_i \& c_i = a_i \& b_i | (a_i | b_i) \& c_i$$

设 $g_i = a_i \& b_i$,$p_i = a_i | b_i$,则 c_{i+1} 可以表达为:

$$c_{i+1} = g_i | p_i \& c_i$$

从上式可以看出,当 $g_i = 1$ 时,在 c_{i+1} 必定产生一个进位,与 c_i 无关,当 $p_i = 1$ 时,如果 c_i 有一个进位输入,该进位可以传播至 c_{i+1}。因此,g_i 和 p_i 也称为第 i 位的进位生成因子和进位传递因子。以 4 位加法器的进位传递为例,把 $c_{i+1} = g_i | p_i \& c_i$ 扩展开来可以得到:

$$c_1 = g_0 | (p_0 \& c_0)$$
$$c_2 = g_1 | (p_1 \& g_0) | (p_1 \& p_0 \& c_0)$$
$$c_3 = g_2 | (p_2 \& g_1) | (p_2 \& p_1 \& g_0) | (p_2 \& p_1 \& p_0 \& c_0)$$
$$c_4 = g_3 | (p_3 \& g_2) | (p_3 \& p_2 \& g_1) | (p_3 \& p_2 \& p_1 \& g_0) | (p_3 \& p_2 \& p_1 \& p_0 \& c_0)$$

通过上述扩展,c_i 可以由 p_i 和 g_i 直接得到,不用依赖前一位的 c_{i-1}。图 9.3 给出了 4 位并行进位的逻辑图及其示意图。从图 9.3 中可以看出,采用先行进位逻辑,产生第 4 位的进位只要两级门的延迟,而先前的串行进位需要 8 级门的延迟。当然,该逻辑用到的 5 输入与非门比串行进位的 2 输入或 3 输入与非门的延迟要长。真正实现时很少用 5 输入的与非门。

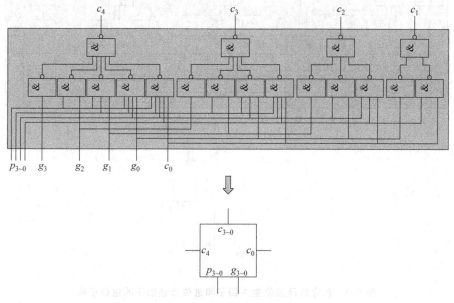

图 9.3 4 位并行进位的逻辑图

理论上可以把上述并行进位方法扩展成更多位的,但那样需要很多输入的逻辑门,在实现上是不现实的。实现更多位的加法器时通常采用分组的进位方法,将加法器分成若干个相同位数的组,组内部通过先行进位的方法计算进位,组间可以通过串行进位或并行进位的

方法传递进位。例如,将 4 个 4 位并行进位加法器串联,可以得到块内并行、块间串行的 16 位加法器,其进位逻辑如图 9.4 所示。由于块内产生 4 位进位只要两级门的延迟,因此从 p_i 和 g_i 产生 c_{15} 最多只要 8 级门延迟。

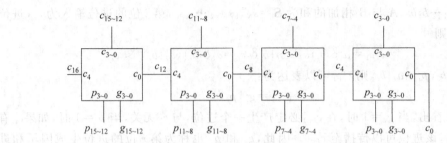

图 9.4　块内并行以及块间串行的 16 位加法器

为了进一步提升加法器的速度,可以在块间也采用先行进位方法,即块内并行、块间也并行的实现方式。就像在块内不同的位间需要进位生成因子 g 和进位传递因子 p 一样,在块间进行进位传递时也需要块间的进位生成因子 G 和进位传递因子 P,其表达式为:

$$P = p_3 \& p_2 \& p_1 \& p_0$$
$$G = g_3 \mid (p_3 \& g_2) \mid (p_3 \& p_2 \& g_1) \mid (p_3 \& p_2 \& p_1 \& g_0)$$

显然,G 为 1 时表示本块有进位生成,P 为 1 时表示本块可以传递低位的进位。图 9.5 给出了包含块内生成因子和进位传递因子的进位逻辑及其示意图。

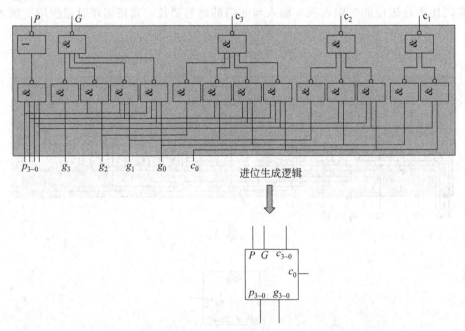

图 9.5　包含块间进位生成因子和进位传递因子的进位逻辑

上述分块的进位生成因子和进位传递因子逻辑具有很好的层次扩展性,即把多个"小块"层次化连接成更大的块,把下一级的 P 和 G 作为上一级的 p_i 和 g_i 输入。图 9.6 示例了用一个 4 位的先行进位逻辑把另外 4 个 4 位的先行进位逻辑并行连接起来形成两层的

16 位先行进位结构。该逻辑通过 3 个步骤形成 16 位加法器所需要的所有进位：第一步，下层的 4 个 4 位先行进位逻辑并行生成 4 个块间进位生成因子 G 和块间进位传递因子 P；第二步，上层的 4 位先行进位逻辑把下层进位逻辑生成的 P 和 G 作为本层 p_i 和 g_i 的输入并行生成块间的进位 c_4、c_8、c_{12} 和 c_{16}；第三步，下层的 4 个 4 位先行进位逻辑分别把 c_0、c_4、c_8、c_{12} 作为本块的进位输入 c_0，再结合本块的 $p_{0\sim3}$ 和 $g_{0\sim3}$ 分别计算出本块需要的每一位进位。可以看出，从 p_i 和 g_i 产生 $c_{15\sim0}$ 共需要 6 级门延迟。在上述过程中，最大与非门的扇入为 4。

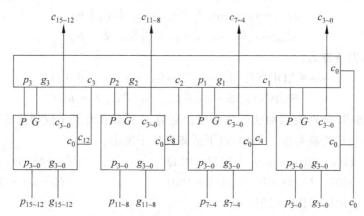

图 9.6 块内并行及块间并行的 16 位先行进位逻辑

大家可以自己推导一下，上述分块的进位产生因子和进位传递因子为什么可以通过层次化的级联形成更大的块。在设计更多位的加法器时，还可以进一步进行层次化级联形成更大的块，例如可以把 4 位先行进位逻辑通过 3 层的树状级联形成 64 位加法的进位逻辑。先行进位加法器的延迟随着加法位数的增长以对数的方式增长。

有了每 1 位的进位，再生成每 1 位的和就很容易了。

4．用加法做减法

在现代通用计算机中，定点数都是用补码存储的，补码减法可以通过加法来实现。补码运算有如下性质：

$[A]_补 - [B]_补 = [A-B]_补 = [A]_补 + [-B]_补$

其中，$[-B]_补$ 可以由 $[B]_补$ "按位取反，末位加 1" 得出。因此，只要在加法器的 B 输入端对 $[B]_补$ 按位取反，并将加法器的进位置为 1，就可以实现补码减法。图 9.7 给出了在加法/减法器中从 a_i 和 b_i 生成 p_i 和 g_i 的逻辑图。图中，SUB 为做加法还是减法的控制信号。SUB 信号为 0 时，为加法运算；SUB 信号为 1 时，为减法运算。当 SUB 信号为 0 时，加法器的输入选择为 b_i；当 SUB 信号为 1 时，加法器的输入选择为 $\sim b_i$，同时置 c_0 为 1 表示末位加 1。

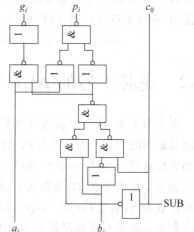

图 9.7 利用加法器实现减法的输入控制

5. 溢出判断

加减法运算可能会出现结果溢出的情况。对于加法运算，如果两个操作数 A 和 B 的符号位相同，但结果的符号位与 A 和 B 的符号位不同，即正数相加结果为负或负数相加结果为正，则发生了溢出；对于减法运算，如果正数减负数结果为负数或负数减正数结果为正数，则发生了溢出。32 位的 A 和 B 相加和相减，操作数的最高位 a_{31} 和 b_{31} 分别表示 a 和 b 的符号位，结果的最高位 s_{31} 为和的符号位，则加法和减法溢出的条件分别为：

$$ov_{add} = s_{31} \& \sim a_{31} \& \sim b_{31} \mid \sim s_{31} \& a_{31} \& b_{31}$$
$$ov_{sub} = s_{31} \& \sim a_{31} \& b_{31} \mid \sim s_{31} \& a_{31} \& \sim b_{31}$$

因此，运算器溢出条件为：

$$ov = \text{ADD} \& (s_{31} \& \sim a_{31} \& \sim b_{31} \mid \sim s_{31} \& a_{31} \& b_{31}) \mid \text{SUB} \& (s_{31} \& \sim a_{31} \& b_{31} \mid \sim s_{31} \& a_{31} \& \sim b_{31})$$

其中，ADD 和 SUB 分别表示加法运算和减法运算。下面给出了 4 位加法或减法运算的一些例子，其中最高位为符号位。例如，以下运算发生了溢出：

```
1100-0101=1100+1011=0111            //(-4-5)
0101-1100=0101+0100=1001            //(5-(-4))
0101+0101=1010                      //(5+5)
```

而以下运算没有发生溢出：

```
1001+0101=1110                      //(-7+5)
0011+0100=0111                      //(3+4)
1100+1100=1000                      //(-4+(-4))
0101-0011=0101+1101=0010            //(5-3)
0011-0101=0011+1011=1110            //(3-5)
```

在运算部件中，溢出判断逻辑的在加减法结果的基础上生成，因此溢出判断是运算部件的关键路径。

很多处理器都有比较指令以比较两个数 A 和 B 的大小。可以通过分析 $A-B$ 的结果来判断 A 和 B 的大小。如果减法操作没有发生溢出，则结果符号位为 1 时 $A<B$；如果有发生溢出，则结果符号位为 0 时 $A<B$。因此，$A<B$ 的条件为：

$$cond_{A<B} = \sim ov \& s_{31} \mid ov \& \sim s_{31} = a_{31} \& s_{31} \mid \sim b_{31} \& s_{31} \mid a_{31} \& \sim b_{31}$$

9.2 龙芯 1 号的 ALU 设计

在介绍了加、减和比较运算之后，下面以龙芯 1 号 CPU 的算术逻辑部件 ALU 为例来介绍其逻辑的实现。龙芯 1 号的 ALU 实现了加减运算、逻辑运算（包括与、或、非操作）、移位和转移运算以及 Trap 例外判断。龙芯 1 号的乘除运算由单独的乘法部件来实现。

表 9.2 给出了在 32 位模式下 ALU 部件实现的功能表，其中输入操作数为 A 和 B，输出操作数为 S，信号 Ov 和 Trap 分别是溢出和 Trap 例外的判断条件。表中 SLL 和 SRL 操作分别表示逻辑左移和逻辑右移，SRA 表示算术右移；ADD 和 ADDU 分别表示有符号和无符号加法，无符号加法运算不需要考虑溢出；SUB 和 SUBU 分别表示有符号和无符号减

法;TEQ/TNE 表示 A 和 B 相等/不相等则 Trap 位置 1,TLT/TLTU 表示如果 A 有符号/无符号小于 B 则 Trap 置 1,TGE/TGEU 表示 A 有符号/无符号大于等于 B 则 Trap 置 1；SLT 表示如果 A 小于 B,则把结果的最低位置为 1；JAL、BLTZAL 等都是链接类转移指令,需要将 PC 加 8 保存在目标寄存器中。

表 9.2 ALU 实现的指令和操作码

操 作	操作码	运 算	Ov	Trap	Value
SLL	010000	$A<<B$	0	0	S
SRL	010010	补 0 右移	0	0	S
SRA	010011	补符号右移	0	0	S
ADD	011000	$A+B$	$a_{31}b_{31}\sim s_{31} \mid \sim a_{31}\sim b_{31}s_{31}$	0	S
ADDU	011001	$A+B$	0	0	S
SUB	011010	$A-B$	$a_{31}\sim b_{31}\sim s_{31} \mid \sim a_{31}b_{31}s_{31}$	0	S
SUBU	011011	$A-B$	0	0	S
AND	011100	$A\&B$	0	0	S
OR	011101	$A\mid B$	0	0	S
XOR	011110	$A\char`^B$	0	0	S
NOR	011111	$\sim(A\mid B)$	0	0	S
TEQ	100000	$A-B$	0	zero	X
TNE	100001	$A-B$	0	$\sim$zero	X
TLT	100010	$A-B$	0	$a_{31}s_{31}\mid a_{31}\sim b_{31}\mid s_{31}\sim b_{31}$	X
TLTU	100011	$A-B$	0	$\sim$cout	X
TGE	100100	$A-B$	0	$\sim(a_{31}s_{31}\mid a_{31}\sim b_{31}\mid s_{31}\sim b_{31})$	X
TGEU	100101	$A-B$	0	c_{out}	X
SLT	100110	$A-B$	0	0	$\{0_{31},(a_{31}s_{31}\mid a_{31}\sim b_{31}\mid s_{31}\sim b_{31})\}$
SLTU	100111	$A-B$	0	0	$\{0_{31},\sim c_{out}\}$
JAL	101110	$8+B$	0	0	S
JALR	101111	$8+B$	0	0	S
BLTZAL	110110	$8+B$	0	0	S
BGEZAL	110111	$8+B$	0	0	S
BLTZALL	111110	$8+B$	0	0	S
BGEZALL	111111	$8+B$	0	0	S

根据表 9.2 的功能，ALU 的输入信号处理逻辑如图 9.8 所示。其中 Asel 和 Bsel 为选择信号，Asel 根据具体的操作类型在操作数 A 和 8 之间进行选择，Bsel 根据具体的操作类型在操作数 B 和 $\sim B$ 之间进行选择。经选择后的操作数形成 g_i、p_i 和 xor_i 的值，其中 g_i 为进位生成因子，p_i 为进位传递因子，xor_i 为 a_i 和 b_i 的本地和（本地和为 a_i 和 b_i 的异或）。

ALU 的运算结果 S 输出信号选择逻辑如图 9.9 所示。该逻辑实际上是一个多路选择器。其中，SH 表示选择移位结果 sh_i 输出；AR 表示选择算术运算结果 s_i 输出；AND 选择 g_i 作为输出，OR 和 NOR 分别选择 p_i 和 $\sim p_i$ 输出，XOR 选择异或结果 xor_i 输出；SLT/SLTU 最低位选择有符号/无符号小于信号 less/uless 输出，高位为 0。

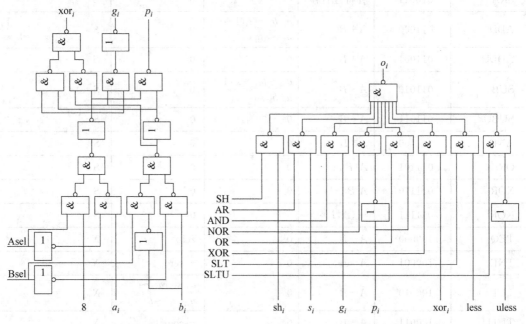

图 9.8 ALU 中输入信号处理部分　　图 9.9 ALU 中输出信号选择部分

在上述用于选择输出的结果中，g_i、p_i、xor_i 已经由图 9.8 的输入信号处理逻辑生成；移位结果 sh_i 可以由多选一逻辑生成，这里不再展开描述；less 和 uless 信号的生成逻辑由表 9.2 中的表达式确定，其中 less=$(a_{31} \& s_{31} | a_{31} \& \sim b_{31} | s_{31} \& \sim b_{31})$，uless=$\sim$cout，它们也比较简单。下面重点讨论算术运算结果 s_i 的形成。

在龙芯 1 号 ALU 中，加法器采用的是块内并行、块间并行的先行进位加法器。图 9.10 给出了 32 位先行进位加法器的进位生成逻辑。

在形成每一位的进位信号后，将每一位的进位 c_i 和本地和 xor_i 进行异或操作就可以得到 s_i，即 $s_i = (\sim xor_i \& c_i) | (xor_i \& \sim c_i)$。其逻辑图如图 9.11 所示。

除了 32 位的结果外，ALU 还形成溢出和 Trap 例外信号。根据表 2 的功能，这两个信号的处理逻辑如图 9.12 所示。

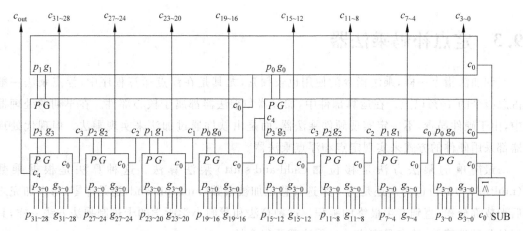

图 9.10 ALU 中 32 位先行进位加法器的进位生成逻辑

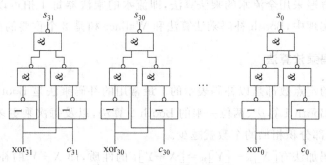

图 9.11 加减法的结果形成

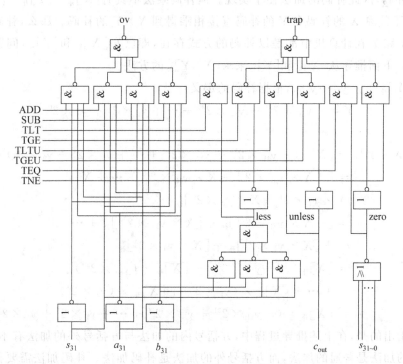

图 9.12 ALU 中溢出和 Trap 例外信号

9.3 定点补码乘法器

和加法指令一样,乘法指令的使用也较频繁,尤其是在浮点运算程序中,浮点乘法一般占总指令的10%以上。在运算部件中,加法器和乘法器都属于核心部件。在早期的处理器中,由于硬件昂贵,不一定实现硬件乘法器,而是由软件通过加法来实现乘法。但现代处理器都采用硬件的方式来实现定点和浮点乘法器。

最简单的乘法方法是移位加(add-and-shift)乘法算法。这种算法是根据乘数(multiplier)的位值为1还是为0来选择移位加被乘数(multiplicand)还是加零,每次加完之后形成部分积,直到产生最终的乘积。这种算法和我们小学所学的十进制乘法方法一样,其好处是硬件简单,缺点是完成一个乘法需要很多拍。

现代处理器普遍采用全流水的乘法算法,即流水的乘法器每1拍可以产生1个乘法结果。在乘法器的实现中,Booth补码乘法算法和Wallace树是2个重要的里程碑。

1. Booth补码乘法算法

现代计算机的定点数都是以补码表示的。最常用的补码乘法是Booth算法。Booth算法有一位一乘的Booth 1算法、两位一乘的Booth 2算法,以及每次乘更多位的算法。每次相乘的位数越多,部分积相加的个数就越少。

大家知道补码加法有$[X]_补+[Y]_补=[X+Y]_补$的性质,即$X+Y$的补码等于X的补码加上Y的补码,因此补码的加法便于实现。但补码乘法不具有$[X]_补 \times [Y]_补=[X \times Y]_补$的性质,因此不能拿$X$的补码和$Y$的补码直接相乘得到$X \times Y$的补码。那么,补码乘法如何计算呢?$X$和$Y$在计算机中都是以补码的方式存在,即已知$[X]_补$和$[Y]_补$,问题是如何求$[X \times Y]_补$。下面推导从$[X]_补$和$[Y]_补$来求$[X \times Y]_补$的方法。

假定$[Y]_补=y_{31}y_{30}\cdots y_1 y_0$,根据补码的定义:

$$Y = -y_{31} \times 2^{31} + y_{30} \times 2^{30} + \cdots + y_1 \times 2^1 + y_0 \times 2^0$$

因此,

$$\begin{aligned}
[X \times Y]_补 &= [X \times (-y_{31} \times 2^{31} + y_{30} \times 2^{30} + \cdots + y_1 \times 2^1 + y_0 \times 2^0)]_补 \\
&= [-X \times y_{31} \times 2^{31} + X \times y_{30} \times 2^{30} + \cdots + X \times y_1 \times 2^1 + X \times y_0 \times 2^0]_补 \\
&= [-X \times y_{31} \times 2^{31}]_补 + [X \times y_{30} \times 2^{30}]_补 + \cdots + [X \times y_1 \times 2^1]_补 + [X \times y_0 \times 2^0]_补 \\
&= [X]_补 \times (-y_{31} \times 2^{31}) + [X]_补 \times (y_{30} \times 2^{30}) + \cdots + [X]_补 \times (y_1 \times 2^1) + [X]_补 \times (y_0 \times 2^0) \\
&= [X]_补 \times (-y_{31} \times 2^{31} + y_{30} \times 2^{30} + \cdots + y_1 \times 2^1 + y_0 \times 2^0)
\end{aligned}$$

值得指出的是,在上述推导过程中,方括号内的加法与方括号外的加法有不同的含义,方括号内的加法是普通的加法,而方括号外的加法是补码加法。补码加法需要把加数进行符号位扩充到最高位后再相加。

在推导过程中,使用了$[X \times 2^k]_补 = [X]_补 \times 2^k$的结果。如果$X$为正数,该式显然成立。若$X$为负数,设$X = -x_{31}x_{30}\cdots x_0$,则$[X \times 2^k]_补$为对$00\cdots 0x_{31}x_{30}\cdots x_0 0_{k-1}\cdots 0_1 0_0$(一共64位)按位取反后加1,结果为:

$$[X \times 2^k]_补 = 11\cdots 1 \sim x_{31} \sim x_{30} \cdots \sim x_0 1_{k-1}\cdots 1_1 1_0 + 1$$
$$= 11\cdots 1 \sim x_{31} \sim x_{30} \cdots \sim x_0 0_{k-1}\cdots 0_1 0_0 + 10_{k-1}\cdots 0_1 0_0$$
$$= (11\cdots 1 \sim x_{31} \sim x_{30} \cdots \sim x_0 + 1) 0_{k-1}\cdots 0_1 0_0$$
$$= [X]_补 \times 2^k$$

上述推导过程,作者本人在大学时就学过,上研究生时也学过,一直没有搞明白。直到做龙芯后才搞明白,其中的关键是方括号外的任何运算都要把符号位扩充到最高位后再进行。

根据上述推导结果,$[X]_补 \times [Y]_补$不等于$[X \times Y]_补$,而是把$[X]_补$跟$[Y]_补$的最高位取反、其他位不变的数相乘。图9.13给出了两个4位数相乘的例子,结果为8位,因此做加法时要把符号位扩充到满8位。

```
1011×1011(−5×−5)          1011×0101(−5×5)
      1011                      1011
    ×1011                     ×0101
   +1111011                  +1111011
   +111011                   +000000
   +00000                    +11011
   −1011                     −0000
   0011001(25)               1100111(−25)
```

图 9.13 补码乘法的例子

在补码乘法运算过程中,只要对y的最高位乘积项做减法,对其他位乘积项做加法即可。但在加法和减法操作时,一定要将符号位扩充,使乘积项对齐。

英国的Booth夫妇对$(-y_{31} \times 2^{31} + y_{30} \times 2^{30} + \cdots + y_1 \times 2^1 + y_0 \times 2^0)$进行了如下变换:

$$(-y_{31} \times 2^{31} + y_{30} \times 2^{30} + \cdots + y_1 \times 2^1 + y_0 \times 2^0)$$
$$= (y_{30} - y_{31}) \times 2^{31} + (y_{29} - y_{30}) \times 2^{30} + \cdots + (y_0 - y_1)$$
$$\times 2^1 + (y_{-1} - y_0) \times 2^0$$

其中y_{-1}为0。Booth变换把补码乘法每一位的部分积统一成相同的形式,通过每次扫描乘数的2位来确定乘积项。部分积的产生规则如表9.3所示。该方法称为1位Booth算法。

表 9.3 一位Booth算法部分积产生规则

y_i	y_{i-1}	操作	y_i	y_{i-1}	操作	y_i	y_{i-1}	操作	y_i	y_{i-1}	操作
0	0	+0	0	1	$+[X]_补$	1	0	$-[X]_补$	1	1	+0

图9.14给出了采用一位Booth算法对2个4位数相乘的例子。形成部分积时每次看两位乘数决定部分积的值。

```
       1011×1011(-5×-5)              1011×0101(-5×5)
            1011                          1011
           ×1011                         ×0101
       -1111011(10)                  -1111011(10)
       +000000(11)                   +111011(01)
       +11011(01)                    -11011(10)
       -1011(10)                     +1011(01)
       +0000101                      +0000101
       +000000                       +111011
       +11011                        +00101
       +0101                         +1011
       0011001(25)                   1100111(-25)
```

图 9.14 Booth 一位补码乘法的例子

采用上述算法，32 位数相乘需要进行 31 次加法，其延迟和硬件的开销都很大。Booth 夫妇继续分析补码乘法的表达式后提出了优化的两位一乘的 Booth 算法：

$$(-y_{31} \times 2^{31} + y_{30} \times 2^{30} + \cdots + y_1 \times 2^1 + y_0 \times 2^0)$$
$$= (y_{29} + y_{30} - 2 \times y_{31}) \times 2^{30} + (y_{27} + y_{28} - 2 \times y_{29}) \times 2^{28} + \cdots$$
$$+ (y_1 + y_2 - 2 \times y_3) \times 2^2 + (y_{-1} + y_0 - 2 \times y_1) \times 2^0$$

通过上式，可以每次扫描乘数的 3 位来确定乘积项，乘积项减少了一半。N 位乘法形成的乘积项为 (N/2) 项，32 位的乘法只需 15 次加法。这就是著名的 2 位 Booth 算法，现代处理器大量采用该算法，龙芯处理器也采用了 2 位 Booth 算法。2 位 Booth 算法的部分积产生规则如表 9.4 所示。

表 9.4 2 位 Booth 算法部分积产生规则

y_{i+1}	y_i	y_{i-1}	操作	y_{i+1}	y_i	y_{i-1}	操作	y_{i+1}	y_i	y_{i-1}	操作
0	0	0	+0	0	1	1	$+2[X]_补$	1	1	0	$-[X]_补$
0	0	1	$+[X]_补$	1	0	0	$-2[X]_补$	1	1	1	0
0	1	0	$+[X]_补$	1	0	1	$-[X]_补$				

图 9.15 给出了采用 2 位 Booth 算法对两个 4 位数相乘的例子。形成部分积时每次看 3 位。对于 4 位数相乘，只形成 2 个部分积，也只需要做一次加法即可。

```
       1011×1011(-5×-5)              1011×0101(-5×5)
            1011                          1011
           ×1011                         ×0101
       -1111011(110)                 +1111011(010)
       -11011(101)                   +11011(010)
       +0000101                      1100111(-25)
       +00101
       0011001(25)
```

图 9.15 Booth 2 位补码乘法的例子

2. Booth 算法的实现

Booth 算法的核心是部分积的形成。图 9.16 给出了 2 位 Booth 算法的第 i 位输入选择逻辑。图 9.16(a) 的 4 个信号（$-X$、$+X$、$-2X$、$+2X$）是选择控制信号，是根据乘数 $[Y]_{补}$ 中的 3 位进行译码得出的，分别表示选择 $-[X]_{补}$、$+[X]_{补}$、$-2[X]_{补}$、$+2[X]_{补}$。具体到被乘数的第 i 位，则分别选择 $\sim x_i$、x_i、$\sim x_{i-1}$、x_{i-1}。其中，$2[X]_{补}$ 把 $[X]_{补}$ 左移一位，第 i 位是 x_{i-1}；$-[X]_{补}$ 是把 $[X]_{补}$ 按位取反后加 1，第 i 位是 $\sim x_i$，末位还要加 1。

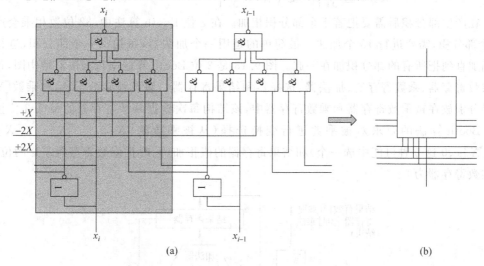

图 9.16 2 位 Booth 算法的 1 位输入选择逻辑

图 9.17 给出了 2 位 Booth 乘法的部分积产生逻辑。图中右上方的逻辑由若干位图 9.16 的 1 位选择逻辑组成，右上角的或门表示部分积为 $-[x]_{补}$ 或 $-2[x]_{补}$ 的情况下最

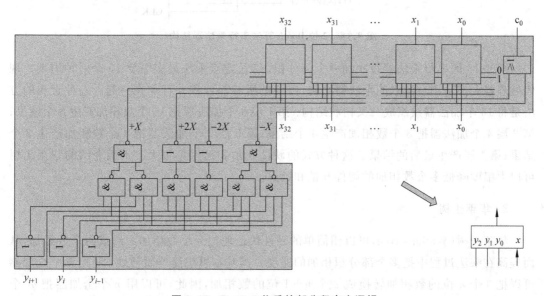

图 9.17 Booth 2 位乘的部分积产生逻辑

低位需要加1,左下方的逻辑根据2位Booth乘法的部分积选择表由y_{i+1}、y_i、y_{i-1}形成控制信号$+X$、$+2X$、$-2X$和$-X$,分别选择$+[X]_\text{补}$、$+2[X]_\text{补}$、$-2[X]_\text{补}$、$-[X]_\text{补}$。根据2位Booth乘法的部分积选择表,$+X$、$+2X$、$-2X$和$-X$的逻辑表达式如下:

$$+X = \sim y_{i+1} \& y_i \& \sim y_{i-1} \mid \sim y_{i+1} \& \sim y_i \& y_{i-1}$$

$$-X = y_{i+1} \& y_i \& \sim y_{i-1} \mid y_{i+1} \& \sim y_i \& y_{i-1}$$

$$+2X = \sim y_{i+1} \& y_i \& y_{i-1}$$

$$-2X = y_{i+1} \& \sim y_i \& \sim y_{i-1}$$

在产生部分积后需要把若干个部分积相加。在2位Booth算法中,32位数相乘会产生16个部分积,需要进行15个加法。最简单的是用一个加法器,每拍加一个部分积,进行循环相加直到把所有的部分积加在一起。图9.18是2位Booth算法串行乘法器结构图,包括被乘数寄存器、乘数寄存器、加法器、选择器和结果寄存器。假设被乘数$[X]_\text{补}$和乘数$[Y]_\text{补}$已经分别放在被乘数寄存器和乘数寄存器中,该结构每次根据乘数寄存器的最低3位按照2位Booth算法的要求对被乘数进行变换选择(从被乘数的$[X]_\text{补}$、$-[X]_\text{补}$、$2[X]_\text{补}$、$-2[X]_\text{补}$、0这5种可能中选一个)和结果寄存器的值相加,同时把乘数寄存器左移两位,直到乘数寄存器为0。

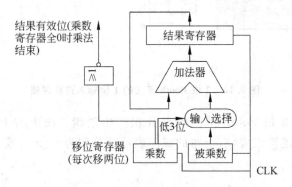

图9.18 2位Booth算法串行乘法器结构

图9.18的串行乘法器每次加一个部分积,32位定点乘法最多需要15个时钟周期。现代处理器大都采用全流水的乘法器结构,需要把所有部分积并行加在一起。一种直观的方法是将15个加法器组织成二叉树状结构:第1层8个加法器把16个数相加产生8个结果;第2层4个加法器把8个数相加产生4个结果;第3层2个加法器把4个数相加产生2个结果;第4层产生最后的结果。这种方式的硬件开销和延迟都很大。下面介绍的华莱士树可以大幅度降低多个数相加的硬件开销和延迟。

3. 华莱士树

华莱士树(Wallace tree)可以用简单的硬件快速地把n个数相加归约成两个数相加,从而提高在乘法过程中把多个部分积相加的速度。其基本思想简单而巧妙:利用n个全加器可以把3个n位的数相加转换成2个$n+1$位的数相加,因此,可以用n个全加器把m个n位的数相加转换成$2m/3$个$n+1$位的数相加,再用一层全加器转换成$4m/9$个数相加,直到转换成 2 个数,最后用加法器把这 2 个数相加。图 9.19 给出了全加器的逻辑及符号表示,图 9.20 示意了用全加器把 3 个 2 位 Booth 乘法的 32 位部分积通过一级全加器转换成 2 个数相加的原理。

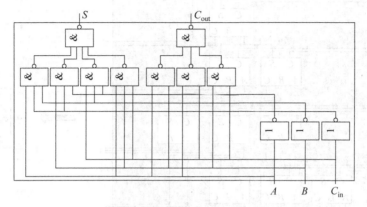

图 9.19　全加器逻辑图及示意图

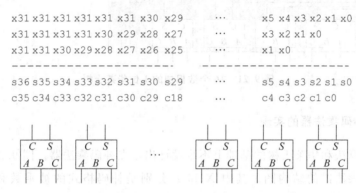

图 9.20　用一级全加器把 3 个 2 位 Booth 乘法的部分积转换成 2 个

图 9.21 是把 16 个数相加的 1 位华莱士树。从下往上,第 1 层用 5 个全加器把 16 个数相加转换成 11 个数相加,第 2 层用 3 个全加器把 11 个数相加转换成 8 个数相加,第 3 层用 2 个全加器和 1 个半加器把 8 个数相加转换成 6 个数相加,第 4 层用 2 个全加器把 6 个数相加转换成 4 个数相加,第 5 层用 1 个全加器把 4 个数相加转换成 3 个数相加,第 6 层用 1 个全加器把 3 个数相加转换成 2 个数相加,在此基础上,可以用一个加法器把最后 2 个数相加成 1 个数。从图 9.21 中可以看出,通过华莱士树可以用 6 级全加器即 12 级门的延迟把 16 个数相加转换成两个数相加。

需要指出的是,在华莱士树中,每一级全加器生成本地和以及向高位的进位,因此在每一级华莱士树生成的结果中,凡是由全加器的进位生成的部分连接到下一级时要连接到下一级的高位。华莱士树的精髓所在:通过连线实现进位传递,从而避免了复杂的进位传递逻辑。图 9.21 中,右边的连线表示低位的进位输入,左边的连线表示向高位的进位输出。很多教科书上画的华莱士树都没有明确进位关系,只是画出树的级数,这一点要注意。

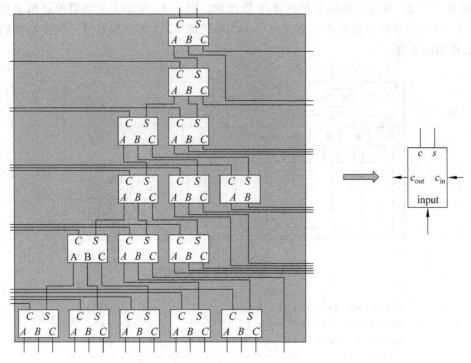

图 9.21 16 个数相加的 1 位华莱士树

4. 32 位补码乘法器的实现

在 Booth 算法和华莱士树的基础上不难设计出定点补码乘法器。图 9.22 是 32×32 两位 Booth 补码乘法器的结构图。其中 X 和 Y 分别是补码格式的被乘数和乘数，图中有 16 个部分积产生逻辑（每个如图 9.17 所示）生成 16 个部分积，把 16 个部分积都扩充到 64 位并用 64 位华莱士树（每位如图 9.21 所示）压缩成两个数，最后通过一个 64 位加法器把两个数相加即得到乘积。

值得注意的是，图 9.17 的逻辑产生部分积时，$-[x]_补$ 只对 $[x]_补$ 进行了取反，$-2[x]_补$ 只对 $2[x]_补$ 进行了取反，都没有进行末位加 1，因此需要将每个部分积的"末位加 1"信号（见图 9.17 右上角的或门生成的 c_0 信号）连接到华莱士树以及加法器的最低位进位中。在图 9.22 的乘法器中有 16 个部分积因此就有 16 个"末位加 1"的信号，可以把这 16 个信号中的 14 个连接到华莱士树第 0 位加法树的进位输入（从图 9.21 右边连接的低位进位共有 14 个），把剩下两个连接到加法器的进位输入端以及其中一个输入端的最低位。华莱士树形成的最后两个数据中有一个是通过华莱士树最后一级全加器的进位端形成的，需要左移一位与另外一个数相加，左移后空出来一个最低位可以用于连接部分积的"末位加 1"信号。图 9.22 中的"?"标志是连接 16 个"末位加 1"信号的地方。

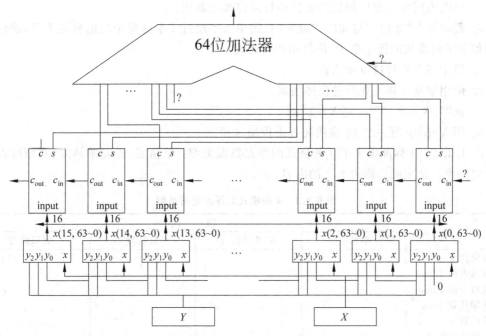

图 9.22 32×32 补码乘法器框图

9.4 本章小结

本章以定点补码加法器和乘法器为例介绍计算机体系结构中算术算法的原理、结构和设计。定点加法的重点是进位链的设计,定点减法可以通过定点加法实现。补码乘法的重点是补码乘法的原理、2 位 Booth 乘法以及华莱士树。

如果需要进一步了解算术算法,包括浮点加法和乘法的实现、除法和开方的实现等可以参考相关文献。

习题

1. 有两个 32 位的二进制数 1000 1111 1110 1111 1100 0000 0000 0000 和 0000 0000 0000 0000 0000 0000 0000 0000,请分别说出在下列情况下上述两个数的含义:

① 补码;
② 无符号数;
③ 单精度浮点数;
④ 一条 MIPS 指令。

2. 假设每个"非门""与非门""或非门"的扇入不超过 4 个且每个门的延迟为 T,请给出使用如下不同算法的 16 位加法器的延迟。

① 串行进位加法器;
② 先行进位加法器;

③ 说明为何先行进位加法器能比串行进位加法器快。

3. 假设每个"非门""与非门""或非门"的扇入不超过 4 个且每个门的延迟为 T,请给出使用如下不同算法的把 4 个 16 位数相加的延迟。

① 使用多个先行进位加法器;

② 使用华莱士树及先行进位加法器。

4. 证明 $[X]_{补}+[Y]_{补}=[X+Y]_{补}$。

5. 用 Verilog 写一个 16 位的先行进位加法器。

6. IEEE 754 标准定义了 4 种格式的浮点数据类型:单精度、扩展单精度、双精度以及扩展双精度。请完成如附表 9.1 的内容。

附表 9.1 4 种格式的浮点数据类型

参数	格式			
	单精度	扩展单精度	双精度	扩展双精度
尾数位宽 P				
指数最大值 Emax				
指数最小值 Emin				
指数偏移量 Bias				
指数位数				
浮点格式宽度				

7. 图 9.5 是包括块间进位生成因子和进位传递因子的 4 位进位逻辑模块,用该逻辑模块组建 64 位先行进位加法器的进位逻辑,并证明其正确性。

8. 采用 Booth 编码和 Wallace 树的乘法器经常需要累加 $[-X]_{补}$ 和 $[-2X]_{补}$。而 $[-X]_{补}$ 和 $[-2X]_{补}$ 涉及取反加 1 的操作。请问如何设计乘法器以避免单独加这些 1?

9. *IEEE 754 标准定义了 4 种舍入方式。请分别简要介绍这 4 种舍入方式。

10. *用 Verilog 写一个 8 位的补码乘法器,要求采用 2 位 1 乘的 Booth 算法,采用先行进位加法器。

第 10 章 高速缓存

冯·诺依曼结构中一个永恒的主题是怎样给处理器提供稳定的指令和数据流,喂饱"饥饿"的 CPU。因此,转移猜测技术和高速缓存(cache)技术是计算机系统结构持续的研究热点,前者给处理器提供稳定的指令流,后者给处理器提供稳定的数据流。事实上,即使经过了几十年的研究,也就是给 CPU"喂了个半饱"。例如在 4 发射结构中,平均 IPC(每拍执行的指令数)能够达到 2 就相当不错了。

本章首先介绍存储层次的概念,然后介绍 cache 的基本概念、性能和优化技术,最后介绍一些常见处理器的存储层次。

10.1 存储层次

根据摩尔定律,集成电路中可利用的晶体管数目每 18 个月翻一番。特别是在 20 世纪后 20 年,CPU 的频率也基本实现了每 18 个月翻一番(21 世纪以来频率增长的速度变慢了),但是内存的速度一直都没怎么提高。图 10.1 中的曲线描述了 20 世纪后 20 年 CPU 速度和内存速度之间的"剪刀差"。为何称之为"剪刀差"?因为随着时间的推移,这个差越来越大,就像剪刀的口子一样越张越大。即使现在发展到多核时代,CPU 的频率不怎么提高了,这个剪刀差还在扩大。这是因为虽然 CPU 频率不怎么提高了,但是片内处理器核的数目提高了,对内存带宽的要求也就越来越高。

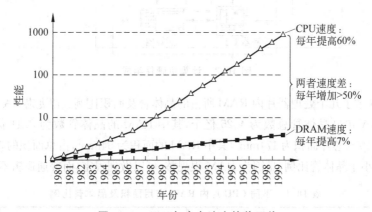

图 10.1 CPU 与内存速度的剪刀差

CPU 和内存的速度差距造就了存储层次,模糊了 CPU 和内存的界限,使得 CPU 的内容发生了变化。在传统的冯·诺依曼结构中,数据跟指令在内存,CPU 只负责处理,就像仓库跟工厂是分开的一样。工厂生产任何东西都要从仓库拿材料,加工完之后还得放回仓库去。摩尔定律的发展使得这个仓库越做越大,工厂生产能力越来越强,"拿"和"放"的距离越来越远。为了让工厂生产不受工厂和仓库之间运输能力的限制,就只能在工厂里面做一个小仓库,也就是在 CPU 里面加上高速缓存。

以 Alpha 处理器为例。第一代 Alpha 处理器主频为 200MHz(时钟周期为 5ns),访问内存延迟 340ns 即 68 个时钟周期;第二代 Alpha 主频为 300MHz(时钟周期 3.3ns),访问内存延迟 266ns 即 80 个时钟周期;第三代 Alpha 主频为 600MHz(时钟周期 1.67ns),访问内存需要 180ns 即 108 个时钟周期。当前较快的 DDR2/DDR3 内存访问延迟为 50 纳秒左右,但当今处理器的主频都 4GHz 了(时钟周期 0.25ns),IBM 的主频记录是 6GHz,访问一次内存需要 200 拍以上。上述数据还没有算上由于 CPU 的结构改进而引起的处理能力的提高。例如,在 20 世纪最后 20 年,处理器由单发射发展到 4~6 发射;在 21 世纪的头 10 年,CPU 片内处理器核的个数从单核到 8 核。因此,现代处理器都设计了多个层次的片内大容量的 cache 来掩藏访存延迟。处理器从内存中取数据和指令都要经过 cache,多数访问直接在 cache 完成。由于处理器访问存储器的延迟(时钟周期数)越来越大,导致 cache 也越做越长,cache 占 CPU 中的晶体管数达到 60%~80%。大家都知道计算机是由 5 个部分组成的:运算器、控制器、存储器、输入和输出设备,如图 10.2 所示。其中运算器和控制器合称中央处理器(Central Processing Unit,CPU)。为了缓和访存的瓶颈,已经把部分存储器的映像做在片内,所以现在的 CPU 是运算器+控制器+部分存储器映像。

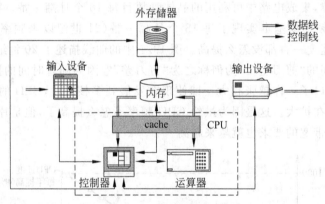

图 10.2　计算机硬件组成

表 10.1 列举了几个处理器片内 RAM 所占的晶体管及面积比例。以龙芯 3A 1000 四核处理器为例,龙芯 3A 1000 晶体管总数为 4.25 亿个,其中 RAM 的晶体管数为 3.41 亿个,占总数的 80%;龙芯 3A 1000 芯片面积为 174mm²,其中 RAM 的面积为 54mm²,占总面积的 31%。RAM 所占的面积比例小于晶体管比例,是因为 RAM 很规整,可以做到很密,而普通逻辑不行。

表 10.1　不同 CPU 片内 RAM 占用面积及晶体管比例

CPU 名称	用于片内 RAM 面积	用于片内 RAM 晶体管	CPU 名称	用于片内 RAM 面积	用于片内 RAM 晶体管
Alpha 21164	37%	77%	Pentium Pro	64%	88%
StrongArm SA110	61%	94%	龙芯 3A 1000	31%	80%

计算机中的存储材料有个规律：容量大的速度慢；容量小的速度快。而且相同容量下，速度越快的价格越贵。计算机运行的程序也有个规律，就是程序访问有局部性，包括时间局部性和空间局部性。时间局部性指的是一个数据被访问后近期很有可能再被访问，空间局部性指一个数据被访问后与之相邻的数据也很有可能被访问。上述两个规律是计算机存储层次的理论基础。

表 10.2 给出了计算机的存储层次，分为寄存器级、cache 级、存储器级和 I/O 设备级。I/O 设备级的调度单位是文件，是由人工操作的。存储器级以页为调度单位，由操作系统负责调度。cache 这一级以块为单位，由硬件自动调度。寄存器级以字为单位，也是由硬件调度。一般寄存器容量在 KB 量级，cache 容量在 MB 量级，存储器容量在 GB 量级，I/O 设备容量在 100GB～TB 量级。容量越小的速度越快，越大的速度越慢。越快的调度单位越小，越慢的调度单位越大。

表 10.2 存储层次

存储层次	大 小	访问时间	数据调度	调度单位	实现技术
寄存器	小于 1KB	0.25～0.5ns	编译器	字	CMOS 寄存器堆
cache	小于 16MB	0.5～25ns	硬件	块	CMOS SRAM
存储器	小于 16GB	80～250ns	操作系统	页	CMOS DRAM
I/O 设备	大于 100GB	5ms	人工	文件	磁盘

从应用和软件角度来看，计算机中只有 3 个存储空间：寄存器空间、内存空间和 I/O 空间，I/O 空间有时候被映射到内存空间。cache 是微体系结构的概念，是内存的映像，其内容是内存内容的子集；cache 没有程序上的意义，或者说是没有功能上的意义，它只是为了减少内存的访问而存在；cache 没有独立的编址空间，对编程是透明的，处理器访问 cache 和访问存储器使用相同的地址。这跟寄存器不一样，寄存器有一个独立的编址空间，例如 MIPS 中寄存器地址为 5 位，共 32 个寄存器。

10.2 cache 结构

cache 没有独立的编程空间，是内存的一个子集。因为它是子集，任一时刻只能存储一部分内存的内容，所以一个 cache 单元可能在不同时刻存储不同内存单元。这就需要一种机制来区分某个 cache 单元当前存储的是哪个内存单元的内容。所以，cache 的每一个单元既要存储数据，又要存储该数据的内存地址和在 cache 中的状态。相比较而言，存储器只需要存储数据，用地址就可以直接索引内存单元。为 cache 中每一个字节都记录其地址效率太低，因此 cache 存储的数据以 cache 块为单位，一般为 32 或 64 字节等；每个 cache 块都要在 cache 中保存它的地址，就是所谓的 cache 标签（Tag）；此外还要为每个 cache 块记录状态（state），包括该块是否有效，有没有被改写等。cache 的结构原理如图 10.3 所示。

处理器访问 cache 时，除了用其中的某些位进行索引外，还要用访问地址与 cache 中的 Tag 相比较。如果命中，则直接访问 cache；如果不命中，则说明数据不在 cache 中，而是在内存，因此要考虑数据不在 cache 中的情况，这就是后面要讲的替换机制和写回机制。

关于 cache 的特点和分类，可以从 3 个方面来描述。

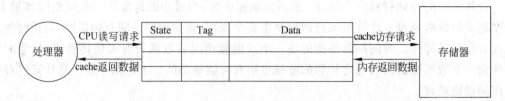

图 10.3 cache 原理

第一个方面是 cache 块的位置,就是把一个块放在 cache 中的时候放在什么地方;内存中的数据是按顺序摆放的,在 cache 中按顺序摆不下怎么办?多个数据要映射到同一个地方怎么办?1GB 的内存空间要映射到 1MB 的空间,怎么映射过去?这些问题的解决造就了 cache 的 3 种分类:直接相联、全相联和组相联。

第二个方面是 cache 跟内存的数据关系,就是写策略,包括写直达(Write Through)和写回(Write Back)两种。处理器写 cache 时,要不要同时写入内存?写直达就是处理器写 cache 的同时写回内存;写回就是处理器写 cache 时不用写回内存,被替换时再写回内存。

第三个方面是 cache 的替换机制,可以分为随机替换、先进先出(First In First Out, FIFO)替换和最近最少使用(Least Recent Use, LRU)替换等。cache 放满了,新的数据还要进来,就要找一个旧的数据替换出去,给新数据腾地方。就像我们在教室里上课,人坐满了,这时候又来了一个人,必须出去一个人,谁出去?抓阄,就是随机替换;来得最早的出去,叫做 FIFO;最不好好听课的人出去,就是 LRU。

直接相联、全相联和组相联的内存和 cache 映射关系原理如图 10.4 所示。内存和 cache 都分为大小一样的块,假设内存有 32 项,cache 只有 8 项。下面来看看内存的每一项内容是怎么放到 cache 中的。在直接相联方式中,每项内存单元只能映射到 cache 的一个位

图 10.4 直接相联、全相联、组相联映射

置,假设要把内存的 12 号单元放到 cache 中,因为 cache 只有 8 个单元,12 除以 8 余数为 4,12 号单元就只能放在 4 号单元,别的地方都不能放;4,12,20,28 号都映射到这个单元,如果冲突了怎么办?那只有替换。这就是直接相联,硬件简单但效率低,如图 10.4(a)所示。在全相联结构中,每个内存块都可以放到任何一个 cache 行中,4 号、12 号、20 号、28 号同时进来都放得下。全相联硬件复杂但效率高,如图 10.4(b)所示。组相联是直接相联和全相联的折中。以二路组相联为例,0、2、4、6 号一路,1、3、5、7 号一路,每路 4 个 cache 块;12 除以 4 余数为 0,既可以把 12 号单元放在 0 路的 0 号单元,也可以放在 1 路的 0 号单元(即 1 号单元),如图 10.4(c)所示。

全相联、直接相联和组相联 cache 的结构如图 10.5 所示。从图 10.5 中可以看出,访问 cache 时,访问地址可分为 3 个部分:偏移量 Offset、索引 Index 和标签 Tag。Offset 是块内地址,在地址的低几位,因为 cache 块一般比较大,如每个 cache 块 32 字节或 64 字节,以 32 个字节为例,读 cache 时把 32 个字节即 256 位作为一组一起都读出来,用 Offset 在 32 字节中选择本次访问需要的字或双字等。Index 用来索引 cache,访问时用 Index 作为访问 cache 的地址。地址的高位是访问 cache 的 Tag,由于 cache 的大小有限,每个 cache 行可能

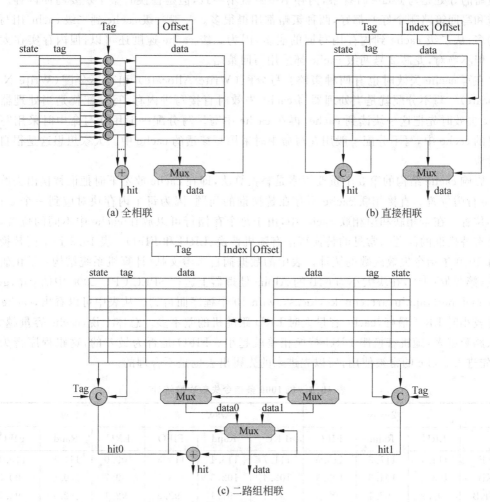

图 10.5 全相联、直接相联、组相联 cache 结构

对应内存中的若干个存储块,cache 中的每一行都要用 tag 来标识当前存的是哪个存储块,访问时用地址中的 Tag 跟 cache 存的 tag 进行比较,如果相等就给出命中信号 hit。在全相联结构中,Index 位数为 0,地址的 Tag 要跟每个 cache 行的 tag 进行比较,所以全相联硬件复杂,延迟长,但命中率高;在直接相联结构中,地址的 Tag 只和一个 cache 行的 tag 比较,硬件简单,但访问冲突比较频繁;在组相联结构中,Tag 和每一组中读出的 cache 行的 tag 进行比较,复杂度居中,一般访问冲突也不严重,因此用得较多。注意,Offset 位数只和 cache 块大小相关,但 Tag 和 Index 位数则和相联度相关。例如在 32 位处理器中,如果 cache 大小为 64KB,块大小为 32 字节,则 Offset 为 5 位,共有 2048 个 cache 块;全相联的 cache 结构 Index 为 0 位,Tag 为 27 位;直接相联结构 Index 为 11 位,Tag 为 16 位;二路组相联结构 Index 为 10 位,Tag 为 17 位;4 路组相联结构 Index 为 9 位,Tag 为 18 位。

  cache 的写策略也对 cache 组织有较大影响。cache 写策略分别需要考虑写命中和写失效时的策略。在写命中时,有写穿透(Write-Through)和写回(Write-Back)两种策略。写穿透策略指的是处理器在写 cache 的同时写内存;写回策略指的是处理器只写 cache 不写内存。写穿透策略的好处是内存里的数据永远是最新的,cache 替换时直接扔掉就行了。写回策略的好处是写 cache 时省事,内存不一致就不一致,但是替换时整个块要写回内存。写穿透和写回策略哪个好?都好,两种策略都用得很多。一般一级 cache 到二级 cache 用写穿透的多,从二级 cache 到内存用写回的居多,因为二级 cache 速度还可以,但内存实在太慢了。但不绝对,龙芯 2 号两级 cache 都采用写回策略。

  在写 cache 失效时也有两种策略:写分配(Write Allocate)和写不分配(Write Non-Allocate)。写不分配就是当处理器写 cache 失效时直接写进内存,写分配就是当处理器写 cache 失效时先把这一块读到 cache,再在 cache 中写。写分配一般用在写命中时采用写回策略的 cache 中,写不分配一般用在写命中时采用写穿透的 cache 中。大家想想这是很自然的对应。

  影响 cache 结构的第 3 个重要因素是替换算法,即在 cache 放不下时把谁替换出去给新 cache 行腾位置。直接相联 cache 不存在替换谁的问题,因为每个内存块对应到一个 cache 行的位置。在全相联和组相联 cache 中,由于每个存储行可以放在 cache 中不同的位置,因此就有替换谁的问题。常见的替换算法有随机替换、LRU 和 FIFO。表 10.3 是不同替换算法每 1000 条指令失效次数的统计。表中的数据摘自参考文献《计算机系统结构:量化研究方法(第 3 版)》[10],在块大小为 64B 的 Alpha 处理器上运行 SPEC CPU 2000 中的 gap,gcc,gzip,mcf,perl,applu,art,equake,lucas,swim 10 个程序而得到。从表中可以看出,cache 容量比较小时 LRU 最好,cache 容量大时 LRU 跟随机的差不多。总体上说,cache 容量越大,相联路数越多,随机替换跟 LRU 替换相差就越小。FIFO 是否为最差的,这跟程序行为相关,先进入 cache 的常被使用,所以先进来的先踢出去也是不合理的。

表 10.3 每 1000 条指令失效次数统计

	2-way			4-way			8-way		
	LRU	Rand	FIFO	LRU	Rand	FIFO	LRU	Rand	FIFO
16KB	114.1	117.3	115.5	111.7	115.1	113.3	109.0	111.8	110.4
64KB	103.4	104.3	103.9	102.4	102.3	103.1	99.7	100.5	100.3
256KB	92.2	92.1	92.5	92.1	92.1	92.5	92.1	92.1	92.5

总结一下本节内容。cache是存储器的一个子集,处理器访问cache和主存时使用同一个地址,因此cache没有功能上的意义,主要是降低访存延迟。cache结构的特点是同时存储数据和地址。内存到cache的映射方式有全相联、直接相联和组相联3种结构。写策略和替换策略对cache结构也有重要影响。

10.3 cache性能和优化

CPU中花了大量的面积和功耗代价来设计cache就是为了提高性能。cache对CPU性能的影响可以参考下面这个公式:

$$CPUtime = IC \times (AluOps/Inst \times CPI_{AluOps} + (MemOps/Inst) \times AMAT) \times CycleTime$$

衡量CPU性能的唯一标准是运行程序需要多少时间。CPU时间 = IC × CPI × CycleTime,其中,IC是程序中指令的条数,CPI是CPU执行每条指令需要的平均周期数,CycleTime是CPU的时钟周期。主频越高每个时钟周期的时间CycleTime就越短,算法越优秀程序里的指令数IC就越少。在IC和CycleTime确定的情况下,CPI决定CPU的性能。为了研究存储系统的性能,可以把CPI分解为执行运算指令的CPI(CPI_{AluOps})和执行访存指令的CPI两部分。访存指令的CPI又称为平均存储访问时间(Average Memory Access Time,AMAT)。由于访存指令的延迟容易引起后续指令的阻塞,常用AMAT来综合表征CPU中存储子系统的性能。在有cache的CPU中,AMAT又可以表示为:

$$AMAT = HitTime + MissRate \times MissPenalty$$
$$= (HitTime_{inst} + MissRate_{inst} \times MissPenalty_{inst})$$
$$+ (HitTime_{data} + MissRate_{data} \times MissPenalty_{data})$$

其中,HitTime是cache命中时的访问时间,MissRate是cache访问的失效率,MissPenalty是cache失效时的额外访问延迟。

访存性能对CPU性能的影响很大,因此cache性能优化永远是计算机系统结构研究的热点。近几十年来,关于cache性能优化的论文可谓汗牛充栋,不知道成就了多少教授,毕业了多少博士。虽然其中大多数工作属于纸上谈兵,"工作在纸上(Work on Paper)",但也有一些研究能够真正在处理器中实现、"工作在硅上(Work on Silicon)"。这些方法大致可以归纳为降低失效率、降低失效开销、减少命中时间以及提高cache访问效率4个方面。其中,降低失效率的方法包括增加块大小、增加cache容量、增加相联数目、路预测、软件优化等;降低失效开销的方法包括多级cache、关键字优先、读失效优先、写合并、Victim cache等;减少命中时间的方法包括小而简单的cache、并行访问cache与TLB、增加cache访问流水级等;提高cache访问效率的方法包括非阻塞cache、硬件预取、软件预取等。

1. 降低失效率

降低cache访问失效率,首先要看引起cache失效的主要因素。引起cache失效的主要原因包括冷失效(Cold Miss或Compulsory Miss)、容量失效(Capacity Miss)和冲突失效(Conflict Miss)。冷失效是CPU第一次访问相应cache块时cache中还没有该cache块引起的失效,冷失效是不可避免的,即使cache容量再大也会有;容量失效是由于cache容量有限引起的失效,有限的 cache 容量导致 cache 放不下时就要替换出部分 cache 块,被替换的 cache 块再被访问时又一次引起失效,叫做容量失效;冲突失效是指在直接相联或组相联的 cache 中,不同的 cache 块由于 index 相同而引起的冲突。这些失效都是英文字母 C 开头的,因此叫 3C 失效。此外,在共享存储系统中还存在由于维护 cache 一致性引起的失效,称为一致性失效(Coherence Miss)。加起来就是 4C 失效。

表 10.4 给出在不同 cache 大小、不同相联度情况下冷失效、容量失效以及冲突失效的失效率。表中的数据摘自参考文献《计算机系统结构:量化研究方法(第 3 版)》[10],是在块大小为 64B 的 Alpha 处理器上运行 SPEC CPU 2000 中的 gap,gcc,gzip,mcf,perl,applu,art,equake,lucas,swim 10 个程序得到的。

表 10.4 cache 失效相关因素

大小(KB)	相联度	失效率	冷失效	容量失效	冲突失效	冷失效百分比	容量失效百分比	冲突失效百分比
4	1-way	0.098	0.0001	0.070	0.027	0.1%	72%	28%
4	2-way	0.076	0.0001	0.070	0.005	0.1%	93%	7%
4	4-way	0.071	0.0001	0.070	0.001	0.1%	99%	1%
4	8-way	0.071	0.0001	0.070	0.000	0.1%	100%	0%
8	1-way	0.068	0.0001	0.044	0.024	0.1%	65%	35%
8	2-way	0.049	0.0001	0.044	0.005	0.1%	90%	10%
8	4-way	0.044	0.0001	0.044	0.000	0.1%	99%	1%
8	8-way	0.044	0.0001	0.044	0.000	0.1%	100%	0%
16	1-way	0.049	0.0001	0.040	0.009	0.1%	82%	17%
16	2-way	0.041	0.0001	0.040	0.001	0.2%	98%	2%
16	4-way	0.041	0.0001	0.040	0.000	0.2%	99%	0%
16	8-way	0.041	0.0001	0.040	0.000	0.2%	100%	0%
32	1-way	0.042	0.0001	0.037	0.005	0.2%	89%	11%
32	2-way	0.038	0.0001	0.037	0.000	0.2%	99%	0%
32	4-way	0.037	0.0001	0.037	0.000	0.2%	100%	0%
32	8-way	0.037	0.0001	0.037	0.000	0.2%	100%	0%
64	1-way	0.037	0.0001	0.028	0.008	0.2%	77%	23%
64	2-way	0.031	0.0001	0.028	0.003	0.2%	91%	9%
64	4-way	0.030	0.0001	0.028	0.001	0.2%	95%	4%
64	8-way	0.029	0.0001	0.028	0.001	0.2%	97%	2%
128	1-way	0.021	0.0001	0.019	0.002	0.3%	91%	8%
128	2-way	0.019	0.0001	0.019	0.000	0.3%	100%	0%
128	4-way	0.019	0.0001	0.019	0.000	0.3%	100%	0%
128	8-way	0.019	0.0001	0.019	0.000	0.3%	100%	0%
256	1-way	0.013	0.0001	0.012	0.001	0.5%	94%	6%
256	2-way	0.012	0.0001	0.012	0.000	0.5%	99%	0%
256	4-way	0.012	0.0001	0.012	0.000	0.5%	99%	0%
256	8-way	0.012	0.0001	0.012	0.000	0.5%	99%	0%

从表 10.4 中可以看出:冷失效占总失效的比例很小;容量失效占的比例最大,容量大于 64KB 后主要失效都是容量失效。除了直接相联和二路组相联以外,冲突失效占的比例

很小,四路以后增加组相联路数的意义不大,而且随着 cache 容量的增大,直接相联和二路组相联中出现冲突失效的比例也降低。另外还可以看到一个比较有意思的规律,就是 1/2 规律:在 cache 容量小于 128KB 的情况下,直接相联的失效率跟 cache 容量减半后二路组相联的失效率差不多。

降低 cache 失效率最简单直接的办法是增大 cache 容量。不管是全相联、组相联,还是直接相联的 cache,增加 cache 容量都能提高 cache 访问命中率。但增加 cache 容量必然增加芯片面积。现代处理器中的 cache 面积已经很大,有些处理器中的 cache 已经占了 80% 以上的面积。在现代处理器中,cache 做多大是见仁见智的问题。另外,cache 越大访问 cache 的延迟就越长,结果会导致主频降低或者访问拍数增加。例如,Intel 的 Pentium Ⅲ 处理器一级 cache 为 16KB,Pentium 4 为了提高主频把一级 cache 的大小减少为 8KB,但 Pentium 4 的二级 cache 访问延迟只有 7 拍,而一般处理器的二级 cache 访问延迟要十几拍,为了提高频率,Pentium 4 的一级 cache 只让定点用,浮点不经过一级 cache 可直接访问二级 cache。HP 公司的 PA 8000 系列处理器走的是另外一个极端。其一级 cache 容量就有 1MB~1.5MB,HP 的工程师坚信只要一级 cache 做得大,访问拍数多一点没有关系,也不用二级 cache。到目前为止,PA 8000 系列一直保持着一级 cache 最大的纪录。在指令 cache 和数据 cache 的大小组合方面,Alpha 21264 的指令和数据 cache 都是 64KB;MIPS R10000 的指令和数据 cache 都是 32KB;UltraSparc Ⅲ 的指令 cache 为 32KB,数据 cache 为 64KB;Power 4 的指令 cache 为 64KB,数据 cache 为 32KB。各种组合都有。这些设计反映出设计人员的不同取舍,都是对的,都是根据自己对应用的分析和结合自己的结构特点做出的正确设计,这就是结构设计的魅力所在。

选择合适的 cache 块大小也可以提高 cache 命中率。增加 cache 块大小可以利用处理器访问内存的空间局部性,每次 cache 失效都多取一些,起到了预取的作用,处理器下一次访问块内数据时就不会再失效。例如,处理器每次访问 cache 一般不超过一个定点双字或浮点双精度的 8 字节,但 cache 块大小为 32 字节,由于程序访存的空间局部性,一旦某个 cache 块因某次访问而被取到 cache 中,块内的其他数据被访问的可能性就很高,因此增加 cache 块大小在某种程度上有预取的功能。但是 cache 块越大,相同容量的 cache 能放的块数就越少,尤其是如果程序访问的块内空间局部性不好,块内有些数据占了地方却没有被访问,就浪费了 cache 容量,在某种程度上增加了容量失效。图 10.6 给出了不同容量下不同 cache 块大小的性能比较结果。该结果摘自参考文献《计算机系统结构:量化研究方法(第

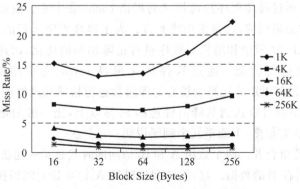

图 10.6 cache 块大小与失效率的关系

3版)》[10]，基于SPEC CPU 1992程序集和DECstation 5000工作站得出。从图10.6中可以看出，cache容量小时，块小一点合适；cache容量大时，块大一点合适。现代处理器常采用的cache块大小为32字节和64字节，也有128字节的。有时候二级cache块比一级cache块大一些。另外，指令访问的局部性好，因此指令cache可以用大一点的cache块。但在一个CPU中，指令cache和数据cache的块大小不一样会增加实现的复杂度。

增加相联度也能提高cache访问命中率。增加相联度可以降低冲突失效。相联度从1~2路，以及从2~4路均能明显提高命中率，再增加效果就没那么明显了，尤其是8路组相联的失效率已经跟全相联的相差很小了。但增加相联度会增加硬件复杂性，增加访问cache的延迟。在CPU的设计中，cache的访问一般都是关键路径。例如访问一级cache，除了读数据，还包括tag比较和选择，这个过程cache越大越慢，相联度越高也越慢。虽然从直接相联到2路、4路、8路组相联cache命中率肯定是提高的，但时钟周期会变长，主频降低。时钟周期对性能的影响最直接，不仅影响cache模块，而且影响整个CPU的频率。现代处理器一级cache相联度一般都在4路以内，而二级cache有8路，甚至更多组相联的，因为二级cache访问多1、2拍对性能影响也不大，相联度增加带来的命中率增加更值得。可见做处理器总是在不断地取舍。

前面说到直接相联主频高但命中率低，组相联命中率高但主频低。路预测(Way Prediction)是一种把直接相联和多路组相联结合起来的优化方法，在不少现代处理器中得到应用。例如，在4路组相联cache中，每次先访问其中的一路，如果命中就直接访问cache，不命中再访问其他3路。这样每次挨个访问，就不用那么多比较，时钟周期就会短一些。路预测的一个重要好处是功耗低，在多路组相联时，明明知道只有一路命中也要每次访问每一路的RAM，浪费了很多功耗，在路预测结构中，每次只读一路，命中了就不用访问剩余路的RAM。在路预测结构中，通常可以采用预测的方式确定第一次访问哪一路。例如，Alpha 21264给指令cache中的每个cache块增加一位以进行路猜测，命中率可以达到85%，路预测命中只需要1拍，不命中再一起访问其余3路需要3拍，如果再不命中就是cache失效了。MIPS R10000以及UltraSparc Ⅱ的二级cache中也用了路预测技术。尤其是二级cache在片外时可以通过路预测每次访问一路减少芯片引脚。这样的路预测技术又被称为伪相联技术。

软件优化是提高cache命中率的十分有效的手段。cache的基本原理是利用程序局部性，而软件优化可以通过提高程序局部性从而提高cache命中率。前面说过，cache是内存的一个子集，对软件是透明的，这是指功能而言。为了提高程序运行的速度，软件设计人员有时候需要针对cache的容量和结构对程序进行精雕细刻的优化，而这种优化有时候可以成倍甚至成十倍地提高性能。通过软件优化提高cache命中率的最典型的例子是LINPACK程序，通过对以矩阵运算为核心的库函数进行精雕细刻的优化，很多通用处理器运行LINPACK程序都可以达到其峰值性能的90%以上，比一般的矩阵运算程序高很多倍。软件优化的方法有很多，下面举几个例子说明。

第1个例子是数组合并。两个数组A和B，访问的时候总是一起访问的，存储的时候是先存完A的数据，再存B的数据。这样，访问的时候A[i]与B[i]隔得挺远的。为了增加访问的局部性，需要把A[i]与B[i]尽量放在一起，可以定义一个结构数组，每个数组元素都是包括一个 A 元素和一个 B 元素的结构,如图 10.7 所示。

/* 优化前:两个独立数组 */	/* 优化后:一个结构数组 */

int a[SIZE];
int b[SIZE];
	struct merge{
	    int a;
	    int b;
	};
	struct merge merged_array[SIZE];

图 10.7　通过数组合并提高访问局部性

第 2 个例子是循环交换。例如,C 语言定义的二维数组在内存中是先按行的次序再按列的次序存放,也就是说,二维数组中同一行的数据在内存中是挨着的,但同一列的数据在内存中是分散的。图 10.8 左边的程序先按列访问,再按行访问,局部性不好,cache 效率不高;把该程序的内外循环交换一下,先按行访问,再按列访问,就可以有效地提高 cache 命中率。

/* 优化前 */	/* 优化后 */

for(j=0;j<1000;j=j+1)
  for(i=0;i<5000;i=i+1)
    x[i][j]=2*x[i][j];
	for(i=0;i<5000;i=i+1)
	  for(j=0;j<1000;j=j+1)
	    x[i][j]=2*x[i][j];

图 10.8　通过循环交换提高访问局部性

第 3 个例子是循环合并。在图 10.9 左边的程序中,两个独立的循环都分别访问数组 a 和 c。由于数组很大,第 2 个循环访问的时候第 1 个循环取进 cache 中的数据已经被替换出去了,从而导致 cache 失效。可以把 2 个循环合并在一起,合并后每个数组元素在同一个循环体中被访问两次,增加了局部性。

/* 优化前 */	/* 优化后 */

for(i=0;i<N;i=i+1)
  for(j=0;j<N;j=j+1)
    a[i][j]=1/b[i][j]*c[i][j];
    for(i=0;i<N;i=i+1)
      for(j=0;j<N;j=j+1)
        d[i][j]=a[i][j]+c[i][j];
	for(i=0;i<N;i=i+1)
	  for(j=0;j<N;j=j+1){
	    a[i][j]=1/b[i][j]*c[i][j];
	    d[i][j]=a[i][j]+c[i][j];}
	}

图 10.9　通过循环合并提高访问局部性

第 4 个例子是分块访问。有些矩阵很大,按行访问或按列访问局部性都不好。例如两个 $N \times N$ 的大矩阵相乘,其算法如图 10.10 的左图所示。在该算法中,矩阵 y 按行访问,矩阵 z 按列访问。由于矩阵很大,在 cache 中放不下,在运算过程中有 $O(2N^3+N^2)$ 次 cache 失效。其中,访问 y 和 z 矩阵的 cache 失效次数为 $O(N^3)$,访问 x 矩阵的 cache 失效次数为 $O(N^2)$。为了降低 cache 失效率,采用分块的矩阵乘算法,块大小为 $B \times B$,如图 10.10 右图所示。由于在 cache 中放得下 $B \times B$ 的矩阵相乘,y 和 z 的元素每次取进 cache 中后可以复用 B 次,因此该算法的 cache 失效次数为 $O(2N^3/B+N^2)$。

```
/*优化前*/                          /*优化后*/
for(i=0;i<N;i=i+1)                  for(jj=0;jj<N;jj=jj+B)
 for(j=0;j<N;j=j+1){                 for(kk=0;kk<N;kk=kk+B)
   r=0;                                for(i=0;i<N;i=i+1)
   for(k=0;k<N;k=k+1){                  for(j=jj;j<min(jj+B-1,N);j=j+1){
     r=r+y[i][k]*z[k][j];                 r=0;
   }                                      for(k=kk;k<min(kk+B-1,N);k=k+1){
   x[i][j]=r;                               r=r+y[i][k]*z[k][j];
 };                                       }
                                          x[i][j]=x[i][j]+r;
                                        };
```

图 10.10　通过分块提高访问局部性

总之，虽然从功能上看不到 cache 的存在，但从性能上感觉得到它的存在。通过合并数组、循环交换、循环合并、分块访问等软件优化手段，可以大幅度地提高性能。

2. 降低失效延迟

cache 失效是难以避免的。如果失效延迟过长，即使在乱序执行的流水线中，cache 失效也容易引起流水线的堵塞。一方面指令提交是有序的，cache 失效的指令及其后面的指令都在重排序缓存(Reorder Buffer)中等待提交，容易导致重排序缓存堵塞；另一方面在取数指令把数据取回来之前，后面需要使用该数据的运算指令此时就不能被送到运算部件执行，也容易导致保留站堵塞。这就要求在 cache 失效的情况下降低失效开销。

降低失效开销的方法包括读优先、关键字优先、写合并、Victim cache、多级 cache 等。

(1) 读优先。读 cache 失效对指令流水线效率的影响比写失效大。在处理器中一般都有写缓存(Write Buffer)的机制，写指令只要把要写的数据写到写缓存就可以提交，再由写缓存写到 cache 或内存，写失效时由写缓存进行失效处理，不会堵塞流水线的其他部分。当然，写缓存的机制要求处理器每次读数据时检查一下所需要的数据是不是在写缓存中。读失效则不一样，一方面在数据读回来之前不能提交取数指令，另一方面与取数指令存在数据相关的后续指令要等待取数操作读回来的数据才能被送到功能部件中执行，可见读 cache 失效容易堵塞指令流水线。因此，在进行 cache 失效处理时，要优先处理读失效的访问以减少流水线的堵塞。

(2) 关键字优先。所谓关键字优先，就是在 cache 读失效的时候，不是按次序访问整个失效的 cache 块，而是优先访问读访问需要的那个字。例如，cache 块大小为 64 字节，分为 8 个 8 字节的双字，如果取数指令访问其中的第 6 个双字时引起 cache 失效，就按 6、7、0、1、2、3、4、5 的次序，而不是按 0、1、2、3、4、5、6、7 的次序访问内存。实现关键字优先只需要对访问地址进行简单变换。此外，在从内存取回失效的数据之后，往 cache 送的同时直接送回到寄存器也可以降低失效延迟。

(3) 写合并。写合并指的是把多个对同一个 cache 块的写失效，通过拼接合并在一起。由于访问的局部性，对同一个 cache 块中不同字的写失效可能连续发生，即在对一个 cache 块的写失效操作没有返回之前又发生了下一个对该块的写失效。可以把这些写失效合并成一个写到内存(在写穿透的情况下)。如果多个写失效时,所写的内容可以拼接成一个完整的 cache 块,则该写失效可以不用从内存中读取数据,而是直接把多个写失效的内容拼接在一起并写到 cache 中(在写回的情况下)。图 10.11 示例了在写缓存中进行写拼接的原理。

块地址	v	word0	v	word1	v	word2	v	word3
100	1	A	0		0		0	
108	1	B	0		0		0	
116	1	C	0		0		0	
124	1	D	0		0		0	

(a) 合并前

块地址	v	word0	v	word1	v	word2	v	word3
100	1	A	1	B	1	C	1	D
	0		0		0		0	
	0		0		0		0	
	0		0		0		0	

(b) 合并后

图 10.11 通过写合并降低失效开销

(4) Victim cache。Victim cache 主要针对直接相联结构中冲突比较严重的问题而设计。其主要思想是在 cache 替换时,把最近被替换的一个或几个 cache 块保存在一个较小的 Victim cache 中,cache 访问失效时同时查找 cache 和 Victim cache。前人的研究发现,在 4KB 的直接相联结构中,只要有一个几项的 Victim cache 就可以减少 20%~95% 的冲突失效。DEC 的 Alpha 和 HP 的 PA 系列 CPU 都使用了 Victim cache 技术。

(5) 多级 cache。绝大多数的通用处理器都通过多级 cache 来降低上一级 cache 的失效延迟。在二级 cache 情况下,前述的平均访存延迟公式可以扩展为:

$$AMAT = HitTime_{L1} + MissRate_{L1} \times MissPenalty_{L1}$$
$$MissPenalty_{L1} = HitTime_{L2} + MissRate_{L2} \times MissPenalty_{L2}$$

在现代计算机系统中,访问内存的延迟一般需要 100 拍以上,而二级 cache 的命中延迟为 10~20 拍,可以有效降低一级 cache 失效延迟。二级 cache 失效率包括局部失效率(Local Miss Rate)和全局失效率(Global Miss Rate)两种。局部失效率等于二级 cache 失效次数除以访问二级 cache 的总次数,全局失效率等于二级 cache 失效次数除以访存的总次数。上述公式中的 $MissRate_{L2}$ 指的是局部失效率,而全局失效率等于 $MissRate_{L1} \times MissRate_{L2}$。

由于一级和二级 cache 都使用访存地址的低位作为 cache 访问的索引,如果一级 cache 冲突的话,二级 cache 冲突的概率也比较大。为了避免冲突,二级 cache 的组相联度通常比一级 cache 的高,8 路和 16 路的都有。还有一些研究对访问二级 cache 的索引进行变换,例如,把二级 cache 的索引和高位地址异或一下可以降低二级 cache 体冲突的概率。另外,由于二级 cache 容量大,而且二级 cache 访问拍数不是很关键,因此访问二级 cache 的流水线级可能更长。

一般来说,一级 cache 的内容是二级 cache 内容的真子集,即二级 cache 和一级 cache 之间存在包含(inclusion)关系。

3. 降低命中延迟

cache 命中延迟对处理器性能的影响包括两个方面。一是 cache 访问延迟对处理器主频的影响,因为在处理器中,cache 访问通常都是决定处理器主频的关键路径。二是 cache 访问所需要的时钟周期数决定指令流水线的 load-to-use 延迟,对指令流水线的效率将产生重要影响。增加 cache 访问的流水级可以提高主频,但如果增加过多的流水级就会增加 load-to-use 延迟。如 Alpha 21264 把读 Tag 和 Tag 比较分成 2 拍,而 MIPS R10000 则只要 1 拍。在相同主频下 Alpha 21264 的 SPEC CPU 2000 性能不如 MIPS R10000,与 MIPS 采用短流水线结构不无关系。降低 cache 命中延迟的方法包括简化 cache 设计和采用虚地址 cache 等。

(1) 简化 cache 设计。简化 cache 设计包括减小 cache 容量、降低 cache 相联度等。在处理器设计中,简化 cache 设计要从整个存储层次的角度来考虑,同时也是一种设计理念。例如,前面介绍的 Pentium 4 处理器的一级 cache 从 Pentium Ⅲ 的 16KB 降低到 8KB,并不是简单地减少 cache 容量,而是综合考虑了流水线其他部分的频率需要以及二级 cache 的延迟作出的选择。

(2) 虚地址 cache。虚地址 cache 是降低处理器 cache 命中延迟的有效方法。在指令流水线中,访问 cache 包括地址计算、查找 TLB 把虚拟地址转化为物理地址、用物理地址访问 cache 3 个阶段。其中,访问 cache 又包括读 cache、Tag 比较、根据比较结果选择阶段。上述过程延迟很长,必然导致时钟周期长或 load-to-use 的拍数多,影响流水线的性能。为了降低延迟,可以采取各种方法,如用数据前递方法直接把从 cache 中读出的数据送到运算部件,而不是先写回到寄存器再从寄存器读出后送到运算部件。虚地址 cache 则通过并行访问 TLB 和 cache 来降低访问 cache 的延迟。

虚地址 cache 直接用虚地址作为索引访问 cache,同时通过 TLB 把虚地址转化为物理地址。由于进行 Tag 比较时,TLB 已经将虚地址转化为物理地址,因此在虚地址 cache 中大多使用物理 Tag。操作系统对内存进行页式管理,因此虚地址和物理地址的页内地址是一致的。例如,如果页大小为 4KB,则虚地址和物理地址的低 12 位一致;如果页大小为 16KB,则虚地址和物理地址的低 14 位一致。如果 cache 索引地址的位数不多(cache 容量小或相联度高),其最高位不超过页内地址的最高位,则虚地址 cache 和物理地址 cache 就没有什么区别;如果 cache 索引的最高位超过页内地址的最高位,则在虚地址 cache 中有可能存在同一块数据由于虚地址 cache 索引的不同在 cache 中有多个备份的情况,这就是 cache 别名(Aliases 或 Synonyms)问题。

操作系统可以通过页着色(Page Coloring)来解决 cache 别名问题,即操作系统在为虚地址分配物理页时保证用作索引的虚地址跟物理地址严格一致。例如,假设 cache 大小为 64KB,块大小为 32B,采用 4 路组相联结构,则 cache 索引位数为地址的[13:5]位;假设页大小为 4KB,页内地址为[11:0]位,cache 索引比页内地址多两位,操作系统可以把虚页和物理页都分成 4 种颜色分别表示 [13:12] 位为 00、01、10、11 这 4 种情况,并且在页分配时保持虚页和物理页的颜色一致。

也可以通过硬件解决 cache 别名问题。硬件解决 cache 别名问题需要 cache 块的 Tag 保存物理页号。在上例中保存 [31:12] 位,其中 [13:12] 位与 cache 索引重叠。进行 Tag 比较时将物理地址的物理页号与 cache 块的 Tag 进行比较。还需要有一种机制保证同一个 cache 块在 cache 中不会有多个备份。

还有其他很多办法可以解决 cache 别名问题。在上例中,把操作系统的页大小增加到 16KB,把 4 路组相联的 cache 增加到 16 路组相联,或者把 cache 的大小降低到 16KB,都能避免 cache 别名问题。

4. 提高 cache 访问效率

前面从降低 cache 失效率、降低失效开销以及降低命中延迟 3 个方面介绍了 cache 优化的部分方法。这些方法都是为了降低存储访问的平均延迟以避免影响指令流水线的效率。还有一些方法是通过提高 cache 的访问效率来降低平均存储访问延迟,这些方法包括非阻塞 cache 和预取等。

(1) 非阻塞 cache。所谓非阻塞 cache,就是访问 cache 失效的指令不能阻塞后续的 cache 访问。就像指令流水线乱序执行需要保留站机制一样,实现非阻塞 cache 需要通过访存队列(相当于访存保留站)等机制来实现访存指令的乱序执行,而且在每一级存储层次都需要类似的机制来实现非阻塞 cache。例如,在龙芯 2 号处理器中,一级 cache 的访存队列有 24 项,二级 cache 的访存队列有 8 项,内存控制器的访存队列有 8 项,每一个层次都通过这些队列来实现访存操作的非阻塞乱序执行。

(2) 预取。预取就是提前把要用到的数据取到 cache 中,可以降低失效率,或者降低失效延迟。预取包括硬件预取和软件预取。硬件预取由硬件自动完成,可以直接取到 cache 中,也可以取回来放在流缓存(Stream Buffer)中。例如 Alpha 21064 在 cache 失效时取两个连续的 cache 块,把多取的块放在流缓存中,下次再失效时先查找流缓存,常常可以直接在流缓存命中。流缓存是常用的预取结构,根据访问历史进行预取,有时候预取连续的块,有时候根据固定步长预取后续的 cache 块。

软件预取通过编译器或手工在程序中插入预取指令,提前把数据取到寄存器或 cache 中。很多处理器都提供专门的预取指令,也可以把取到 0 号寄存器的指令作为预取指令。预取指令不影响正确性,只影响性能。编译器插入预取指令时,预取地址可能计算得不准确,因此在实现预取指令时要注意不让它发生例外,而且不让它堵住流水线。一般来说,预取指令发现地址错例外时就不预取,而且把预取操作发出去不等数据回来就可以提交。

10.4 常见处理器的存储层次

本节介绍一些常见或经典处理器的存储层次。

(1) MIPS R10000。MIPS R10000 的数据 cache 和指令 cache 都是 32KB,两路组相联,访问延迟只有 2 拍。而像 Alpha、Power、龙芯 2 号等处理器都至少需要 3 拍,这可能跟 MIPS R10000 坚持短流水的设计理念有关。作为一个 4 发射乱序执行的结构,它的流水线只有 5、6 级,而一般的多发射处理器流水线都是 7~10 级。当然,短流水线使得 R10000 的主频不高。

MIPS R10000 是 20 世纪 90 年代末推出的,所以它的二级 cache 还在片外,采用二路伪相联结构。采用伪相联结构每次只要访问一路,可以减少芯片的引脚数目。MIPS R10000 只有一个访存部件,访存队列为 16 项,也就是说最多允许 16 条访存指令进行非阻塞乱序执行。

MIPS R10000 的指令 cache 有一个特点,就是预译码。因为是短流水,每级流水线的时序比较紧张。为了降低译码阶段的延迟,它就在指令从二级 cache 取回来往指令 cache 送的时候,进行一些简单的预译码并把译码结果存在指令 cache 中。预译码的内容包括指定执行该指令的功能部件号,以及使源操作数、目标操作数和操作码规整化以降低译码延迟等。指令被预译码后,长度从 32 位增加到 36 位。

(2) HP PA8000 系列。惠普的工程师一直坚持把 HP PA8000 的一级 cache 做得很大,达到 MB 量级。PA8500 之前,一级 cache 放在片外,采用直接相联结构;PA8500 之后,一级 cache 放在片内,采用 4 路组相联结构。访问一级 cache 大概需要 6 拍。由于 HP PA8000 系列的一级 cache 很大,因此在 PA8700 之前都没有二级 cache。

PA8700 有两个访存部件,访存队列为 28 项(前面介绍过 PA8700 定点和浮点运算指令共用一个 28 项的保留站,访存指令独占一个 28 项的保留站)。

(3) UltraSparc Ⅲ。UltraSparc Ⅲ 也采用 4 发射的结构,是 4 发射结构中唯一没有实现乱序执行的。该处理器存储层次的特点比较鲜明。一级 cache 包括 32KB 4 路组相联的指令 cache、64KB 4 路组相联的数据 cache、2KB 4 路组相联的预取 cache 和 2KB 4 路组相联的存数 cache。UltraSparc Ⅲ 的数据 cache 只保存只读数据,改写的数据放在存数 cache 中,即取数和存数的 cache 是分开的。UltraSparc Ⅲ 采用一种称为 Sum Addressed Memory 的 RAM 来实现片内数据 cache 以降低访问 cache 的延迟。该技术是 SUN 公司的一个专利技术,可以把计算地址和访问都做在 RAM 内部以降低延迟。采用这种技术使得 UntraSparc Ⅲ 在访问 cache 之前不用做地址加法,cache 访问只要 2 拍的延迟。

UltraSparc Ⅲ 片内还实现了二级 cache 的 Tag 部分,二级 cache 容量最大可到 8MB,12 拍的访问延迟。UltraSparc Ⅲ 还实现了片内内存控制器,这在所有微处理器中是比较早的。AMD 到 K8 的时候才把内存控制器做在片内,2003 年 AMD 的 CTO 跟龙芯交流时说,由于 K8 把内存控制器做在片内,光这一项就比 K7 提高了 20% 的性能。Intel 一直以来通过前端总线的专利来控制产业,因此一直把内存控制器做在北桥中,直到最近一两年才把内存控制器做在片内。

(4) Alpha 21264。Alpha 21264 堪称 RISC 处理器的经典。DEC 公司的 Alpha 设计团队电路设计水平极高。在 1998 年左右 4 发射乱序执行结构用 0.35μm 的工艺主频做到 600MHz 简直是奇迹,那个时候同类处理器主频处在一二百兆赫兹的阶段。DEC 公司倒闭后,Alpha 21264 的部分人员到了 Intel 公司,协助 Pentium 4 系列主频一路攀升。Alpha 21264 的数据 cache 有 64KB,采用两路组相联结构。其数据 cache 的一个突出特点是通过采用倍频的 RAM(double-pumped RAM)支持两个访存部件。Alpha 21264 的指令 cache 也是 64KB,采用两路伪相联结构,并在指令 cache 的每个 cache 行增加路预测位进行路预测,其对多数应用预测精度可以达到 85% 以上。为了提高主频,Alpha 21264 进行数据和指令 cache 访问时,Tag 比较都单独占 1 拍,其中指令 cache 访问时 Tag 比较和译码同时进行。

(5) Power 4。Power 4 是双核的。每个处理器核的指令 cache 容量为 64KB，直接相联；数据 cache 容量为 32KB，两路组相联，数据 cache 的 RAM 有两个读端口一个写端口，数据 cache 访问的 load-to-use 延迟是 4 拍。多核共享 1.5MB 的片内二级 cache，8 路组相联，同时支持多片互联共享二级 cache。Power 4 还在片内实现了 3 级 cache 的 Tag 部分。Power 4 有两个访存部件，32 项 load 队列，32 项 store 队列。它的特点就是片上 cache 多，数据通路宽，每个 cache 行比较大，可以做到 128～512 个字节。

(6) Pentium 4。前面说过，为了提高主频，Pentium 4 的数据 cache 只有 8KB，指令 cache 存的是译码后的一个内部格式，称为 trace，容量为 12K 条 trace。Pentium 4 的二级 cache 容量是 256KB，也不大，但延迟很短，7 拍的访问延迟。而一般处理器的二级 cache 访问延迟都在 10～20 拍之间。Pentium 4 的浮点访存不经过一级 cache，直接访问二级 cache。这些都是导致 Pentium 4 高主频设计的重要因素（数据 cache 很小，数据 cache 只让定点部件访问，指令 cache 直接存储译码后的微操作等）。

(7) 安腾 2(Itanium 2)。安腾 2 是双核结构，每个处理器核的数据 cache 和指令 cache 都是 16KB，4 路组相联。数据 cache 有 2 个读端口和两个写端口，只有定点部件能访问，访问延迟只要 1 拍。二级 cache 的容量为 256KB，8 路组相连，4 端口，最小延迟只有五拍。Intel 把二级 cache 访问延迟做到跟其他处理器的一级 cache 差不多。可以说安腾 2 的 cache 设计延续了 Pentium 4 的设计理念：一级 cache 和二级 cache 都做得小而快。安腾 2 片内有 12 路 3MB 三级 cache，最小 12 拍的延迟。

(8) AMD 的速龙。AMD 的速龙指令和数据 cache 都是 64KB，两路组相联，二级 cache 从 256KB 到 1MB，16 路组相联，片内集成了内存控制器。虽然 AMD 是 X86 指令系统，但结构上借鉴 Alpha 的比较多，好像也有部分 Alpha 设计师到了 AMD。我在设计龙芯 2 号的时候，对所有的主流处理器都认真研究了一遍，心里比较认可 AMD 和 Alpha 的结构，其设计比较简洁，看起来比较舒服，结构设计中规中矩。

在上面介绍的这些处理器中，Alpha 21264、MIPS R10000、PA8700 等已经成系列地退出历史舞台，而 IBM 公司的 Power 系列、Intel 公司和 AMD 公司的 X86 系列还在台上高歌。Intel 公司的 Itanium 系列和 SUN 公司的 Sparc 系列不知道还要延续多长时间。这些处理器的 cache 系统存储各有千秋，都曾辉煌一时。退出舞台的不是因为它们技术上不好，还在台上或新上台的也不一定是靠技术取胜。不论是已经尘封进历史的，还是仍然光鲜的，我们都应该认真地研究它们，向它们学习，不要执着于具体做法，关键是把握住其中的精神实质。

10.5　本章小结

由于 CPU 速度和存储器速度的剪刀差，冯·诺依曼结构中一个永恒的主题是怎样给处理器提供稳定的指令和数据流，"喂饱饥饿的 CPU"。处理器通过以 cache 为核心的存储层次来降低存储器的平均访问延迟。

cache 是存储器的一个子集，处理器访问 cache 和主存时使用同一个地址，因此 cache 没有功能上的意义，主要是降低访存延迟。cache 结构的特点是同时存储数据和地址。内存到 cache 的映射方式有全相联、直接相联、组相联 3 种结构。此外，写策略和替换策略对

cache 结构也有重要影响。

优化 cache 的性能可以从降低失效率、降低失效延迟、降低命中延迟和提高 cache 访问效率等多个方面来进行。cache 优化的方法有很多，但我们不用执着于具体的方法，而是要弄清楚方法背后的原理。所谓运用之妙、存乎一心。

习题

1. 一个处理器的页大小为 4KB，一级数据 cache 大小为 64KB，cache 块大小为 32B，指出在直接相联、二路组相联，以及 4 路组相联的情况下需要页着色（page coloring）的地址位数。

2. 根据以下数据，计算采用不同相联度的二级 cache 时，一级 cache 不命中的损耗。采用直接相联时，L2 命中时间为 4 个时钟周期，采用 2 路组相联和 4 路组相联时，L2 的命中时间将分别增加 1 个时钟周期和 2 个时钟周期，直接相联、2 路组相联、4 路组相联的局部失效率分别为 25%、20%、15%，L2 的不命中损耗（从 L2 失效到数据返回 L2）是 60 个时钟周期。

3. 通过分开指令 cache 和数据 cache，能够消除因指令和数据冲突而引起的 cache 缺失。现有一个由大小都为 32KB 的指令 cache 和数据 cache 组成的系统和另一个大小为 64KB 的一体 cache 组成的系统相比较。假设在所有的存储器访问中数据访问占 26%，取指令占 74%。32KB 指令 cache、数据 cache 和 64KB 的一体 cache 每千条指令缺失率分别为 1.5、38 和 40。cache 命中时需要 1 个时钟周期，缺失代价为 100 个时钟周期，在一体 cache 中，Load 和 Store 命中需要一个额外的时钟周期。

(1) 计算并比较哪一个组织方式有更低的缺失率。

(2) 求出每种组织方式下的平均存储器访问时间。

4. 假定在一个只有 64 个字的内存中，有一个内存地址访问序列为 0、1、2、3、4、15、14、13、12、11、10、9、0、1、2、3、4、56、28、32、15、14、13、12、0、1、2、3。对于某个 cache 结构，内存访问可以分为 cache 命中、强制缺失、容量缺失、冲突缺失，假定下列的 cache 参数，上述的访问序列中每次内存访问分别属于哪一类？

(1) 直接相连，cache 块大小为 16 个字节，容量大小为 4 个块。

(2) 两路组相联，cache 块大小为 8 个字节，容量大小为 4 个组，采用 LRU 替换算法。

5. cache 存储层次中多层 cache 之间通常可以采用包含式（Inclusion）或者非包含式（Exclusion）关系，例如 AMD 公司的 Opteron 的 L1 和 L2 之间采用的非包含式关系，而 Intel 公司的 Core 架构的 L1 和 L2 之间采用包含式关系，请比较包含式 cache 和非包含式的 cache 的特点，包括从存储访问路径、硬件实现复杂性、数据和消息通信量、多核之间一致性的维护等各个角度进行分析。

6. cache 主要是利用程序中的局部性原理，局部性主要包括时间局部性和空间局部性两类。描述一个真实的应用程序，其数据访问呈现出下列某一种模式，如果下列模式不可能存在，请阐述理由。

(1) 几乎没有空间局部性和时间局部性。

(2) 较好的空间局部性，几乎没有时间局部性。

(3) 较好的时间局部性,很少的空间局部性。
(4) 较好的空间和时间局部性。

7. 试列举 3 种降低 cache 缺失代价的技术,说明降低原因;列举 3 种降低 cache 缺失率的技术,并说明降低原因。

8. 回答以下关于 cache 的问题。
(1) 块的放置:在 cache 中,根据不同的策略一个块能被放置在哪里?
(2) 块的标志:如果一个块在 cache 中,如何找到它?
(3) 块的替换:如果没有命中,哪个块该被替换,列举 3 种策略。
(4) 写时策略:通常有哪 2 种基本策略来写 cache,写缺失时又有哪 2 种基本策略?

9. * 在一个单处理器系统中,可能存在同一个内存地址的数据存在多个备份引起的数据一致性问题。请分别说明写缓存(Write Buffer)和数据 cache 之间一致性的问题,以及数据 cache 和内存的数据之间一致性的问题,并给出常见的软硬件解决方法。

10. * 在一台计算机上运行访存带宽测试程序 llcbench(http://icl.cs.utk.edu/projects/llcbench)中的 cachebench 来测试该计算机在不同块大小的情况下的 memset,memcpy,read,write,以及 RMW(Read modify write)带宽。并查找资料,了解该计算机所用处理器的 cache 结构,写一篇 1000 字左右的介绍。附图 10.1 是 1GHz 龙芯 2E 的测试结果。

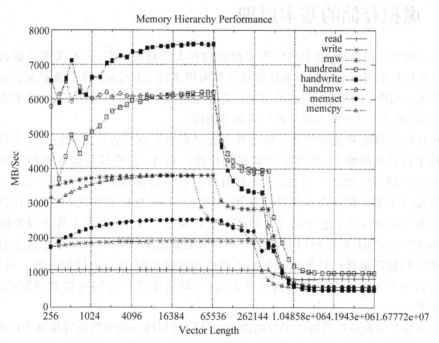

附图 10.1　1GHz 龙芯 2E 的测试结果

第 11 章
存 储 管 理

处理器的存储管理部件(Memory Management Unit,MMU)支持虚实地址转换、多进程空间等功能,是通用处理器中体现"通用"性的重要单元,也是处理器中和操作系统交互最紧密的部分。相比之下,嵌入式处理器和DSP的主要应用场合更加强调实时性和确定性,对通用性的要求不高,因此不一定具有存储管理部件,或者只要相对较简单的存储管理部件即可。

本章介绍虚拟存储的基本原理,MIPS处理器对虚存系统的支持,Linux操作系统的存储管理以及虚存系统的优化等内容。这些内容看起来很复杂,但它们的基本原理也是很简单的,其核心是CPU如何支持操作系统,操作系统怎么跟CPU进行交互。

11.1 虚拟存储的基本原理

在计算机发展的早期,由于程序所需要的内存大于物理内存,人们发明了虚拟存储技术。虚拟存储技术可以为进程提供比物理内存大得多的寻址空间,每个进程运行在其独立的虚拟地址空间中,不同进程的虚拟空间不会互相影响。另外,虚拟存储技术还提供了内存映射、公平的物理内存分配和共享虚拟内存等功能。

虚拟存储的提出和实现是计算机系统发展过程中具有里程碑意义的一个事件。它大大地方便了计算机的编程,普及了计算机的应用。首先,它使得在多进程环境下每个进程可以有独立的编程地址空间,程序员不用考虑烦琐的物理内存的分配。其次,虚拟存储可以支持大于实际物理内存的编程空间,例如在32位地址的情况下,即使计算机的物理内存只有256MB,每个进程都可以使用0~4GB的地址空间,程序员在编程时可以分配和使用大于256MB的空间(例如1个300MB的数组),处理器和操作系统会自动完成从虚拟地址到物理地址的转换以及数据在内存和硬盘交换(Swap)区的交换。另外,虚拟存储还支持多进程环境下的内存的共享和保护,即各个进程之间可以共享数据,并得到必要的保护。

虚拟存储是实现从以进程为单位的虚拟地址空间到统一的系统物理地址空间映射的一种机制。由于要把有限的内存分配给多个进程使用,在内存放不下时需要把内存的内容临时放到硬盘的交换区上,内存中只保留当前CPU最常用的程序和数据,相当于把物理内存跟硬盘的交换区变成一个统一的存储器,物理内存有点像磁盘的cache。这些过程都不用程序员操心,而是由操作系统完成。操作系统以页为单位进行从虚地址空间到物理地址空间的映射。上一章介绍的cache是以块(Block)为单位的,通常32字节、64字节或者128字节为一块,由硬件自动完成cache块在内存和cache之间的搬运。页在内存和硬盘之间的搬运是由软件完成的,页大小通常为 2 的幂次方,比 cache 块要大得多,可以为 4KB、8KB、16KB 等,例如 X86 支持 4KB、4MB 和 1GB 的页,MIPS 的页可以从 4KB、16KB 一直到 1GB。为了实现从虚拟存储空间到物理空间的映射,操作系统需要为每个进程建立一个页表来记录虚拟页和物理页的对应关系。

处理器访问内存时,Load 和 Store 指令使用的是虚地址,需要有一种快速的机制把虚地址转换成物理地址,然后到 cache 或内存中访问。虚拟地址空间和物理地址空间是以页为单位进行映射的,虚地址到物理地址的转换也以页为单位。由于页表是由操作系统管理的,保存在内存中,如果每次存储访问的时候都要先访问内存中页表获得物理地址再访问 cache 就太慢了。通常在处理器内部用硬件来实现一个快速转换缓存(Translation Lookaside Buffer,TLB)用以实现快速的虚实地址转换。TLB 也称为页表缓冲或者快表,用于存储当前处理器中最经常访问页的页表,相当于操作系统页表的一个高速缓存。处理器的虚实地址转换过程如图 11.1 所示。在虚实地址转换时,每个虚地址分为两个部分,高位部分为虚页号(Virtual Page Number,VPN),低位部分为页内的偏移(Page offset),使用 VPN 去访问 TLB 或者页表,转换后得到物理帧号(Physical Frame Number,PFN),物理帧号 PFN 再和页内偏移组合为物理地址。

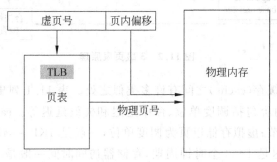

图 11.1 虚实地址转换、页表和 TLB

处理器访问 cache 或内存时,先查找 TLB 把虚地址转换成物理地址再进行访问。TLB 由若干表项组成,采用全相联或组相联结构,其每一项包括进程号、虚页号、物理页号、有效位以及保护位等内容。处理器用进程号和虚页号在 TLB 中进行查找匹配,如果命中则读出其中的物理页号和保护位等内容。保护位用于判断该访问是否合法,一般包括是否可读、是否可写、是否可执行等内容,如果是非法就发出非法访问例外;物理页号用于进行 cache 访问,第 10 章介绍了通过虚地址 cache 实现同时访问 TLB 和 cache 以降低 cache 访问延迟。如果 TLB 访问命中,一个时钟周期就能完成虚实地址转换;如果 TLB 里面没有相应的页表(称为 TLB 失效),就需要从内存中把页表取到 TLB 中。TLB 是页表的 cache,因此 TLB 失效的原理就像 cache 失效一样,但 TLB 失效没有 cache 失效那么频繁,因此在 RISC 中,TLB 失效时通常产生 TLB 失效例外,由操作系统进行 TLB 填充;但在 X86 系统中 TLB 失效时也由处理器的存储管理硬件进行填充。总的来说,TLB 就是干两件事情:一是把虚地址转换成物理地址;二是判断访问是否合法。

TLB 是操作系统页表的 cache,页表归根到底是由操作系统在内存中管理。例如 32 位的地址空间大小为 4GB,如果页大小为 4KB,则页表为 1024×1024 项,假设页表的每项需要 8 个字节,则整个页表需要 8MB,操作系统中每个进程都需要 8MB 的页表空间,如果虚地址空间为 40 位,则每个页表大小为 2GB。操作系统通过多级页表管理来提高页表的内存使用效率。引入多级页表的原因是为了避免把全部页表一直保存在内存中,特别是不应该保留那些从不需要的页表。图 11.2 给出了 3 级页表原理。操作系统在调度一个进程运行时,把该进程的页表起始地址放在处理器的一个寄存器中。操作系统根据虚地址查找页表时先把该寄存器的内容和虚地址的一级页表偏移量相加以查找一级页表;从一级页表中读出二级页表的起始地址跟虚地址中的二级页表偏移量相加以查找二级页表;从二级页表中读出三级页表的起始地址跟虚地址中的三级页表偏移量相加以查找三级页表;最后从三级页表中读出物理页号跟页内偏移量组合形成物理地址。

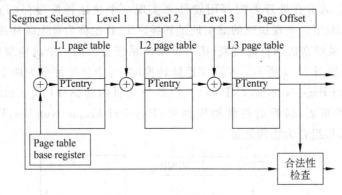

图 11.2 3 级页表原理

虚拟存储和高速缓存(cache)之间有许多类似之处。表 11.1 列出了 cache 和虚拟存储的一些比较,比较的内容包括调度单位、命中延迟和失效延迟等。cache 以块为调度单位,一般是 16～128 个字节;虚拟存储以页为调度单位,一般是 4KB～64KB,甚至到 MB 量级。cache 访问的命中延迟是 1～3 个时钟周期,存储器访问时间一般是 50～150 个时钟周期。cache 的失效延迟为二级 cache 或内存的访问延迟;而在虚拟存储系统中内存访问失效就要到硬盘去找,硬盘是一个机械的设备,需要启动和寻道,访问的延迟很长。cache 的失效率是 0.1%～10%;虚拟存储的失效率低得多,所以尽管它的失效开销很大,但由于失效率很低,不会对性能造成太大的影响。其他比较见表 11.1,这里就不具体叙述了。

表 11.1 cache 和虚拟存储

比 较 内 容	cache	虚 拟 存 储
调度单位	块(16～128B)	页(4KB～64KB)
命中延迟	1～3 个时钟周期	50～150 个时钟周期
失效延迟	8～150 个时钟周期	1 000 000～10 000 000 个时钟周期
失效率	0.1%～10%	0.00001%～0.001%
映射前地址	25～45 位物理地址	32～64 位虚地址
映射后地址	14～20 位 cache 地址	25～45 位物理地址
映射者	硬件	硬件(TLB)+操作系统
组织方式	直接相联、组相联、全相联	全相联、组相联(Page Coloring)
替换方式	随机、FIFO、LRU	LRU
写回方式	Write-back、Write-through	Write-back

11.2 MIPS 处理器对虚存系统的支持

11.1 节介绍了虚拟存储的一些基本原理，下面介绍 MIPS 处理器对操作系统存储管理的支持，尤其是在 Linux 系统中 MIPS 处理器跟操作系统是怎样协同工作的。我自己对存储管理系统中处理器和操作系统的配合也有一个不断提高认识的过程，感觉到处理器跟操作系统的配合真是天衣无缝。下面从存储空间分布、TLB 及其访问等方面介绍 MIPS 处理器是如何支持操作系统存储管理的。

1. MIPS 虚拟存储

MIPS 体系结构支持页式的存储管理，并通过分段进行访问权限控制。下面以 MIPS 的 32 位模式为例介绍 MIPS 处理器存储空间的分布。

在介绍 MIPS 系统存储空间分布之前，首先要了解 MIPS 结构中的权限模式。处理器通过设置不同的权限模式支持操作系统对计算机资源进行分权限管理。例如，Linux 系统把系统状态分为核心态和用户态，处理器在核心态下可以操作所有的资源，而在用户态下只能访问有限的资源。在 MIPS 体系结构中有 3 个权限模式：用户态或用户模式（user mode）、管理态或管理模式（supervisor mode）和核心态或核心模式（kernel mode）。MIPS 中权限模式由状态寄存器（Status Register）中的 EXL（Exception Level）、ERL（Error Level）和 KSU（Kernel,Superuser,User）位决定。当 EXL＝0 并且 ERL＝0 并且 KSU＝10 时为用户模式；EXL＝0 并且 ERL＝0 并且 KSU＝01 时为管态模式；EXL＝1 或 ERL＝1 或 KSU＝00 时为核心模式。Linux 操作系统只用到用户模式和核心模式。只有操作系统才能在核心模式中运行，而用户程序只能在用户模式下运行。用户程序可以通过系统调用或其他例外进入核心模式。在 MIPS 系统中，有一些管理 CPU 资源的指令只有在核心模式才能使用，例如管理 TLB、cache 以及控制寄存器的指令只能在核心模式执行，在用户模式执行这些指令时，处理器将发出保留指令例外。此外，处理器在访问内存时，只有在核心模式才能访问整个存储空间（32 位模式下为 0～4GB），在用户模式下只能访问部分存储空间（32 位模式下为 0～2GB），如果在用户模式下访问系统空间，处理器将发出非法访问例外。

在 32 位模式下，MIPS 的存储空间的分布如表 11.2 所示。32 位的地址空间为 4GB，分成 5 段。最下面的一段 0～2GB 被称为 useg 段，用户态程序只能在这个地方访问，如果用户程序要分配一个 2.1GB 的数组，操作系统会告诉用户，超过限制而完成不了。当然核心态和管理态也能访问 useg 段。2GB 以上有 4 个 0.5GB 的段：从 0x80000000 开始的 0.5GB 称为 kseg0，只有核心态才能访问；从 0xa0000000 开始的 0.5GB 称为 kseg1，只有核心态可以访问；从 0xc0000000 开始的 0.5GB 称为 sseg，管理态和核心态可以访问，在核心态下也称为 kseg2；从 0xe0000000 开始的 0.5GB 称为 kseg3，只有核心态可以访问。

不同段的虚实地址映射方式以及 cache 算法也不同。虚实地址映射一般是通过 TLB 进行的，但 kseg0 和 kseg1 两个段例外，这两个地址空间都不经过 TLB 的转换，而是分别减去段起始地址（0x80000000 和 0xa0000000）后直接映射到 0～512MB 物理空间。此外，访问 kseg1 段时不经过 cache，访问 kseg0 的 cache 算法（是否经过 cache、cache 一致性算法等）由 MIPS 中的 Config 控制寄存器低 3 位 K0 域来决定。除了 kseg0 和 kseg1 以外的其他段

表 11.2　MIPS 存储空间分段情况

地址范围	容量	映射方式	cached	访问权限
0xe0000000-0xffffffff	0.5GB	查找 TLB	Yes(TLB)	Kernel
0xc0000000-0xdfffffff	0.5GB	查找 TLB	Yes(TLB)	Kernel,Supervisor
0xa0000000-0xbfffffff	0.5GB	地址-0xa0000000	No	Kernel
0x80000000-0x9fffffff	0.5GB	地址-0x80000000	Yes(Config)	Kernel
0x00000000-0x7fffffff	2.0GB	查找 TLB	Yes(TLB)	Kernel,Supervisor,User

都要通过 TLB 进行虚实地址转换,其 cache 算法都由页表中的相应字段决定,即可以由操作系统设定。

为什么在内核地址空间中要有一段空间不能用 TLB 转换以及不能进 cache,而且两个虚地址不同的段(kseg0 和 kseg1)要映射到相同的物理地址呢? 一方面是系统初始化的需要; 另一方面是因为在 MIPS 中各种 I/O 设备都被映射到 0~512MB 的空间中。在启动计算机的时候,CPU 刚开始上电运行,硬件复位信号只对非常必要的一些寄存器进行了初始化,而 CPU 中的 cache、TLB 以及各种寄存器都需要由软件进行初始化。也就是说,CPU 刚启动时用于初始化的指令不能存在 cache 中,其地址也不能用 TLB 进行转换,否则就会出现先有鸡还是先有蛋的问题。在 MIPS 系统中,CPU 初始化时,复位信号(Reset)把程序计数器(PC)置为 0xbfc00000,这个地址属于 kseg1 段,地址映射方式是直接减去 0xa0000000,所以物理地址就是 0x1fc00000。这是一个非缓存地址,也就是说一旦 CPU 发生 Reset,访存总线第一次送出来一个地址肯定是 0x1fc00000,这个地址对应到主板上的 BIOS。CPU 从 BIOS 取指令对 cache 和控制寄存器等进行初始化,由于没有使用 cache,每条指令的取指和执行都需要上百拍。对 cache 等进行初始化后,BIOS 程序跳转到另一段地址空间 kseg0。这一段是可以使用 cache 的,指令和数据都可以进入 cache,比非缓存的 kseg1 快很多。在对内存以及 I/O 接口进行必要的初始化后,把操作系统代码从硬盘复制到内存中,开始引导操作系统(跳转到操作系统在内存的地址),操作系统就把所有的资源都管理起来了。上述就是 CPU 加电、初始化和启动操作系统的整个过程,其中最关键的约定是 CPU 第一条指令必须有一个固定的入口,并且这个入口地址不能使用 TLB 转换,也不能使用 cache。

上述是 MIPS 结构 32 位地址空间的分段情况,64 位地址空间比 32 位地址空间大得多,但还兼容上述 5 段,useg 段在 64 位地址空间的最低部分,其余 4 段在 64 位地址空间的最高部分。

2. MIPS 的 TLB 及其访问

MIPS 存储管理单元的核心部件是 TLB。MIPS 的 TLB 采用全相联查找方式,由于是在流水线的关键路径上,因此 TLB 容量不能太大,通常包含 32 项或者 64 项,大小和具体物理实现有关。图 11.3 给出了 MIPS32 结构 TLB 每项的格式。其中,VPN2 表示虚拟页号,MIPS 结构 TLB 的一个特点是每项把两个连续的虚拟页映射为两个物理页,MIPS 的最小页大小为 4KB,19 位的 VPN2 表示两个连续的虚拟页号; 8 位的 ASID 域(Address Space IDentifier)为地址空间标识符,标记该项地址属于哪个地址空间,只有 CPU 当前的 ASID 号和该域匹配的时候,地址查找才能命中,ASID 域可以理解为用于区分不同进程表项的编号;G 位域表示全局域,G 位如果为 1 则关闭 ASID 匹配,使得该 TLB 项适用于所有的地址空间;12 位的 MASK 用于 TLB 查找时控制 VPN2 的低 12 位是否参加地址比较,MASK 域中的某位为 1 表示在查找 TLB 时该位不参与比较,因此 MIPS 的页在 4KB~16MB 之间可变;PFN 域为物理页帧号,是物理地址的高位部分,是除了低位的页内偏移地址之外的物理地址,这个域的有效宽度依赖于该 CPU 所支持的物理内存空间的大小;C 表示相应物理页的 cache 算法;D 位又称"脏(Dirty)"位,D 位为 1 表示该页允许写入,操作系统可以利用该位了解该页上是否有写操作发生过;V 为有效位,表示相应物理页是否在内存中。

33 22 22 22 22 22 11 11 11 11 11 00 00 00 00 00					
10 98 76 54 32 10 98 76 54 32 10 98 76 54 32 10					
0	MASK		0		
VPN2		G	0	ASID	
0	PFN1			C1 D1 V1	0
0	PFN0			C0 D0 V0	0

图 11.3 MIPS 的 TLB 格式

MIPS 结构中还有一组用于访问和控制 TLB 的控制寄存器。MIPS 可以通过 MTC0 和 MFC0 指令在控制寄存器和通用寄存器之间传送数据。MIPS 中与 TLB 相关的控制寄存器包括 EntryHi、EntryLo0、EntryLo1、PageMask、Index、Random、Wired、EPC、BadVAddr、Context,具体格式如图 11.4 所示。

	33 22 22 22 22 22 11 11 11 11 11 00 00 00 00 00					
	10 98 76 54 32 10 98 76 54 32 10 98 76 54 32 10					
Pagemask	0	MASK		0		
EntryHi	VPN2			0	ASID	
EntryLo0	0	PFN			C	D V G
EntryLo1	0	PFN			C	D V G
Index	P	0			Index	
Random	0				Random	
Wired	0				Wired	
EPC	EPC					
BadVAddr	Bad Virtual Address					
Context	PTEBase		BadVPN2		0	

图 11.4 MIPS TLB 相关控制寄存器

在与 TLB 相关的控制寄存器中,Pagemask、EntryHi、EntryLo0 和 EntryLo1 的内容与 TLB 的内容几乎一样(除了 G 位以外),主要用于读写 TLB。写 TLB 时把上述寄存器的内容写到其中某一项去(其中 G 位的处理方法是把 Entrylo0 和 EntryLo1 的 G 位相与后写到 TLB),读 TLB 时把 TLB 某一项的内容读到上述寄存器中(其中 G 位的处理方法是把 TLB 的 G 位同时读到 Entrylo0 和 EntryLo1 的 G 位)。读写 TLB 的哪个表项是由 Index、Random 和 Wired 寄存器决定的。除了可以由软件通过 MTC0 和 MFC0 指令进行读写之外,Random 寄存器的值随机更新。Wired 寄存器起到锁定某些 TLB 项的作用,即指定 Random 寄存器的值只能在 Wired 和(TLB 最大表项值-1)之间变换,当软件用 Random 寄存器作索引写 TLB 进行随机替换的时候,0 到 Wired 寄存器之间的 TLB 项就不可能被替换,操作系统可以把一些常用的页表项放在 0 到 Wired 之间的 TLB 表项中。

MIPS 中设计了 TLBR、TLBWI、TLBWR 和 TLBP 4 条指令用于访问 TLB。TLBR 以 Index 寄存器作索引把 TLB 表项的值读到 Pagemask、EntryHi、EntryLo0 和 EntryLo1 控制寄存器中；TLBWI 和 TLBWR 分别以 Index 寄存器和 Random 寄存器作索引把 Pagemask、EntryHi、EntryLo0 和 EntryLo1 控制寄存器的内容写到 TLB 中；TLBP 在 TLB 中查找和 EntryHi 寄存器中的 VPN2 和 ASID 域相匹配的 TLB 项,如果找到则把该表项的索引记录在 Index 寄存器中,如果没有找到则把 Index 寄存器中的 P 位置为 1。上述 TLB 操作指令以及 MTC0/MFC0 等指令都只有在核心态下才能执行,在用户态下执行这些指令将会发生例外。

处理器访问 TLB 时,将访存地址和 EntryHi 中的 ASID 与 TLB 的每一项进行匹配,如果命中则读出相应的 PFN、C、D、V 等内容,如果不命中则发 TLB 重填(TLB Refill)例外；如果 TLB 命中但读出的 V 位为 0,则发出 TLB 无效(TLB Invalid)例外；如果是存数操作且 TLB 命中、有效但读出的 D 位为 0,则发出 TLB 修改(TLB Modify)例外。TLB 重填例外的入口地址为 0x80000000,其余例外的例外入口地址为 0x80000180。

发生 TLB 例外时,硬件除了把当前 PC 保存在 EPC 中用于例外返回,把 PC 置为例外入口地址,在 Cause 控制寄存器中记录例外原因,把系统状态置为核心态(置 Status 控制寄存器的 EXL 位为 1)以外,还需要在 BadVAddr 和 Context 控制寄存器中保存与 TLB 例外相关的信息。EPC 保存例外返回地址,当某一条指令发生例外时,需要把当前的 PC 值存到 EPC 里面去,在例外处理完后再返回该位置重新执行。由于 MIPS 中存在分支延迟槽,如果发生例外的指令在分支延迟槽中,EPC 保存的是发生例外的前一条指令,这样可以返回到分支指令。当发生 TLB 例外时,需要把引起 TLB 例外的那个虚地址保存在 BadVAddr 寄存器中,提供给操作系统进行例外处理。Context 寄存器的内容与 BadVAddr 的内容有些重复,主要是为了加速快 TLB 异常回填过程中的页表查找速度,其中页表的基地址存储在 PTEBase 域中,而 BadVPN2 指向页表内的表项。

MIPS 的上述 TLB 相关的硬件设计为操作系统提供了必要的支持,虚拟存储管理是由操作系统和 CPU 紧密配合才能完成的。

11.3 Linux 操作系统的存储管理

Linux 的存储管理是一个比较复杂的系统,这里介绍的是与 CPU 紧密交互的部分,重点介绍从发生 TLB 例外到操作系统处理 TLB 例外的过程。

发生 TLB 例外时,CPU 硬件需要为操作系统保留好现场,然后根据例外类型跳转到例外入口去(把 PC 置为例外入口地址)。硬件为例外保留现场是个由一系列动作组成的复杂过程。在前面的章节学习指令流水线时我们知道,当一条指令在访存过程中发生 TLB 例外时,不能马上进行例外处理,而是要把该例外信息记录在重排序缓存(ReOrder Buffer)中等到该例外指令提交时再进行例外处理,把流水线中没有提交的指令全部清除,以便给操作系统提供一个例外前面的指令都已经完成,而后面的指令都没有执行的"干净"的现场。在 MIPS 中进行 TLB 例外处理时,还需要由硬件完成如下操作：置 Status 寄存器的 EXL 位进入核心态,向 Cause 寄存器 ExCode 域中记录例外原因;把发生例外指令的 PC 值保存到 EPC 寄存器中;把发生例外的虚地址放到 BadVAddr、Context 的 PTEBase 和 BadVPN2 域以及 EntryHi 的 VPN2 域中,这 3 个寄存器中有些信息是重复的,但在例外处理时各有用途,可以减少例外处理软件的开销;最后把程序计数器 PC 置为专用的例外入口地址。

MIPS 中 TLB 例外有 3 种类型:TLB 重填例外指的是 TLB 中没有相应项;TLB 失效例外指的是相应的物理页不在内存中;TLB 修改例外指的是非法写只读页。其中,TLB 重填例外有专门的入口地址 0x80000000,其他例外的入口地址为 0x80000180。为什么 TLB 重填例外需要专门的入口地址呢?因为在 3 种例外中 TLB 重填例外最频繁,对例外服务的性能要求最高。发生 TLB 失效例外时,相应的物理页不在内存中,需要到硬盘去取;发生 TLB 修改例外时,操作系统会更新相关页在页表中的信息,用以标识这一页有没有写操作发生过;这两种情况对性能的要求都不高。

图 11.5 给出了 MIPS R4000 处理器中的 TLB 重填例外服务程序。该例外服务程序一共由 9 条指令组成,包括 2 条 NOP 指令。从该程序中可以看出,由于页表的地址已经在 CONTEXT 寄存器中,可以用该寄存器的值直接访问页表得到 8 个字节的内容送到 EntryLo0 和 EntryLo1 中,并用 TLBWR 指令写到 TLB,最后例外返回。上述 TLB 重填过程如图 11.6 所示。

```
set  noreorder
.set noat
TLBmissR4K:
dmfc0   k1,C0_CONTEXT       #(1)
nop                         #(2)
lw      k0,0(k1)            #(3)
lw      k1,8(k1)            #(4)
mtc0    k0,C0_ENTRYLO0      #(5)
mtc0    k1,C0_ENTRYLO1      #(6)
nop                         #(7)
tlbwr                       #(8)
eret                        #(9)
.set  at
.set  reorder
```

图 11.5　MIPS 中 TLB 重填代码

上述 TLB 例外服务程序之所以这么简单,是因为软硬件设计的巧妙配合。

第一,在发生例外时,硬件直接置好了 EntryHi 和 Context 的值。其中,EntryHi 的内容已经按照 TLB 的格式排好;Context 的 PTEBase 指向相应进程的页表起始地址,在进程切换时由操作系统设置,BadVPN2 指向页表内的页表项;EntryHi 和 Context 的内容刚好使例外服务程序可以直接使用。第二,页表的每项两个字(8 个字节),按照写 TLB 需要的 EntryLo0 和 EntryLo1 的格式排好,因此取进寄存器后可以直接写到 TLB。第三,TLB 重填例外有专门的 0x80000000 例外入口,只要进入该入口肯定是 TLB 重填例外,不用在例外处理程序中判断例外原因。第四,例外入口地址处在不用 TLB 转换的 kseg0 段,而且操作系统把页表也放在 kseg0 段,因此例外处理程序的取指和两个 LW 访存都不会引起新的

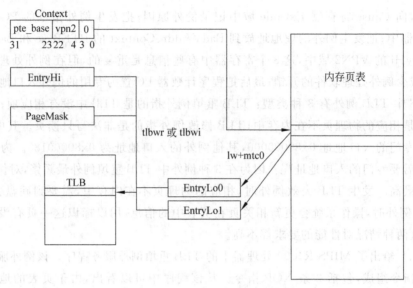

图 11.6　MIPS 中 TLB 重填过程

TLB 例外。第五，发生例外时，硬件自动把 CPU 状态置为核心态，完成例外处理后 ERET 指令自动把处理器状态置为用户态。正是由于软硬件协同的巧妙设计，使得 MIPS 通过软件实现 TLB 失效重填取得很高的效率。软硬件的配合真是天衣无缝。图 11.6 给出了上述 TLB 重填过程。

软硬件在系统态和核心态的转换方面不能有差错，否则就有安全漏洞。在 MIPS 结构中，用户只能通过例外（系统调用也是一种例外）进入核心态，例外处理结束后 ERET 自动将 Status 寄存器中的状态位改为用户态，ERET 没有延迟槽指令。早期的 MIPS 处理器没有 ERET 指令，例外处理结束后利用普通的跳转指令如 JR 转移到 EPC 指定的地方，但在跳转前要通过 MTC0 指令清除 Status 中的 EXL 位，否则处理器返回到用户程序执行时还处在核心态，用户程序就可以为所欲为了。注意，负责清除 EXL 位的 MTC0 只能放在 JR 的延迟槽中，否则 MTC0 把 EXL 位清除后，处理器处在用户态，后面的 JR 指令的取指就没有权限了（例外处理器程序处在 kseg0 段，只能在核心态下访问）。

图 11.7　Linux/MIPS 虚拟地址空间安排

32 位 Linux/MIPS 虚地址空间分为 4 段，如图 11.7 所示。其中，kseg2 和 kseg3 用于动态分配的内核数据，kseg1 用于存放启动的 ROM 和 I/O 寄存器等，kseg0 用于存放 Linux 内核代码、数据，以及例外的入口点。useg 为用户态空间，存放用户程序和代码、动态链接库代码和数据、程序堆和栈等。

由于内存空间大，页表项多，所以 Linux 采用两级页表，而不是 MIPS 设计早期假定的一维页表。Linux 的两级页表结构如图 11.8 所示。19 位的虚拟页号 VPN2 分为 2 个部分：前 10 位为一级页表索引，一级页表（页目录表 PGD）保存二级页表（页表 PTE）的起始地址;后 9 位为二级页表索引,每个二级页表管理 512 页。每个页表项管理两个物理页,大小为 8 个字节。每个物理页的页表项为 4 个字节,包括 PFN、D、V 和 exts 域。其中 PFN 为物理页号;C 表示 cache 算法为 3 位;D、V 占 2 位,表示脏位和有效位;exts 是软件扩展位,用于维护一些硬件没有实现的功能,例如 ref 位、modified 位等。页表存放在 kseg0,就是不用通过 TLB 映射的那一段地址空间,所以访问页表的时候不会发生 TLB 例外,页表存储空间在使用的时候分配。每个进程的 PGD 表基地址存放在进程上下文中,进行切换的时候就把 PGD 表的基地址写到 Context 的 PTEBase 中。

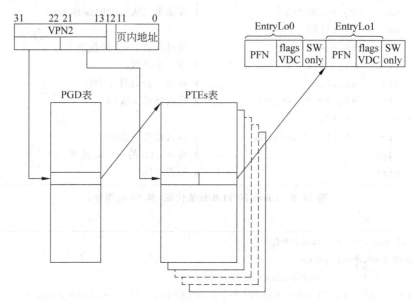

图 11.8　Linux/MIPS 的两级页表

Linux 的 TLB 重填代码如图 11.9 所示,共有 18 条指令。首先获得 BadVAddr 和页目录表地址 pgd_current,用 pgd_current 和 BadVAddr 可以计算出 PTE 表的基址 ptr,用 CONTEXT 寄存器计算出 PTE 表的偏移 offset,再用 ptr 和 offset 定位到页表中的某一项,取出来并放置到某个寄存器中,把最低的 6 位软件位右移出去后由 MTC0 指令写入到 Entrylo0 和 Entrylo1 中,最后通过 TLBWR 写入 TLB。在龙芯 2 号运行的 Linux 操作系统中,TLB 重填的时间是几十到几百个时钟周期。如果页表刚好在 cache 里面命中,TLB 重填只要几十拍就够了,如果得从内存里面页表取就慢一些,需要几百拍。

MIPS 的 TLB 无效(TLB Invalid)例外根据访存操作的不同又分为 TLB 取数(TLB Load)例外和 TLB 存数(TLB Store)例外。因此 MIPS 的 TLB 例外包括 TLB Refill、TLB Modify、TLB Load 和 TLB Store 4 种。TLB Refill 的例外入口地址为 0x80000000,TLB modified 和 TLB Load/Store 例外的入口地址为 0x80000180,进入 0x80000180 以后根据例外原因再调用不同的例外处理函数。Linux/MIPS 中 4 类 TLB 例外的处理伪代码如图 11.10 所示。其中,load_pte 函数就是查找两级页表取得页表项,DO_FAULT 函数在内存中分配物理页并把该页内容从对换区中取到内存,_PAGE_PRESENT、_PAGE_READ 和_PAGE_WRITE 分别表示相应的物理页是否在内存中、是否可读、是否可写。

```
mfc0    k0,CP0_BADVADDR         # 取发生 tlb miss 的地址
srl     k0,k0,22                # 最高 10 位是第一级页表的索引
lw      k1,pgd_current          # 取页表入口指针
sll     k0,k0,2                 # 每项 4 个字节,所以索引 * 4=偏移
addu    k1,k1,k0                # k1 指向下一级页表入口
mfc0    k0,CP0_CONTEXT          # context 包含失效的虚页号
lw      k1,(k1)                 # 取出第二级页表
srl     k0,k0,1
and     k0,k0,0xff8             # 算出第二级页表的偏移
addu    k1,k1,k0
lw      k0,0(k1)                # 成对存放,一个偶数页
lw      k1,4(k1)                # 加一个奇数页
srl     k0,k0,6                 # 移出 6 位软件用的位
mtc0    k0,CP0_ENTRYLO0         # 写入偶数页表项
srl     k1,k1,6
mtc0    k1,CP0_ENTRYLO1         # 写入奇数页表项
tlbwr                           # 写入 TLB 的一个随机项
eret                            # 异常返回
```

图 11.9 Linux 的 TLB 重填代码(共 18 条指令)

```
TLB refill exception(0x80000000):
    (1) get badvaddr,pgd;
    (2) pte table ptr=badvaddr>>22<2+pgd;
    (3) get context,offset=context>>1 & 0xff8(bit 21-13+three zero);
    (4) load offset(pte table ptr) and offset+4(pte table ptr);
    (5) right shift 6 bits,write to entrylo[01];
    (6) tlbwr;
TLB modified exception(0x80000180: handle_mod):
    (1) load pte;
    (2) if(_PAGE_WRITE set,set ACCESSED|MODIFIED|VALID|DIRTY)reload tlb,tlbwi;
        else DO_FAULT(1);
TLB load exception(0x80000180: handle_tlbl):
    (1) load pte;
    (2) if(_PAGE_PRESENT && _PAGE_READ)set ACCESSED|VALID;
        else DO_FAULT(0);
TLB store exception(0x80000180: handle_tlbs):
    (1) load pte;
    (2) if(_PAGE_PRESENT && _PAGE_WRITE)
        set ACCESSED|MODIFIED|VALID|DIRTY;
        else DO_FAULT(1);
```

图 11.10 Linux 的 TLB 例外处理

下面通过一个例子来深入分析处理器、操作系统以及应用程序间的交互。图 11.11 是一个分配数组和对数组赋值的小程序。从程序员的角度来看，这个程序再简单不过了，但从结构和操作系统的角度，这个程序的执行却涉及复杂的软硬件交互过程。

```
array=(int*)malloc(0x1000);
for(i=0;i<1024;i++) array[i]=0;
```

图 11.11　示例小程序

该用户程序首先调用内存分配函数 malloc 来分配大小为 0x1000 字节的空间，返回一个虚地址 0x450000。操作系统在进程的 vma_struct 链表里记录地址范围 0x450000～0x451000 为已分配地址空间，并且是可读可写的。但操作系统只是分配了一个地址范围，还没有真实分配内存的物理空间，也没有在页表里建立页表项，TLB 里更没有，因为如果进程没有访问，就不用真给它分配物理空间。接下来的 for 循环对数组 array 进行赋值，用户程序写地址为 0x450000 的单元。Store 操作在完成地址运算后查找 TLB，由于 TLB 里面没有这一项，引起 TLB Refill 例外。TLB Refill 例外服务程序从相应的页表位置取页表内容填入 TLB，但此时这个地址空间的页表还没有被初始化。当例外程序返回到用户程序重新开始访问时，TLB 里面有了对应的虚地址，但是还没有物理地址。因为还没有给它分配具体的物理空间，从而引起 TLB 的 Invalid 例外。TLB Invalid 例外的处理就比较复杂了，操作系统需要查找 vma_struct 这个结构，如果判断出这个地址已经分配，处于可写状态时，作系统才真正分配物理页面，并分配物理页表，将物理地址填入页表，更新 TLB 相应的表项。TLB Invalid 例外处理完成之后例外返回，store 操作再次执行，这次就成功了，因为 TLB 里面已经有了相应的表项，而且是有效的、可写的。如果用户程序继续写 0x450004、0x450008 等地址空间，因为 TLB 表项已经存在，可以覆盖 4KB 的页大小，CPU 将全速执行，不会受到 TLB 例外的影响。

程序员写这个程序时，不会知道也不用知道在该程序执行时会有这么复杂的软硬件交互过程，第 1 个元素赋值就要发生 2 次例外。为什么要分成 2 次 TLB 例外，为什么不在第 1 次 TLB Refill 例外的时候，把物理页分配、页表分配、TLB 分配全完成？这是出于性能的考虑，主要是因为 TLB Refill 例外发生的频率远大于 TLB Invalid 例外发生的频率，需要尽量减少 TLB Refill 的工作量。由于 TLB 容量有限，TLB 表项容易被替换掉，被替换的 TLB 表项被访问时发生 TLB Refill 例外，这时从页表中取得有效的内容，物理地址已经有了，不会再发生 TLB Invalid 例外。TLB Refill 例外有 1 个专门的入口地址 0x80000000 也是为了快速处理 TLB Refill 例外。TLB Invalid 时，由于要分配一个物理页面，甚至要把数据从硬盘复制到内存，速度慢很多，但 TLB Invalid 例外只有在初次访问或页面从内存替换到硬盘时才发生，概率小很多。这也是利用局部性原理，发生很频繁的事情做得快一些，发生不频繁的事情慢一点也是合理的。

11.4　TLB 的性能分析和优化

TLB 也有性能优化的问题。本章的最后介绍一下 TLB 性能分析和优化技术。TLB 的一些特性和 cache 类似，cache 有命中率，TLB 也有命中率，只不过 cache 1 项管 1 个 cache 块，TLB 1 项就管 1 页。TLB 失效率比 cache 失效率低，但失效开销大。龙芯 2 号运行 SPEC CPU 2000 中，大概有 1/4 的程序有比较明显的 TLB 失效开销，有的甚至占总运行时间的 30%。目前，多数 MIPS 处理器的 TLB 是全相联的，TLB 项数有 32～128 项，如果每项表示 4KB 页大小，TLB 能映射的地址空间只有几百 KB，并且当前应用程序工作集和有效地址空间越来越大，TLB 的大小越来越难以满足现在程序的需求。

TLB 优化的方法很多。最简单的方法是通过增加页大小来提高 TLB 覆盖空间的大小。例如 TLB 为 64 项，每项映射 2 页，如果页大小为 4MB，TLB 容纳的地址空间就为 512MB。但是大页面会增加内存碎片，浪费有限的内存空间。如果能动态改变页大小以及混合使用大小页，并且能有操作系统的支持，动态把多个小页拼成大页，将会提高 TLB 的效率。

另外一种常用的页表优化方法是通过软 TLB 降低 TLB 例外失效延迟。现代操作系统管理的页表通常是两级或三级页表。软 TLB 就是给页表做一个软件的高速缓存。当发生 TLB 失效时，TLB 重填例外处理器程序可以根据 TLB 失效的虚拟地址去软 TLB 表中查找相应的 TLB 表项，如果常用的地址在软 TLB 就有，就可以直接从软 TLB 中取出，而不用去查找页表。因为依次查一级页表、二级页表和三级页表很慢，软 TLB 能减少异常处理的时间从而提高效率，图 11.12 给出了在龙芯 2 号中部分 SPEC CPU 2000 程序在 ref 规模下的软 TLB 命中率及性能提高百分比。实验中软 TLB 的大小为 4096 项，采用直接映射的方式。

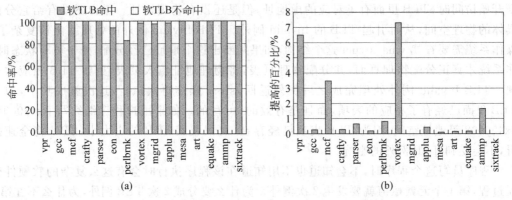

图 11.12 软 TLB 在 ref 规模下的命中率及性能提高

软 TLB 的实现可以采用全相联映射、直接相联映射，以及组相联映射。图 11.13 给出了软 TLB 大小及相联度对命中率的影响。

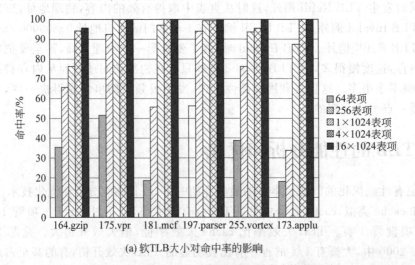

(a) 软 TLB 大小对命中率的影响

图 11.13 软 TLB 大小及相联度对命中率的影响

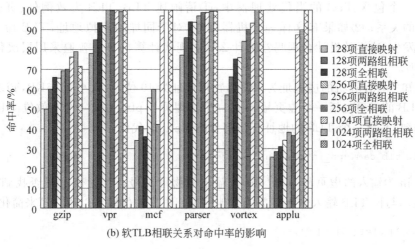

(b) 软TLB相联关系对命中率的影响

图 11.13　（续）

11.5　本章小结

处理器的存储管理部件支持虚实地址转换、多进程空间等功能，是通用处理器中体现"通用"性的重要单元，也是处理器中和操作系统交互最紧密的部分。虚拟存储的提出和实现是计算机系统发展过程中具有里程碑意义的一个事件。它大大地方便了计算机的编程，普及了计算机的应用。在虚拟存储系统中，由操作系统负责以页为单位实现从以进程虚拟地址空间到系统物理地址空间的映射，由处理器通过 TLB 实现存储访问时从虚拟地址到物理地址的快速转换。在用户程序访问虚存空间时，处理器和操作系统之间存在复杂的交互过程。

习题

1. 在一台运行 Linux 操作系统（页大小为 4KB）的 MIPS 计算机上执行如下 C 语言程序。在该程序执行过程中共发生了多少次例外？说明其过程。

```
void cycle(double * a) {
   int i;
   double b[65536];
   for(i=0;i<3;i++) {
      memcpy(a,b,sizeof(b));
   }
}
```

2. 对于指令 cache 是否有必要考虑 cache 别名问题？

3. 假定在某一个 CPU 的 cache 中需要 64 位虚拟地址，8 位的进程标识，而其支持的物理内存最多有 64GB。请问，使用虚拟地址索引比使用物理地址作为索引的 Tag 大多少？这个值是否随着 cache 块大小的变化而发生改变？

4. 在一个包含 TLB 的当代处理器中，①请阐述 TLB、TLB 失效例外、页表和 Page fault 之间的关系；②如果有这样一个机器设计，对于同样的虚拟地址，TLB 命中和 Page fault 同时发生，这样的设计合理吗？为什么？③现代计算机页表普遍采用层次化的方式，请解释原因。

5. 已知一台计算机的虚地址为 48 位，物理地址为 40 位，页大小为 16KB，TLB 为 64 项全相联，TLB 的每项包括一个虚页号 vpn，一个物理页号 pfn，以及一个有效位 valid，请根据如下模块接口写出一个 TLB 的地址查找部分的 Verilog 代码。

```
module tlb_cam(vpn_in,pfn_out,hit,…);
```

其中，vpn_in 为输入的虚页号，pfn_out 为输出的物理页号，hit 为表示是否找到的输出信号，"…"表示与该 TLB 输入输出有关的其他信号。重复的代码可以用"…"来简化，如：

```
assign A[ 0]=B[ 0]|C[ 0];
    ⋮
assign A[63]=B[63]|C[63];
```

6. *很多处理器都提供了可变页的支持，也就是 TLB 的每项可以代表不同大小的页（1KB/2KB/4KB 甚至 1GB）。请简述 Linux 为了支持可变页需要哪些支持。

7. *针对 linux/mips 页表组织，修改 TLB 相关控制寄存器的格式（如果你认为必要可以增减控制寄存器或者其他处理逻辑）以减少 refill tlb 例外处理时间。描述你的方案，给出使用新寄存器组实现的 refill tlb 例外处理代码。

8. *请提出一种结构级的改进措施，降低 TLB 的功耗，并用 verilog 实现。

第 12 章
多处理器系统

前面介绍了单个处理器的体系结构,包括指令流水线、乱序执行、多发射、功能部件、转移猜测、cache 结构、存储管理等。这些都是介绍如何设计单个处理器或处理器核。本章介绍多处理器系统,即多个处理器或处理器核应该如何协同工作,如何高效工作。

到目前为止,多处理器系统的研究已经有几十年的历史。20 世纪七八十年代,由于单个处理器的性能满足不了应用的需求,出现了形形色色的多处理器系统。例如,20 世纪八九十年代,很多高档工作站都有 2～4 个处理器,用于科学计算的高性能计算机处理器个数更多。国际上有个 TOP 500 的排名,每 6 个月列出当时世界上最快的前 500 台计算机,这些计算机都有成千上万个处理器。21 世纪初兴起多核结构,即在一个芯片中容纳多个处理器核,本质上和传统的多处理器结构没什么区别。

多处理器结构或多核结构会带来新的问题,即多个处理器是如何协同工作的?如何提高多个处理器协同工作的效率?这些问题和我们前面介绍的流水线、乱序执行、多发射显然是不同的。现在研究多核结构或者多处理器结构的工作琳琅满目,发展很快,但变化中有不变的东西。在单核的流水线结构中,不论具体设计如何千变万化,都是在保证程序中指令相关性得到满足的前提下,通过时间重叠或空间重复来提高流水线效率。在多核结构中,情况变得更加复杂,但本质的东西是简单的。

本章的很多工作源自我的博士论文(该论文是全国首届百篇优秀博士学位论文)。我自己认为,这篇论文已经在千变万化的多处理器结构中找到不变的东西了。

12.1 共享存储与消息传递系统

多处理器发展的历史上曾经出现过多种不同结构的系统。

(1) 并行向量机系统。以 Gray 系列向量机为代表的向量机在 20 世纪 70 年代和 80 年代前期曾经是高性能计算机发展的主流,在商业、金融、科学计算等领域发挥了重要作用,同时也积累了大量应用及系统软件。其缺点是难以达到很高的并行度。如今,虽然向量机不再是计算机发展的主流,但目前的高性能处理器普遍通过 SIMD 结构的短向量部件来提高性能。

(2) 对称多处理器(Symmetric MultiProcessor,SMP)系统。其指若干处理器通过共享总线或交叉开关等共享统一访问的存储器。20 世纪八九十年代,DEC、SUN、SGI 等公司的高档工作站多采用 SMP 结构。这种系统的可伸缩性也是有限的。SMP 系统常被作为一个结点来构成更大的并行系统,多核处理器也常采用 SMP 结构。

(3) MPP(Massive Parallel Processing)系统。其指在同一地点由大量处理单元构成的并行计算机系统。每个处理单元可以是单机,也可以是 SMP 系统。处理单元之间通常由可伸缩的互连网络(如 Mesh、交叉开关网络等)相连。

(4) 机群系统。将大量工作站或微机通过高速网络互连,以构成廉价的高性能计算机系统。由于机群计算可以充分利用现有的计算、内存、文件等资源,用较少的投资实现高性能计算,所以越来越成为普通高性能计算用户青睐的对象。随着互联网的快速发展,机群系统和 MPP 系统的界限越来越模糊。

(5) 异构计算机系统。由多台不同结构的计算机组成,它们可以是 MPP 系统,也可能是工作站或其他类型的计算机。云计算(Cloud Computing)服务器系统可以认为是一种异构计算机系统。

到目前为止,我们说的"多处理器系统"都是一个比较模糊的概念,既没有对处理器进行具体描述,也没有说明多个处理器间通过什么方式进行协同工作,更没有说明多处理器的结构特征。从结构的角度来看,多处理器系统可分为共享存储系统和消息传递系统两类。在共享存储系统中,所有处理器共享主存储器,每个处理器都可以把信息存入主存储器,或从中取出信息,处理器之间的通信通过访问共享存储器来实现。而在消息传递系统中,每个处理器都有一个只有它自己才能访问的局部存储器,处理器之间的通信必须通过显式的消息传递来进行。消息传递和共享存储系统的原理结构如图 12.1 所示。从图中可以看出,在消息传递系统中,每个处理器的存储器是单独编址的;而在共享存储系统中,所有存储器统一编址。

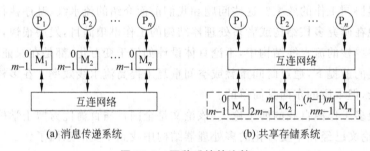

(a) 消息传递系统　　　　　　(b) 共享存储系统

图 12.1　两种系统的比较

在前述的 5 类并行处理系统中,前 2 类系统都是共享存储系统,后 2 类网络计算系统都是消息传递系统。大多数 MPP 系统是消息传递系统。共享存储 MPP 系统的典型代表是 20 世纪 90 年代风靡全球的 SGI 的 Origin 2000,但与同期的消息传递产品相比,Origin 2000 由于硬件的复杂性,其可伸缩性也是有限的。此外,Cray-T3D 等系统也提供了共享空间,但硬件不负责维护 cache 的一致性。

冯·诺依曼结构从某种意义上来说是以存储为中心的结构,指令和数据都在存储器中,处理器从存储器中取指令并根据指令的要求对存储器中的数据进行处理。因此,存储器组织方式的不同是结构的本质不同,对编程的影响很大。与消息传递系统相比,共享存储系统由于支持传统的单地址编程空间,减轻了程序员的编程负担,因此具有较强的通用性,且可以较方便地移植现有的应用软件。

可以举一个简单的例子来说明共享存储和消息传递系统的不同。比如说有 100 个人通过网络讨论决定资助一个希望小学。这 100 个人可以在一个公共的 BBS 论坛上讨论,也可以通过电子邮件讨论,但原则上发电子邮件时不能群发,因为群发的开销太大。显然,大家认为在 BBS 上讨论比较好,因为在 BBS 上任何一个人发表的意见其他人都可以看到,讨论起来比较方便。如果只能发送电子邮件而且对群发邮件又有限制,大家就觉得不大方便。共享存储就类似于 BBS,一个处理器写内存后其他处理器都能看到;消息传递就类似于电子邮件,在分布式的系统中消息广播的开销很大,因此在刚才的例子中限制群发邮件。

下面,看几个并行程序的例子。第一个是通过积分求圆周率。积分求圆周率的公式如下:

$$\pi = 4\int_0^1 \frac{1}{1+x^2} \mathrm{d}x = \sum_{i=1}^{N} \frac{4}{1+\left(\frac{i-0.5}{N}\right)^2} \times \frac{1}{N}$$

在上式中,N 值越大,误差越小。如果 N 值很大,计算时间就很长。可以通过并行处理,让每个进程计算其中的一部分,最后把每个进程计算的值加在一起来减少运算时间。图 12.2 给出了计算圆周率的共享存储(基于中科院计算所开发的 JIAJIA 虚拟共享存储系统)和消息传递并行程序核心片段的算法示意。该并行程序采用 SPMD(Single Program Multiple Data)的模式,即每个进程虽然都运行同一个程序,但处理不同的数据。在该程序中,numprocs 是参与运算的进程个数,所有参与运算的进程都有相同的 numprocs 值;myid 是参与运算的进程的编号,每个进程都有自己的编号(一般并行编程系统都会提供接口函数让进程知道自己的编号)。例如,如果有 4 个进程参与运算,则每个进程的 numprocs 都是 4,而每个进程的 myid 号分别为 0,1,2,3。在共享存储程序中,由 jia_alloc() 分配空间的变量 p_i 是所有参与运算的进程共享的,所有进程只有一份,其他变量都是每个进程局部的,每个进程都有一份,每个进程根据 numprocs 和 myid 号分别计算部分的圆周率值,最后通过一个临界区的机制把所有进程的计算结果加在一起。jia_lock() 和 jia_unlock() 是一种临界区的锁机制,保证每次只有一个进程进入这个临界区,这样才能把所有进程的结果依次加在一起,不会互相冲突。在消息传递程序中,由 malloc() 分配空间的变量每个进程都有独立的一份,互相看不见。每个进程算完部分结果后,通过归约操作 reduce() 把所有进程的 mypi 加到 0 号进程的 p_i 中。

```
double * pi
pi=jia_alloc(8);
h=1.0/N;
mypi=0.0;
if(myid==0) {pi=0.0};
for(i=myid+1;i<=N;i+=numprocs)
    {mypi=…}
jia_lock(1);
    pi+=mypi;
jia_unlock(1);
if(myid==0) printf pi;
```

```
double * pi;
pi=malloc(8);
h=1.0/N;
mypi=0.0;
pi=0.0;
for(i=myid+1;i<=N;i+=numprocs)
    {mypi=…}
reduce(mypi,pi,0);
if(myid==0) printf pi;
```

(a) 共享存储程序　　　　　　　　　　(b) 消息传递程序

图 12.2　积分求圆周率算法示意

第二个是矩阵乘法。矩阵乘法的算法大家都很熟悉,这里就不介绍了。图12.3给出了共享存储和消息传递的并行程序。同样,由jia_alloc()分配的变量所有进程共享一份,而由malloc()分配的变量每个进程单独一份,因此在这个程序中消息传递需要更多的内存。在共享存储程序中,先由0号进程对A、B、C 3个矩阵进行初始化,而其他进程通过jia_barrier()语句等待。barrier是并行程序中常用的同步方式,它要求所有进程都到齐后再前进。然后每个进程分别完成部分运算,再通过jia_barrier()到齐后由0号进程统一打印结果。消息传递程序与共享存储程序的最大区别是需要通过显式的发送语句send和接收语句recv进行多个进程之间的通信。先由0号进程进行初始化后发送给其他进程,每个进程分别算完后再发送给0号进程进行打印。在消息传递的程序中要详细列出每次发送的数据大小和起始地址等信息,0号进程接收的时候还要把从其他进程收到的数据拼接在一个矩阵中,比共享存储的更为麻烦。

```
double(*a)[N],(*b)[N],(*c)[N];
a=jia_alloc(N*N*8);
b=jia_alloc(N*N*8);
c=jia_alloc(N*N*8);
if(myid==0) for(i…) for(j…){
    init A,B;
}
jia_barrier();



begin=N*myid/numprocs;
end=N*(myid+1)/numprocs;
for(i=begin;i<end;i++){
    for(j=0;j<N;j++){
        c[i][j]=0.0;
        for(k=0;k<N;k++)
            c[i][j]+=a[i][k]*b[k][j];
    }
}
jia_barrier();
if(myid==0) printf C;
```

```
double(*a)[N],(*b)[N],(*c)[N];
a=malloc(N*N*8);
b=malloc(N*N*8);
c=malloc(N*N*8);
if(mypid==0){
    init A,B;
    send A,B;
}else{
    recv A,B;
}
begin=0;
end=N/numprocs;
for(i=begin;i<end;i++){
    for(j=0;j<N;j++){
        c[i][j]=0.0;
        for(k=0;k<N;k++)
            c[i][j]+=a[i][k]*b[k][j];
    }
}
if(mypid!=0){ send C;}
else{ recv C;printf C;}
```

(a) 共享存储程序　　　　　　　　　　(b) 消息传递程序

图12.3　矩阵乘法算法示意

有些应用在并行化时,其通信行为是在程序运行过程中动态确定的,在编写程序时确定不了。这些应用消息传递的方法写并行程序难度较大。图12.4是一个图像纠正的串行程序及其在共享存储环境下的并行程序。在图像纠正中,把原始图像in通过多项式函数P()映射到目标图像。数组in和out分布在不同进程的内存上,在消息传递环境下进行并行化时,由于访问in的下标(x,y)是通过多项式P()动态计算出来的,编写程序时不知道谁需要跟谁通信。在共享存储环境下由于不用考虑数据分布,只要考虑任务分配,所以并行化比较简单。

```
for(i=0;i<lin2;i++){                start=lin2/numprocs * myid;
    for(j=0;j<col2;j++){            end=start+lin2/numprocs;
        x=P(i,j,…);                 if(myid==numprocs) end=lin2;
        y=P(i,j,…);                 for(i=start;i<end;i++){
        out[i][j]=in[x][y];             for(j=0;j<col2;j++){
    }                                       x=P(i,j,…);
}                                           y=P(i,j,…);
                                            out[i][j]=in[x][y];
                                        }
                                    }
```

    (a) 串行程序   (b) 共享存储程序

图 12.4 图像纠正算法示意

  可见，在编写并行程序时，在消息传递系统中既要考虑任务划分又要考虑数据划分，而在共享存储系统只需考虑任务划分。因此，共享存储系统比起消息传递系统具有更易于编程及通用性好的特点。然而，共享必然会引起冲突，从而使共享存储器成为系统瓶颈。为此，在规模较大的共享存储系统中，都把共享存储器分成许多模块并分布于各处理器之中（这类系统称为分布式共享存储系统）。存储器的分布引起非一致的访存结构NUMA（Non-Uniform Memory Access），即不同处理器访问同一存储单元可能有不同的延迟。此外，共享存储系统都采用 cache 来缓和由共享引起的冲突以及由存储器分布引起的长延迟对性能的影响，而 cache 的使用又带来了 cache 一致性问题，即如何保证同一单元在不同 cache 中的备份数据的一致性。因此，共享存储的多处理器系统复杂度高，从而影响可伸缩性。目前的高性能计算机可以把几万个处理器连接在一起，都是采用消息传递结构；而历史上最大规模的共享存储并行计算机才有几百到上千个处理器，最典型的共享存储系统都是几个到几十个处理器的 SMP 服务器系统。

  目前成为处理器发展主流的多核处理器一般都采用共享存储结构。相当于是把板上的共享存储系统移到了片内。但多核的共享存储系统在实现上有些新特点，例如可以提高共享存储的层次，从共享内存到共享 cache。

12.2 常见的共享存储系统

  根据共享存储器的分布，共享存储系统可分为集中式和分布式两大类。在集中式共享存储系统中，多个处理器通过总线或交叉开关等与共享存储器相连，所有处理器访问存储器时都有相同的延迟。随着处理器个数的增加，集中式的存储器很容易成为系统瓶颈。在分布式共享存储（Distributed Shared Memory，DSM）系统中，共享存储器分布于各结点之间（一个结点可能有一个或多个处理器），即每个结点包含共享存储器的一部分。结点之间通过可伸缩性好的互联网络（如 Mesh）相连。分布式的存储器和可伸缩的互联网络增加了访存带宽，但导致不一致的访存结构 NUMA。集中式和分布式的共享存储系统又分别可以分成若干类。

根据存储器的分布、一致性的维护以及实现方式等特征，常见的共享存储系统的体系结构有以下几种类型。

(1) 无 cache 结构。这种系统的处理器没有 cache，多个处理器通过交叉开关或多级互联网络等直接访问共享存储器。由于任一存储单元在系统中只有一个备份，这类系统不存在 cache 一致性问题，系统的可伸缩性受限于交叉开关或多级互联网络的带宽。采用这种结构的典型例子是 20 世纪七八十年代的并行向量机及一些大型机，如 Cray-XMP、YMP-C90 等。

(2) 共享总线结构。即 SMP 系统所采用的结构。在这类系统中，每个处理器都有 cache，多个处理器通过总线与存储器相连。每个处理器的 cache 通过侦听总线来维持数据的一致性。由于总线是独占性资源，这类系统的伸缩性是有限的。这种结构常见于服务器和工作站中，如 HP、DEC、SUN、IBM 以及 SGI 等公司的多 CPU 工作站产品均属此类。目前流行的片内多核也多采用共享总线结构。

(3) CC-NUMA(cache-Coherent Non-Uniform Memory Access)结构。其他 cache 一致的分布式共享存储系统。这类系统的共享存储器分布于各结点之间。结点之间通过可伸缩性好的互联网络相连，每个处理器都能缓存共享单元，通常采用基于目录的方法来维持处理器之间的 cache 一致性。cache 一致性的维护是这类系统的关键，决定着系统的可伸缩性。这类系统的例子有 Standford 大学的 DASH 和 FLASH，以及 SGI 的 Origin 2000 等。龙芯 3 号多核处理器也采用 CC-NUMA 结构。

(4) COMA(cache-Only Memory Architecture)结构。这类系统的共享存储器的地址是活动的，存储单元与物理地址分离，数据可以根据访存模式动态地在各结点的存储器间移动和复制。每个结点的存储器相当于一个大容量 cache，数据一致性也在这一级得到维护。这类系统的优点是当处理器的访问不在 cache 命中时，在本地共享存储器命中的概率较高。其缺点是当处理器的访问不在本结点命中时，由于存储器的地址是活动的，需要有一种机制来查找被访问单元的当前位置，因此延迟很大。采用唯有 cache 结构的系统有 Kendall Square Research 的 KSR1 和瑞典计算机研究院的 DDM。此外，COMA 结构常用于软件 DSM 系统中。

(5) NCC-NUMA(Non-cache-Coherent Non-Uniform Memory Access)结构。即 cache 不一致的分布式共享存储系统。其典型代表是 Cray 公司的 T3D 及 T3E 系列产品。这种系统的特点是虽然每个处理器都有 cache，但硬件不负责维护 cache 一致性。cache 一致性由编译器或程序员来维护。在 T3D 和 T3E 中，系统为用户提供了一些用于同步的库函数，便于用户通过设置临界区等手段来维护数据一致性。这样做的好处是系统伸缩性强，高档的 T3D 及 T3E 产品可达上千个处理器。

(6) 共享虚拟存储(Shared Virtual Memory，SVM)结构。又称软件 DSM 系统。共享虚拟存储系统在基于消息传递的 MPP 或机群系统中，用软件的方法把分布于各结点的多个独立编址的存储器组织成一个统一编址的共享存储空间。其优点是在消息传递的系统上实现共享存储的编程界面，主要问题是难以获得满意的性能。与硬件共享存储系统相比，软件 DSM 中较大的通信和共享粒度（通常是存储页）会导致假共享及额外的通信。此外，在基于机群的软件 DSM 中通信开销很大。常见的虚拟共享存储系统有 Ivy、Munin、Treadmarks 和 JIAJIA 等。

12.3 共享存储系统的指令相关

在指令流水线中,处理器只要确保存在相关的指令按照程序的次序执行就可以通过流水线、动态调度、多发射等技术对指令进行乱序执行。在共享存储的并行程序中,什么是指令的相关性?结构设计怎样在满足指令相关性的前提下提高性能呢?

在单机系统中,只有一个处理器读写存储器,其访存事件次序比较简单:取数操作总是取回最近一个对同一单元的存数操作所写的值,而存数操作唯一地确定此后对同一单元的取数操作所取回的值。这种简单的访存事件模型使单机系统得以高效的实现。目前的大多数单机系统都采用流水、多发射、预取、写缓存等技术来提高性能,只要程序中的数据相关性不被破坏,就可以乱序执行指令而不影响执行的正确性。

但在共享存储系统中,多个处理器可以读写同一单元,一个处理器所存的数可能被多个处理器所访问,一个单元内容的变化可能在不同的时刻被不同的处理器所接受。因此,在共享存储系统中,访存操作的次序比较复杂。为保证其被正确地执行,不仅要考虑单机内的数据相关,而且要考虑多机之间的数据相关。

图 12.5 的程序段 PRG1 是保证只有一个进程进入临界区的一种同步机制。其中变量 a 是指示进程 P_1 是否进入临界区的标志,a=0 表示 P_1 未进入临界区,a=1 表示 P_1 已进入临界区;变量 b 是进程 P_2 的同样标志。当一个进程试图进入临界区时,它首先把本进程的标志置为 1,然后检查另一进程的标志。若另一进程的标志为 0,说明另一进程未进入临界区,则本进程进入临界区;否则,本进程等待,直到另一进程退出临界区。当 P_1 和 P_2 分别执行完相应的进程时,R1 和 R2 的值的正确组合是 (0,1)、(1,0) 和 (1,1)。其中最后一种情况将导致死锁(假设有其他方法来防止死锁)。只有 R1=R2=0 的结果是错误的,它将导致 P_1 和 P_2 同时进入临界区。

P_1	P_2
L11: STORE a,1;	L21: STORE b,1;
L12: LOAD R1,b;	L22: LOAD R2,a;

寄存器 R1 为进程 P_1 的内部寄存器,R2 为 P_2 的内部寄存器,初始值均为 0;变量 a,b 为 P_1 和 P_2 的共享变量,初始值均为 0。

图 12.5 共享存储程序片段 PRG1

如果忽略多机间的数据相关而只考虑单机内的数据相关,则 L12 可以先于 L11 执行而不破坏数据相关性。同样,L22 可以先于 L21 执行而不破坏数据相关性。这就会导致 R1=R2=0 的错误结果。

可见在共享存储系统中,为了执行的正确性,每个处理器都必须根据指令在程序中出现的次序来执行指令。然而,在分布式共享存储系统中,仅仅根据程序来执行指令还不足以保证执行的正确性。下面举例进行说明。

在图 12.6 的程序 PRG2 中,如果仅要求 P_1、P_2 及 P_3 根据指令在程序中出现的次序来执行指令,那么这个程序的访存事件可能按如下次序发生:

① P_1 发出存数操作 L11；
② L11 到达 P_2，但由于网络堵塞等原因，L11 未到达 P_3；
③ P_2 发出取数操作 L21 取回 a 的新值；
④ P_2 发出存数操作 L22，且其所存的 b 新值到达 P_3；
⑤ P_3 发出取数操作 L31 取回 b 的新值；
⑥ P_3 发出取数操作 L32，但由于 L11 未到达 P_3，故 L32 取回 a 的旧值；
⑦ L11 到达 P_3。

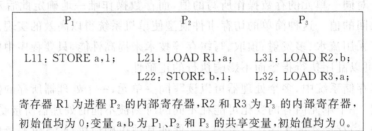

图 12.6　共享存储程序片段 PRG2

这是一个程序员难以接受的执行。因为从程序员的观点来看，如果 L21 和 L31 分别取回 a 和 b 的新值，则说明存数操作 L11 和 L22 都已完成，L32 必然取回 a 的新值。在此例中，即使每个处理器都根据指令在程序中出现的次序来执行指令，仍然会导致错误的结果。

可见，由于在共享存储多处理器系统中不存在单机系统中的全局绝对时钟，难以唯一地确定在取数操作之前的"最近"一个对同一单元的存数操作。传统的执行正确性标准已不适应共享存储系统中复杂的访存行为，需要为共享存储系统制定新的执行正确性标准。Lamport 在 1979 年提出了顺序一致性（Sequential Consistency）模型，这一模型后来被普遍认为是判断一个并行执行是否正确的标准。该模型指出如果在共享存储系统中多机并行执行程序的效果等于把每一个处理器所执行的指令流按某种方式顺序地交织在一起在单机上执行的结果，则该共享存储系统的顺序是一致的。

宏观上说，一个系统结构对一个程序的执行结果要符合程序所表达的要求。在串行程序中，满足数据的相关性就是程序所表达的要求。下面看看在共享存储结构中程序所表达的要求以及如何满足这个要求。

从本质上说，一个程序是一个指令集以及在此指令集上的一个序关系。每条指令规定程序要执行的操作，而序关系规定这些操作的发生次序。为了研究访存次序，我们不妨假设程序中只有 LOAD 和 STORE 两种操作。因为从处理器和存储系统的界面上看，不管多么复杂的进程都表现为存数指令和取数指令的有限序列。上述程序模型可形式地定义为：一个进程 P 是一个序结构 $<V(P), P_O(P)>$，其中，$V(P)$ 是访存指令的集合，$P_O(P)$ 是 $V(P)$ 上的一个全序关系。由 n 个进程 $P_1, P_2, \cdots, P_n$ 组成的程序 $PRG(P_1, P_2, \cdots, P_n)$ 是一个序结构 $<V(PRG), P_O(PRG)>$。其中，$V(PRG) = V(P_1) \bigcup V(P_2) \bigcup \cdots \bigcup V(P_n)$ 是程序 PRG 的指令集，$P_O(PRG) = P_O(P_1) \bigcup P_O(P_2) \bigcup \cdots \bigcup P_O(P_n)$ 是 PRG 的程序序。

例如，图 12.5 中的程序 PRG1 可以用序结构 $<V(PRG1), P_O(PRG1)>$ 来表示。其中，

$$V(PRG1) = \{L11, L12, L21, L22\}$$
$$P_O(PRG1) = \{(L11, L12), (L21, L22)\}$$

为了保证执行的正确性,程序中的数据相关性不能被破坏。如果两条访存指令访问的是同一变量且其中至少有一条是存数指令,则这两条指令是数据相关的。在单处理器中,程序执行的结果是由程序中数据相关的指令的执行次序来唯一决定的。在多处理器中,与单处理器中"数据相关"这一概念相对应的是"冲突访问"。在共享存储多处理器系统中,如果两个访存操作访问的是同一单元且其中至少有一个是存数操作,则称这两个访存操作是冲突的。在图 12.5 的程序 PRG1 中,L11 和 L22 是冲突访问,因为它们都访问单元 a 且 L11 是存数操作;同样,L12 和 L21 也是冲突访问。把程序 PRG 中冲突访问对的集合记为 C(PRG),即

$$C(PRG) = \{(u,v) | (u \in V(PRG)) \cap (v \in V(PRG)) \cap (u,v \text{ 是冲突访问})\}$$

例如,图 12.6 中的程序 PRG2 的冲突访问对集为:
$$C(PRG2) = \{(L11, L21), (L11, L32), (L31, L22)\}$$

不难理解,在并行执行中,冲突访问的执行次序决定执行结果。也就是说,在一个并行执行中,一旦互相冲突的访问的执行次序确定了,那么执行结果也就确定了。因此,可以把共享存储系统中的一个执行定义为:在程序 PRG 中,对冲突访问对集 C(PRG)的任意一个无圈定序称为程序 PRG 的一个执行,记为 E(PRG)。E(PRG)是 C(PRG)的一个定序是指,对任意的$(u,v) \in C(PRG)$,$(u,v) \in E(PRG)$和$(v,u) \in E(PRG)$有且仅有一个成立。

例如,在图 12.5 中,程序 PRG1 的冲突访问对集为:
$$C(PRG1) = \{(L11, L22), (L12, L21)\}$$
因此,程序 PRG1 的可能的执行为:
$$E1(PRG1) = (L11, L22), (L12, L21)$$
$$E2(PRG1) = (L22, L11), (L12, L21)$$
$$E3(PRG1) = (L11, L22), (L21, L12)$$
$$E4(PRG1) = (L22, L11), (L21, L12)$$

根据顺序一致性的要求,一个并行程序执行正确的条件是其结果等于该程序的一个正确的串行执行的结果,而执行本身不必串行。并行程序怎么串行执行呢?就是一个处理器不断切换,轮流执行并行程序中各进程的指令。当然,这种切换执行可能有多种结果,就像图 12.5 的程序段一样,结果的唯一性是由程序员通过进程间的同步来保证的。例如在图 12.2 积分求圆周率的程序中,哪个进程先把自己的局部结果加到共享变量 p_i 上的次序是无所谓的。也就是说,程序 $PRG = <V(PRG), P_O(PRG)>$ 的串行执行 SE(PRG)是 V(PRG)的一个全序关系。当然,并非一个程序的所有串行执行都是正确的。只有那些结果符合程序员的期望的串行执行是正确的。程序员总是期望指令按照在程序中出现的先后次序来执行。因此,如果一个串行执行 SE(PRG)与程序序 $P_O(PRG)$一致,那么这个串行执行肯定正确,即若 $SE(PRG) \cup P_O(PRG)$无圈,则 SE(PRG)正确。而对于程序 PRG 的一个执行 E(PRG),如果存在 PRG 的一个正确串行执行 SE(PRG),使得 $SE(PRG) \cup P_O(PRG)$ 无圈且 E(PRG)和 SE(PRG)的结果相等,则称 E(PRG)是程序 PRG 的一个正确执行。

既然一个执行的结果取决于程序中冲突访问的执行次序,那么此执行的正确性也一定

由程序中冲突访问的执行次序来决定。根据前面的概念可以证明：程序 PRG 的执行 E(PRG)正确的充要条件是 E(PRG)$\bigcup$P$_O$(PRG)无圈。这个结论比较直观,如果 E(PRG)$\bigcup$P$_O$(PRG)无圈,就可以展开成一个全序关系,全序关系就是串行执行。

例如,在图 12.5 中的程序 PRG1 的 4 个执行中,由于

E1(PRG1)$\bigcup$P$_O$(PRG1)={(L11,L22),(L12,L21),(L11,L12),(L21,L22)}
E3(PRG1)$\bigcup$P$_O$(PRG1)={(L11,L22),(L21,L12),(L11,L12),(L21,L22)}
E4(PRG1)$\bigcup$P$_O$(PRG1)={(L22,L11),(L21,L12),(L11,L12),(L21,L22)}

无圈,因而 E1(PRG1),E3(PRG1)和 E4(PRG1)是正确的执行。而

E2(PRG1)$\bigcup$P$_O$(PRG1)={(L11,L12),(L12,L21),(L21,L22),(L22,L11)}

中有一圈 L11 → L12 → L21 → L22 → L11,因此 E2(PRG1)不正确。

从上述分析可以看出,串行程序中指令的相关性是并行程序中冲突访问的一种特殊情况,串行程序的执行中满足程序的相关性是并行程序中 E(PRG)$\bigcup$P$_O$(PRG)无圈的一种特殊情况。两者是统一的。

有了上述模型,就可以加深对本节开始时的两个例子的理解,还可以指导我们设计出满足正确性和性能要求的结构。

12.4 共享存储系统的访存事件次序

在分布式共享存储系统中,由于不同处理器访问同一单元的不同延迟以及同一单元在 cache 中的多个备份,导致同一单元内容的变化可能在不同的时刻被不同的处理器所接受。这类系统称为写可分割(Write Nonatomic)的系统。在这种系统中,抽象的存数或取数操作已不足以描述系统行为,因此需要一个更精确的模型来描述共享存储系统的并行执行中复杂的事件次序,此模型必须能反映出同一访存操作在不同的时刻到达不同的处理器这一事实。下面的共享存储访问模型可以精确表示访存操作可分割的这一事实。

在一个有 n 个处理器的共享存储系统中,任意一个访存操作 u 可以分割成 n 个子操作 $u^1, u^2, \cdots, u^n$,其中 u^i 表示 u 相对于处理器 P_i 完成(或被处理器 P_i 所接受)。一个存数操作相对于处理器 P_i 完成指的是如果没有对同一单元的其他存数操作,P_i 访问该单元时将取回该存数操作所写的值。一个取数操作相对于处理器 P_i 完成指的是 P_i 所写的值将不再影响该取数操作的返回值。其子操作不可分割。

在共享存储系统中,若处理器 P_i 的 cache 中有 x 的备份,则存数子操作 $w^i(x)$ 相当于更新 x 在 P_i 中的备份(在写更新协议中)或使 x 在 P_i 中的备份无效(在写使无效协议中);否则,$w^i(x)$ 相当于更新 x 在主存中的备份。对于读单元 x 的取数操作 $r(x)$,若发出读操作的处理器 P_i 的 cache 中有 x 的备份,则 P_i 在 cache 中读 x 时所有 $r(x)$ 的子操作同时完成;否则,在 P_i 向存储器发读数请求的过程中,在该请求到达存储器之前,若某一进程 P_j 对 x 的修改已不可能影响存储器中 x 的值,则 $r^j(x)$ 完成,在 P_i 的读数请求到达存储器后,$r(x)$ 的所有子操作都已经完成。

12.3 节建立的执行正确性模型指出共享存储系统中一个执行 E(PRG)正确的充要条件是 E(PRG)$\bigcup$P$_O$(PRG)无圈。通常,为了保证执行的正确性,需要对访存事件的发生次序进行限制,即对同一进程中或冲突的 u 和 v 通过规定 v 的子操作 $v^1, v^2, \cdots, v^n$ 和 u 的子操

作 $u^1, u^2, \cdots, u^n$ 的发生次序,使 $E(PRG) \cup P_O(PRG)$ 中不存在形成圈的条件。当然,上述限制越严格,越不利于性能的提高。

一个在很多共享存储系统中普遍使用的正确执行的访存次序条件如下:在一个访存操作允许被发出之前,同一进程中所有先于它的访存操作都已经"彻底完成"(Globally Performed,或称为"全局完成")。其中一个存数操作"彻底完成"是指该操作已相对于所有处理器完成;一个取数操作"彻底完成"是指该取数操作已相对于所有处理器完成(即这个取数操作取回的值已经确定)且写此值的存数操作已彻底完成。根据这个条件,图 12.5 和图 12.6 的例子中的错误执行不会发生。利用我们已经建立起来的模型,可以证明满足这个条件的执行不会在 $E(PRG) \cup P_O(PRG)$ 中形成圈,因此是正确的。

上述条件要求每个处理器根据指令在程序中出现的次序来执行指令。这不利于提高性能,尤其是一旦所访问的单元不在 cache 命中,处理器等待的时间将会很长。通过分析可以得出结论:如果 u 和 u_1 是同一进程 P_i 的两个访存操作且 u 出现在 u_1 之前,确保 u_1 可以先于 u 执行而不影响执行的正确性的条件:在 u_1 发出之后 u"彻底完成"之前的这段时间内,任何其他与 u_1 冲突的访存操作不会相对于 P_i 完成。例如,如果一个 cache 命中的 load 操作写回后但没有提交之前,如果收到来自其他处理器的对该 load 访问的 cache 行的无效请求,则取消该 load 的结果并重新执行该 load 就可以,该 load 操作不必等到前面的所有访存操作都提交再开始执行。

12.5 存储一致性模型

前几节以顺序一致性模型作为正确执行的标准建立了执行正确性模型,讨论了实现正确执行的访存事件次序。从前面的讨论中可以看出,在共享存储系统中,为了保证执行的正确性,需要对访存事件次序施加严格的限制。

为了放松对访存事件次序的限制,人们提出了一系列弱存储一致性的模型。这些弱存储一致性模型的基本思想是:在顺序一致性模型中,虽然为了保证正确执行而对访存事件次序施加了严格的限制,但在大多数不会引起访存冲突的情况下,这些限制是多余的;因此可以让程序员承担部分执行正确性的责任,即在程序中指出需要维护一致性的访存操作,系统只保证在用户指出的需要保持一致性的地方来维护数据的一致性,而对用户未加说明的部分,可以不用考虑处理器之间的数据相关。

文献中常见的存储一致性模型包括顺序一致性模型、处理器一致性模型、弱一致性模型、释放一致性模型、急切更新释放一致性模型、懒惰更新释放一致性模型、域一致性模型以及单项一致性模型等。这些存储一致性模型对访存事件次序的限制不同,因而对程序员的要求以及所能得到的性能也不一样。存储一致性模型对访存事件次序施加的限制越弱越有利于提高性能,但编程越难。

(1) 顺序一致性(Sequential Consistency,SC)是程序员最乐于接受的存储一致性模型。对于满足顺序一致性的多处理器中的任一执行,总可以找到同一程序在单机多进程环境下的一个执行与之对应,使得二者结果相等。

(2) 处理器一致性(Processor Consistency,PC)比顺序一致性弱,故对于某些在顺序一致条件下能正确执行的程序,在处理器一致条件下执行时可能会导致错误结果。处理器一致性对访存事件发生次序施加的限制是:在任意取数操作 LOAD 允许被执行之前,所有在同一处理器中先于这一 LOAD 的取数操作都已完成;在任意存数操作 STORE 允许被执行之前,所有在同一处理器中先于这一 STORE 的访存操作(包括 LOAD 和 STORE)都已完成。上述条件允许 STORE 之后的 LOAD 越过 STORE 而先予执行。在实现上很有意义:在 cache 命中的 LOAD 指令写回之后,但没有提交之前,如果收到其他处理器对 LOAD 所访问 cache 行的无效请求,LOAD 指令可以不用取消,较大地简化了流水线的设计。

(3) 弱一致性(Weak Consistency,WC)模型的主要思想是把同步操作和普通访存操作区分开来,程序员必须用硬件可识别的同步操作把对可写共享单元的访问保护起来,以保证多个处理器对可写共享单元的访问是互斥的。弱一致性对访存事件发生次序作如下限制:同步操作的执行满足顺序一致性条件;在任一普通访存操作允许被执行之前,所有在同一处理器中先于这一访存操作的同步操作都已完成;在任一同步操作允许被执行之前,所有在同一处理器中先于这一同步操作的普通访存操作都已完成。上述条件允许在同步操作之间的普通访存操作执行时不用考虑进程之间的相关。虽然弱一致性模型增加了程序员的负担,但它能有效地提高系统性能。值得指出的是,即使是在顺序一致的共享存储并行程序中,同步操作也是难以避免的,否则程序的行为难以确定(见图 12.2 和图 12.3 的例子)。因此,在弱一致性模型的程序中,专门为数据一致性而增加的同步操作不多。

(4) 释放一致性(Release Consistency,RC)模型是对弱一致模型的改进,它把同步操作进一步分成获取操作 acquire 和释放操作 release。acquire 用于获取对某些共享存储单元的独占性访问权,而 release 则用于释放这种访问权。释放一致性模型对访存事件发生次序作如下限制:同步操作的执行满足顺序一致性条件;在任意一个普通访存操作允许被执行之前,所有在同一处理器中先于这一访存操作的 acquire 操作都已完成;在任意一个 release 操作允许被执行之前,所有在同一处理器中先于这个 release 的普通访存操作都已完成。

在硬件实现的释放一致性模型中,对共享单元的访存是及时进行的,并在执行同步操作 acquire 和 release 时等齐。在共享虚拟存储系统或在由软件维护数据一致性的共享存储系统中,由于通信和数据交换的开销很大,有必要减少通信和数据交换的次数。为此,人们在释放一致性模型的基础上提出了急切更新释放一致性(Eager Release Consistency,ERC)模型和懒惰更新释放一致性(Lazy Release Consistency,LRC)模型。在 ERC 中,在临界区内的多个存数操作对共享内存的更新不是及时进行的,而是在执行 release 操作之前(即退出临界区之前)集中进行。通过把多个存数操作合并在一起,以进行统一执行,从而减少了数据通信次数,这对于由软件实现的共享存储系统是十分必要的。在 LRC 中,由一个处理器对某单元的存数操作并不是由此处理器主动地传播到所有共享该单元的其他处理器,而是在其他处理器要用到此处理器所写的数据时(即其他处理器执行 acquire 操作时)再向此处理器索取该单元的最新备份。这样可以进一步减少通信量。

(5) 域一致性(Scope Consistency,ScC)模型对访存事件次序的要求没有懒惰更新释放一致性那么严格。在 LRC 中,当处理器 P 从处理器 Q 获得锁 L 时,处理器 Q 所看到(visible)的修改操作都被传给处理器 P。但在 ScC 中,只有用锁 L 保护起来的区域中所做的修改才会传送给 P。ScC 对访存事件次序的规定如下:在处理器 P 执行获得锁 L 的 acquire 操作之前,所有相对于锁 L 已执行的访存操作必须相对于处理器 P 执行完;在处理器 P 执行访存操作之前,所有在此之前的 acquire 操作都已经完成。一个访存操作相对于一个锁已执行完当且仅当该访存操作在由该锁保护的临界区内发出且该锁已被释放。

(6) 单项一致性(Entry Consistency,EC)模型要求每一共享对象都和一个同步变量相关联,对任一共享变量的访问必须由对与该变量关联的同步变量的同步操作来保护。这样,在对某一同步变量执行获取访问时,只有那些与该同步变量相关联的共享数据的修改信息被传送。显然单项一致性模型进一步放松了对访存事件次序的限制,减少了处理器间的数据传送量,从而有利于性能的提高。但是要求程序设计者为每一共享对象都指定一个同步变量与之关联,大大增加了程序设计的复杂性。

除了处理器一致性模型以外,在所有存储一致性模型中,执行正确性的标准是一致的,即遵循顺序一致性模型所规定的正确性标准。在其他一致性模型中,系统结构对于满足要求的程序体现出顺序一致性的行为。即只要一个程序满足某种弱一致性模型对编程的要求,则该程序在实现该种弱一致性模型的系统中执行的结果与在实现顺序一致性模型的系统中执行的结果是一样的。但如果一个程序不满足该种弱一致性模型对编程的要求,则该程序在实现该种弱一致性模型的系统中执行的结果可能是错误的,即与在顺序一致的系统中执行的结果不一致。

由于最初弱一致性模型的提出是为了减少对访存事件次序的限制条件,因此上述存储一致性模型的定义大多是面向硬件的,即通过其对共享存储系统中访存事件次序的限制来描述一个存储一致性模型。这些限制通常体现为要求一个处理器发出的访存操作在什么时刻相对于其他处理器被执行完毕(或被其他处理器所接受)。这种面向硬件的存储一致性模型的定义增加了程序设计的复杂度。事实上,程序员对一个访存操作到达其他处理器的时刻并不感兴趣,因为从程序设计的角度来说,一个访存操作应该同时被所有处理器所接受。没有理由要求程序设计者考虑访存事件的可分割性(即一个访存操作在不同时刻被不同的处理器所接受),增加本来就不容易的并行程序设计的负担。此外,规定了存储一致性模型的访存事件次序也限制了硬件的进一步优化,因为某些硬件优化其实并不会改变存储一致性模型的真正语义。

因此,不管是系统设计还是程序设计,其存储一致性模型应该表示的是共享存储系统的行为而不是对访存事件次序的规定。当然,要求共享存储系统所体现行为从某种程度上也规定了该模型所允许的访存事件发生次序。

以图 12.7 中的程序为例,当这个程序在分别实现 RC、ERC,以及 LRC 的机器中执行时,处理器 P_1 所写的 y 的值到达处理器 P_2 的时刻是不一样的。在 RC 中,P_1 执行操作"$y=1$"时就开始把 y 的新值传播到 P_2;在 ERC 中,P_1 在执行操作"rel(l1)"时才开始传播 y 的新值;LRC 则更进一步,它不要求 P_1 主动传播 y 的新值,只有在 P_2 执行"acq(l1)"时才向 P_1 索取 y 的新值。虽然在 RC、ERC 和 LRC 中处理器 P_1 所写的 y 值在不同的时刻"到达"P_2,但 P_2 却在相同的时刻"观察到"y 的新值,即 P_2 通过"$b=y$"读取 y 的新值。因此,该程序在 RC、ERC 和 LRC 中执行时 P_2 都得到相同的结果 $a=b=1$。图 12.8 显示了 RC、ERC 和 LRC 中值的传播时机。

然而,当该程序在实现 ScC 的系统中执行时 P_2 却可能得到 $a=0,b=1$ 的不同结果,因为根据 ScC 的要求,P_2 在执行 acq(l1) 操作时只需看到由锁 l1 保护的内容。

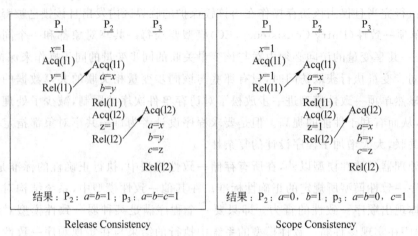

(a, b, c是局部变量，x，y全局变量，初始值：$x=y=0$)

图 12.7　释放一致性与域一致性中数据的传递

图 12.7 中的程序在 RC、ERC 和 LRC 中执行时都得到相同的结果表明：RC、ERC 和 LRC 对同一程序体现出相同的行为，即它们在程序行为一级有相同的语义，因而对程序员有相同的正确程序设计要求。它们不是不同的存储一致性模型，而是同一存储一致性模型的不同实现。图 12.8 是 RC、ERC 和 LRC 的事件次序。这个例子还说明，对访存操作执行次序的限制只是实现存储一致性模型的手段，而不是一个存储一致性模型的本质。因此，存储一致性模型的定义不应对访存事件次序作出具体的限制，而应指出满足该模型的系统结构在执行并行程序时所体现出的行为，这些行为可以通过对访存事件发生次序的限制来实现。当程序员写程序时，可以根据存储一致性模型的要求来获取程序中每一个访存操作所产生的行为，从而知道如何设计满足存储一致性模型的正确程序；结构设计人员设计结构时，可以在满足存储一致性规定的结构行为的前提下提高性能。

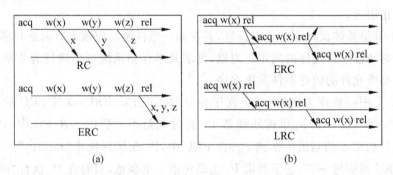

图 12.8　RC、ERC 和 LRC 的事件次序

由于在共享存储系统中并行程序的执行结果由程序中冲突访问的执行次序来确定，因此可以把存储一致性模型定义为规定不同处理器间访存操作执行次序的一种同步机制。存储一致性模型通过进程间同步来确定进程间冲突访问的执行次序。进程间同步规定一个处理器所写的值在何时通过何种方式传播到其他处理器。在一个执行中，程序以及同步操作的执行次序决定该执行的最终行为。

12.6 cache 一致性协议

高速缓存(cache)技术在共享存储系统中占有重要地位。它不仅可以隐藏由于处理器和存储器的空间分布引起的大延迟,而且可以减少多个处理器在访问共享存储器时的冲突。然而,cache 在多处理器中会引起 cache 一致性问题,即如何使同一单元在不同 cache 以及主存中的多个备份保持数据一致的问题。人们已经提出了若干 cache 一致性协议来解决这个问题。

cache 一致性协议是把某个处理器新写的值传播给其他处理器以确保所有处理器看到一致的共享存储内容的一种机制。cache 一致性协议都是为实现某种存储一致性模型而设计的。存储一致性模型对 cache 一致性协议提出了一致性的要求,即 cache 一致性协议应该实现什么样的"一致性"。例如在释放一致性中,一个处理器对共享变量写新值时,其他处理器只有等到该处理器释放锁后才能看到;而在顺序一致性中,一个处理器写的值会立刻传播给所有的处理器。因此 SC 和 RC 所描述的"一致性观点"(Coherent View)不同,实现 SC 的 cache 一致性协议与实现 RC 的 cache 一致性协议也就不一样。cache 一致性协议通常需要考虑以下几个方面:

① 如何传播新值,写使无效与写更新;
② 谁可以产生新值,单写协议与多写协议;
③ 什么时候传播新值,及时传播与延时传播;
④ 新值将会传播给谁,侦听协议与目录协议。

在具体实现时还经常需要在系统复杂性与性能之间进行取舍。通常系统性能的提高是以协议复杂性的增加为代价的。

(1) 写使无效与写更新。根据所采取的写传播策略,cache 一致性协议可分为写使无效(Write-Invalidate)和写更新(Write-Update)两种。在写使无效协议中,当根据一致性要求要把一个处理器对某一单元所写的值传播给其他处理器时,就使其他处理器中该单元的备份无效;其他处理器随后要用到该单元时,再获得该单元的新值。在写更新协议中,当根据一致性要求要把一个处理器对某一单元所写的值传播给其他处理器时,就把该单元的新值传播给所有拥有该单元备份的处理器对相应的备份进行更新。

写使无效协议的优点是:一旦某处理器使某一变量在所有其他 cache 中的备份无效时,它就取得了对此变量的独占权,随后它可以随意地更新此变量而不必告知其他处理器,直到其他处理器请求访问此变量而导致独占权被剥夺。其缺点是:当某变量在一处理器中的备份变无效后,此处理器再读此变量时会引起 cache 不命中,在一个共享块被多个处理器频繁访问的情况下会引起所谓的"乒乓"效应,即处理器之间频繁地互相剥夺对一个共享块的访问权导致性能严重地下降。写更新协议的优点是:一旦某 cache 缓存了某一变量,它就一直持有此变量的最新备份,除非此变量被替换掉。其缺点是:写数的处理器每次都得把所写的值传播给其他处理器,即使其他处理器不再使用所写的共享块。写使无效协议适用于顺序共享(Sequential Sharing)的程序,即在较长时间内只有一个处理器访问一个变量;而写更新协议适用于紧密共享(Tight Sharing)的程序,即多个处理器在一段时间内频繁地访问同一变量。

(2) 侦听协议与目录协议。侦听协议的基本思想是,当一个处理器对共享变量的访问不再 cache 命中或可能引起数据不一致时,它就把这一事件广播到所有处理器。系统中所有处理器的 cache 都侦听广播,当拥有广播中涉及的共享变量的 cache 侦听到广播后,就采取相应的维持一致性的行动(如使本 cache 的备份无效、向总线提供数据等)。侦听协议适合多个处理器通过总线相连的集中式共享存储系统,因为总线是一种方便而快捷的广播媒介。在写使无效侦听协议中,当一个 cache 侦听到其他处理器欲写某一单元且自己持有此单元的备份时,就使这一备份无效以保持数据一致性。在写更新侦听协议中,当一个 cache 侦听到自己持有备份的某一共享单元的内容被其他处理器所更新时,就根据侦听到的内容更新此备份的值。

由于侦听协议需要广播而因此只适用于可伸缩性差的共享总线结构。在采用通用互联网络的分布式系统中通常使用基于目录的 cache 一致性协议。其主要思想是,为每一存储行维持一目录项,该目录项记录所有当前持有此行备份的处理器号以及此行是否已被改写等信息。当一个处理器欲往某一存储行写数且可能引起数据不一致时,它就根据目录的内容只向持有此行的备份的那些处理器发出写使无效/写更新信号,从而避免了广播。

根据目录的不同组织方式,目录协议可分为位向量目录、有限指针目录、链表目录等。位向量目录中的每一目录项有 n 位的向量,其中 n 是系统中处理器的个数。位向量中第 i 位为"1"表示此存储行在第 i 个处理器中有备份;每一目录项还有一改写位,当改写位为"1"时表示某处理器独占并已改写此行。位向量目录所需要的目录存储器容量随处理器数 n 以及共享存储容量 m 的增加以 $O(m*n)$ 的速度增加。当 n 很大时,开销很大。在大多数应用中,一个变量一次只被少数几个处理器所共享,因此可以用有限个指针指向当前持有此变量的几个处理器;每个指针需 $\log_2 n$ 位,整个目录所需要的存储容量为 $O(m*\log_2 n)$;由于每个存储行只有有限个指针,当共享某行的处理器个数多于目录项中的指针个数时,就发生了指针溢出(Pointer Overflow);可以通过指针替换、广播等方法处理指针溢出情况。另一个减少目录存储容量的方法是把所有持有同一存储行的 cache 行用链表链接起来,链表头存在存储行处。当某一存储行被缓存到某 cache 中时,就把相应的 cache 行链接到此存储行的链表头指向的链表中;当某一存储行在某 cache 中的备份变为无效或被替换掉时,把相应的 cache 行从此存储行的链表头指向的链表中删去。链表可以是单向链表,也可以是双向链表。

(3) 单写与多写。在共享粒度较大的共享存储系统中,尤其是共享虚拟存储系统中,共享粒度很大(共享虚拟存储系统的共享粒度通常为一页),容易导致假共享,即几个处理器虽然共享某个存储块,但并没有真正共享数据,在几个处理器同时访问同一共享块的不同部分时就会发生假共享。

传统的共享存储系统通常采用单写协议,即每次只允许一个处理器写某一共享单位。每次一个处理器要写某一存储块时,它必须取得独占的写权限。在传统的单写协议中,假共享会严重地降低性能。在写使无效协议中,当一个处理器修改一个共享块中的某个字时,就会使该共享块在其他处理器中的所有备份无效,即使其他处理器根本就不会访问被修改的那个字。假共享严重时会引起所谓的"乒乓"效应,即虽然不同的处理器访问不同的共享字,但由于这些字刚好在同一共享块内,导致处理器间频繁地互相剥夺对该共享块的访问权,引起大量无谓的访问失效。在写更新协议中,当一个处理器修改一个共享块中的某个字时,就会把修改的内容传播给所有持有该共享块备份的处理器,即使其他处理器根本不会访问被修改的字。

多写(Multiple Writer)协议可以有效地解决假共享问题。它允许多个处理器同时读或写分布在同一个共享单位的不同单元,一个处理器对某一单元的修改对其他处理器来说可以暂时不可见,直到同步操作时才把新值传播给其他处理器。程序员必须保证在同一个同步区间内不会有对同一单元的冲突访问。图 12.9 给出了多写协议的原理。在图 12.9 中,处理器 $P_1, P_2, \cdots, P_n$ 分别写共享块 B 中的不同单元。

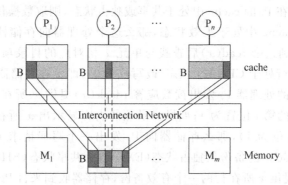

图 12.9 多写协议原理

多写协议会引起额外的存储和计算开销。为了把不同处理器对同一共享块中不同部分的修改内容"合并"在一起,需要识别每个处理器修改了该共享块中的哪部分内容。通常的做法是在处理器第一次写一个共享块之前,为该共享块做一个备份,称为该共享块的块备份(twin);而当一致性协议要求对不同处理器的修改内容进行合并时,每个修改过该共享块的处理器把该块当前的内容与它的 twin 进行比较,得出本处理器的修改内容,称为块差(diff)。这样,就可以把不同处理器关于同一共享块的 diff 合并在一起,得到该共享块的新内容。

(4) 及时传播与延迟传播。硬件共享存储系统一般采取及时更新的策略,即一个处理器更新某一共享块时,及时向其他处理器发出写无效或写更新信号。延迟更新策略主要是针对软件共享存储系统通信开销大的缺点提出来的。

软件 DSM 系统不同于硬件 DSM 系统的一个重要的特征是通信开销大,所以减少通信次数是提高系统性能的重要途径。因此,在软件共享存储中提出了前述的急切更新释放一致性和懒惰更新一致性的概念。急切更新一致性对共享单元的修改在释放锁操作时才传播到各个处理器,这样就可以把多个消息合并成一个消息来传播。懒惰更新一致性则更进一步,它不是在释放锁时由写数的处理器把对共享单元的修改传播给其他处理器,而是把传播新值的操作延迟到获取锁时,而且只传送给需要此数据的处理器。

下面通过一个写使无效的位向量目录协议例子简单说明 cache 一致性协议的工作原理。通常,一个 cache 一致性协议应包括以下 3 方面的内容:cache 行状态、存储行状态以及为保持 cache 一致性的状态转化规则。

在该协议中,cache 的每一行都有 3 种状态:无效状态(INV)、共享状态(SHD),以及独占状态(EXC)。若 cache 的某一行处于无效状态,处理器对这一行的取数或存数访问都不命中;若 cache 的某一行处于共享状态,说明可能还有其他处理器持有这一行的有效备份,处理器对这一行的取数访问可以在 cache 中完成；若 cache 的某一行处于独占状态，说明这是此存储行的唯一有效备份，处理器对这一行的取数或存数访问都可以在 cache 中完成。

在存储器中，每一行都有相应的目录项。每一目录项有 n 位的向量，其中 n 是系统中处理器的个数。位向量中第 i 位为"1"表示此存储行在第 i 个处理器 P_i 中有备份。此外，每一目录项有一改写位，当改写位为"1"时，表示某处理器独占并已改写此行，相应的存储行处于 DIRTY 状态；否则相应的存储行处于 CLEAN 状态。

当处理器 P_i 发出一取数操作"LOAD x"时，根据 x 在 cache 和存储器中的不同状态采取不同的操作。若 x 在 P_i 的 cache 中处于共享或独占状态，则取数操作"LOAD x"在 cache 命中。若 x 在 P_i 的 cache 中处于无效状态，那么这个处理器向存储器发出一个读数请求 read(x)，存储器在收到这个 read(x) 后查找与单元 x 相对应的目录项，如果目录项的内容显示出 x 所在的存储行处于 CLEAN 状态（改写位为 0），即 x 在存储器的内容是有效的，那么存储器向发出请求的处理器 P_i 发出读数应答 rdack(x) 提供 x 所在行的一个有效备份，并把目录项中位向量的第 i 位置为 1；如果目录项的内容显示出 x 所在的存储行已被某个处理器 P_k 改写（改写位为 1），那么存储器向 P_k 发出一个写回请求 wtbk(x)，P_k 在收到 wtbk(x) 后，把 x 在 cache 的备份从独占状态（EXC）改为共享状态（SHD），并向存储器发出写回应答 wback(x) 提供 x 所在行的一个有效备份，存储器收到来自 P_k 的 wback(x) 后向发出请求的处理器 P_i 发出读数应答 rdack(x) 提供 x 所在行的一个有效备份，把目录项中的改写位置为 0，并把位向量的第 i 位置为 1。如果 x 不在 P_i 的 cache 中，那么 P_i 先从 cache 中替换掉一行再向存储器发出一个读数请求 read(x)。

当处理器 P_i 发出存数操作 STORE x 时，根据 x 在 cache 和存储器中的不同状态采取不同的操作。若 x 在 P_i 的 cache 中处于独占状态，则存数操作 STORE x 在 cache 命中。若 x 在 P_i 的 cache 中处于共享状态，那么这个处理器向存储器发出一个写数请求 write(x)，存储器在收到这个 write(x) 后查找与单元 x 相对应的目录项，如果目录项的内容显示出 x 所在的存储行处于 CLEAN 状态（改写位为 0），并没有被其他处理器所共享（位向量中所有位都为 0），那么存储器向发出请求的处理器 P_i 发出写数应答 wtack(x) 表示允许 P_i 独占 x 所在行，把目录项中的改写位置为 1 并把位向量的第 i 位置为 1；如果目录项的内容显示出 x 所在的存储行处于 CLEAN 状态（改写位为 0），并且在其他处理器中有共享备份（位向量中有些位为 1），那么存储器根据位向量的内容向所有持有 x 的共享备份的处理器发出一个使无效信号 invld(x)，持有 x 的有效备份的处理器在收到 invld(x) 后把 x 在 cache 的备份从共享状态（SHD）改为无效状态（INV），并向存储器发出使无效应答 invack(x)，存储器收到所有 invack(x) 后向发出请求的处理器 P_i 发出写数应答 wtack(x)，把目录项中的改写位置为 1，并把位向量的第 i 位置为 1，其他位清 0。若 x 在 P_i 的 cache 中处于无效状态，那么这个处理器向存储器发出一个写数请求 write(x)，存储器在收到这个 write(x) 后查找与单元 x 相对应的目录项，如果目录项的内容显示出 x 所在的存储行处于 CLEAN 状态（改写位为 0），并没有被其他处理器所共享（位向量中所有位都为 0），那么存储器向发出请求的处理器 P_i 发出写数应答 wtack(x) 提供 x 所在行的一个有效备份，把目录项中的改写位置为 1，并把位向量的第 i 位置为 1；如果目录项的内容显示出 x 所在的存储行处于 CLEAN 状态（改写位为 0），并且在其他处理器中有共享备份（位向量中有些位为 1），那么存储器根据位向量的内容向所有持有 x 的共享备份的处理器发出一个使无效信号 invld(x)，

持有 x 的有效备份的处理器在收到 invld(x) 后,把 x 在 cache 的备份从共享状态(SHD)改为无效状态(INV),并向存储器发出使无效应答 invack(x),存储器收到所有 invack(x) 后向发出请求的处理器 P_i 发出写数应答 wtack(x) 并提供 x 所在行的一个有效备份,把目录项中的改写位置为 1 并把位向量的第 i 位置为 1,其他位清 0;如果目录项的内容显示出 x 所在的存储行已被某个处理器 P_k 改写(改写位为 1,位向量第 k 位为 1),那么存储器向 P_k 发出一个使无效并写回请求 invwb(x),P_k 在收到 invwb(x) 后把 x cache 的备份从独占状态 EXC 改为无效状态 INV 并向存储器发出使无效并写回应答 invwback(x) 提供 x 所在行的有效备份,存储器收到来自 P_k 的 invwback(x) 后向发出请求的处理器 P_i 发出写数应答 wtack(x) 提供 x 所在行的一个有效备份,把目录项中的改写位置为 1,并把位向量的第 i 位置为 1,其他位清 0。如果 x 不在 P_i 的 cache 中,那么 P_i 先从 cache 中替换掉一行再向存储

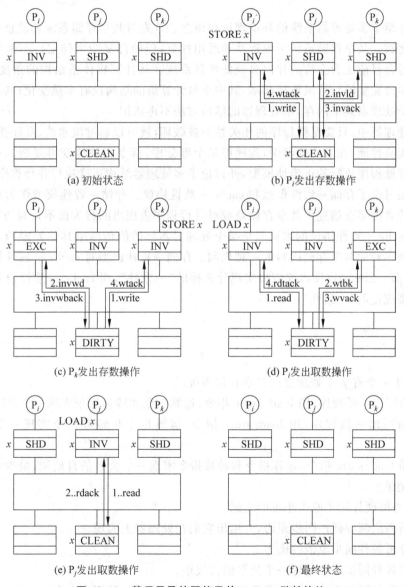

图 12.10 基于目录的写使无效 cache 一致性协议

器发出一个写数请求 write(x)。

如果某处理器要替换某一 cache 行且被替换行处在 EXC 状态,那么这个处理器需要向存储器发出一个替换请求 rep(x) 以把被替换掉的行写回存储器。

假设单元 x 初始时在存储器中处于 CLEAN 状态(改写位为 0),并被处理器 P_j 和 P_k 所共享(在 P_j 和 P_k 的 cache 中处于 SHD 状态),如图 12.10(a)所示。接着 x 被多个处理器按如下次序访问:处理器 P_i 发出存数操作 STORE x,处理器 P_k 发出存数操作 STORE x,处理器 P_i 发出取数操作 LOAD x,处理器 P_j 发出取数操作 LOAD x。图 12.10(b)~(f)显示出上述访问序列引起的一系列消息传递,以及 x 在 cache 及在存储器中的状态的转化过程。

12.7 本章小结

本章介绍了多处理器系统的基本理论和概念。首先对共享存储系统和消息传递系统进行了简单比较。共享存储系统可编程性和通用性好,但硬件复杂可伸缩性不强。共享存储结构非常适合目前成为主流的片内多核处理器系统。从计算机体系结构的角度,消息传递系统是把多台完整的计算机连接起来,其中单台计算机的结构没有本质变化;共享存储系统由于是多个处理器共享内存,单处理器的结构方法不再适用。

在单处理器中,只要保持程序的相关性不被破坏,就可以通过流水线、乱序执行、多发射等技术来提高性能;在多处理器中,程序序是个部分序,指令相关性变得复杂。本章建立了一个共享存储程序执行的正确性模型,并讨论了多处理器结构正确执行并行程序的条件。

本章还讨论了存储一致性模型和 cache 一致性协议。存储一致性模型作为系统设计者和程序设计者的界面描述了共享存储系统对并行程序表现出的行为而不是对访存事件次序的规定。cache 一致性协议的本质是把某个处理器新写的值传播给其他处理器以确保所有处理器看到一致的共享存储内容的一种机制。存储一致性模型对 cache 一致性协议提出一致性要求,即 cache 一致性协议应该实现什么样的"一致性",而 cache 一致性协议实现存储一致性模型规定的"一致性"。

习题

1. 对于一个有 p 个处理器的共享存储系统。
   (1) 请写出一段程序,用 load/store 指令、运算指令和转移指令实现一个自旋锁。
   (2) 请写出一段程序,用 load/store 指令、运算指令和转移指令实现一个公平的自旋锁。
   (3) 用 load/store 指令、运算指令和转移指令实现一个公平的自旋锁,最少需要访问多少个内存地址?
2. 请查阅硬件同步原语相关的文献。
   (1) 请列出两种硬件同步原语,并给出它们在处理器上实现。
   (2) 分析各种同步原语的优劣。
   (3) 用各种同步原语实现一个公平的自旋锁。
   (4) 用各种同步原语实现公平的自旋锁,分别最少需要访问多少个内存地址?

3. 加速比的定义是：使用增强措施时完成整个任务的性能/不使用增强措施时完成整个任务的性能。

(1) 请给出一个例子，使用多线程能获得超线性加速比（即采用多个线程比单个线程运行时间减少的倍数超过了线程数）。

(2) 上述例子是否违背了 Amdahl 定律。

4. 在共享存储多处理器系统中假共享会带来不可忽视的性能损失，为了尽量减少假共享的发生，程序员在写程序时应注意些什么？

5. 在基于目录的 cache 一致性系统中，目录记载了 P1 处理器已经有数据块 A 的备份。

(1) 哪些情况下目录会又收到了一个 P1 对 A 块访问的请求。

(2) 如何正确处理上述情况？

6. 假设在一个双 CPU 多处理器系统中，两个 CPU 用单总线连接，并且采用监听一致性协议（MSI），cache 的初始状态均为无效，然后两个 CPU 对内存中同一数据块进行如下操作：CPU A 读、CPU A 写、CPU B 写、CPU A 读，写出每次访问后两个 CPU 各自的 cache 的状态变化。

7. 在下面程序段中，A、B、C、D 为进程 P1、P2、P3 的共享变量，且初始值均为 0。该程序的正确运行解结果是 D=2000。

(1) 在一个用可伸缩网络连接、采用基于目录的 cache 一致性协议的分布式共享存储系统中运行上述程序得到结果是 D=0，请解释产生上述结果的原因。

(2) 在实现顺序一致性的分布式共享存储系统中，对上述程序施加什么限制可以保证执行结果的正确性。

(3) 在实现弱一致性的分布式存储系统中，采用 barrier 进行同步，请问上述程序如何插入 barrier 操作才能保证执行的正确性？

```
P1              P2              P3
A=2000          while(B!=1) {;} while(C!=1) {;}
B=1             C=1;            D=A
```

8. 有以下两个并行执行的进程，在顺序一致性和弱一致性下，它各有几种正确的执行顺序，给出执行次序和最后的正确结果（假设 a 和 b 的初始值为 0）。

```
P1          P2
a=1;        b=1;
print b;    print a;
```

9. *用 pthread 库或者 MPI 库在一个多处理器系统上写一个多线程的 1024×1024 矩阵乘法，并和单线程的矩阵乘法进行性能比较。

第 13 章
实践是最好的课堂

利用本教材的最后一章和大家谈谈我多年来设计龙芯处理器的体会,题目是"实践是最好的课堂",主要是实践中的教训、设计时的思考和权衡,以及从中所总结的规律。我希望把书本和论文上没有的这些体验,包括我自己犯过的错误和大家分享。如果同学们以后有机会做一些芯片设计的工作,希望能避免再犯我曾经犯过的错误。

13.1 龙芯处理器简介

1. 历史

先简单介绍一下龙芯处理器的发展历程。2001 年 5 月,我们正式启动龙芯 CPU 的研制。在 2001—2005 年的 5 年间,龙芯经历了一个从起步到跨越的过程。2002 年 8 月 10 日龙芯 1 号成功运行,它是我国第一款通用处理器芯片。虽然它的性能比较低,但毕竟有了。2002 年我们开始做龙芯 2 号,2003 年 10 月 17 日龙芯 2B 成功运行,2004 年 9 月 28 日龙芯 2C 成功运行,2006 年 3 月 18 日龙芯 2E 成功运行。这 3 款芯片平均每款间隔时间只有 14~15 个月,而每款的性能都是前一款的 3 倍。表 13.1 列举了龙芯 1 号、龙芯 2B、龙芯 2C、龙芯 2E 的 SPEC CPU 2000 分值,从中可以看出龙芯 2 号系列 3 款芯片每款性能提高 3 倍的"三级跳"跨越。很多人说这是超摩尔定律,我不同意这种说法,主要是因为我们的起点低,需要奋起向前追赶。龙芯 2E 的主频最高达到 1GHz,实测性能已经达到中低档奔腾 4 处理器的水平,可以说在 64 位单核处理器的结构设计方面,已经处于世界先进水平。但那时候国外厂家已推出多核处理器了。

表 13.1 龙芯系列处理器的 SPEC INT 2000 和 SPEC FP 2000 分值

SPEC Programs	Godson-1(200MHz)	Godson-2B(250MHz)	Godson-2C(450MHz)	Godson-2E(1GHz)
164.gzip	18.3	39	104	347
175.vpr	20.8	57	169	512
176.gcc	13.3	39	103	497
181.mcf	49.4	64	156	586
186.crafty	7.6	36	234	598
197.parser	24.1	49	136	382
252.eon	11.3	57	287	690
253.perlbmk	17.2	53	172	508
254.gap	20.2	67	135	458
255.vortex	12.4	43	180	722

续表

SPEC Programs	Godson-1(200MHz)	Godson-2B(250MHz)	Godson-2C(450MHz)	Godson-2E(1GHz)
256. bzip2	29.1	67	155	411
300. twolf	25.2	68	158	465
SPEC_INT 2000	18.5	52	159	503
168. wupwise	35.6	88	145	672
171. swim	37.7	55	116	469
172. mgrid	14.7	40	69	311
173. applu	24.3	45	77	382
177. mesa	22.7	100	215	634
178. galgel	—	—	—	704
179. art	55.3	66	125	624
183. equake	35.5	58	100	624
187. facerec	—	—	—	632
188. ammp	12.3	62	147	509
189. lucas	—	—	—	506
191. fma3d	—	—	—	395
200. sixtrack	16.6	46	92	319
301. apsi	20.4	46	115	493
SPEC_FP 2000	24.8	58	114	503

表13.2列举了几款商业处理器的SPEC CPU 2000分值。从中可以看出，结构设计对性能的影响是很大的，例如同样是1GHz的主频，威盛的C3就只有217分和129分，而Pentium Ⅲ是442分和314分；Celeron 1.3GHz时是474和301分；Itanium 800MHz时浮点就有645分；Alpha 21264 1GHz时浮点756分，定点561多分。从表中可以看出，1GHz的龙芯2E/2F浮点和定点分值都达到了500分以上，已经超过了1GHz主频的Pentium Ⅲ处理器和1.3GHz主频的Pentium 4处理器相当。表中列举的商业处理器推出时间在2001—2002年期间，正处在从单核处理器向多核发展的转型期，龙芯2E在2006年推出，大约相当于国外单核处理器向多核转型前的水平。

表13.2 不同处理器的SPEC CPU 2000分值

型号	处理器	年份	INT 2000	FP 2000
ICT	Godson 2E/2F	2006	503	503
Intel	Pentium Ⅲ 1.0GHz	2000	442	314
Intel	Pentium 4 1.3GHz RAMBUS	2001	483	511
Intel	Celeron 1.3GHz	2001	474	301
Intel	Itanium 800MHz	2001	314	645
AMD	Athlon 1.3GHz	2001	491	374
IBM	Power 3 450MHz	2001	334	433
IBM	RS64 Ⅳ 750MHz	2002	458	410
SUN	UltraSPARC Ⅲ 900MHz	2001	466	482
Compaq	Alpha 21264C 1.0GHz(latest)	2001	561	756
HP	PA8700+ 875MHz(latest)	2002	674	651
SGI	R14000 600MHz(latest)	2002	483	529
VIA	C3 1.0GHz	2003	217	129

从表 13.1 可以看出,从龙芯 1 号到龙芯 2E,主频提高到 5 倍,但性能提高了 20 多倍,也就是说结构优化对性能的提高和主频对性能的提高平分秋色。再看一下龙芯 2 号处理器核的结构特点。它采用 64 位 4 发射乱序执行结构,支持寄存器重命名,动态调度,转移猜测等乱序指令技术;包含两个定点部件,两个浮点部件,一个访存部件,每个浮点部件都支持全流水的 64 位浮点乘加运算;一级指令 cache 和数据 cache 各 64KB,支持非阻塞访问和基于目录的 cache 一致性协议;全相联的 TLB 有 64 项。可以看出,龙芯 2 号在单核处理器的结构方面已经具备了国际先进单核处理器的所有特征。后来我们把龙芯 2 号处理器核称为 GS464 处理器核,其中 GS 是 Godson 的缩写,464 表示 4 发射 64 位结构。

上述"三级跳"的性能优化奠定了龙芯处理器作为高性能处理器的基础,是跨入高性能处理器俱乐部的入场券。同时这个过程也是寓乐于苦的过程。尤其是做像龙芯这样的处理器设计很辛苦,压力很大。例如,为什么在龙芯 2 号系列中有龙芯 2B、2C、2E,却没有 2A、2D 呢?因为那两个芯片流片都不是很成功,即使流片成功后的兴奋也很短暂,只有两三天,马上就被进一步优化的压力所取代。龙芯 1 号流片成功的时候,大家都很高兴,亲手从无到有地做出一个 CPU 并把整个操作系统跑起来了。在龙芯 1 号成功运行操作系统后,我迫不及待地登录进去,用龙芯 1 号计算机编写了下面的第一个文件,即使是现在我再看到这段文字,回忆起当时的情形,还是激动不已:

The historical time of 6:08 on 2002.8.10 ends an era while begins a new one. The day in which we make computer with only foreign CPUs is gone with the wind of the morning of 2002.8.10. With tears and joys, we announce the successful running of LINUX (Kernel 2.4.17) with the Godson-1A CPU.

The great ecstasy at this moment makes all of our exhausting efforts of the past year be over paid. Though this is only a little step of a long march, it indicates the glorious future of our own CPU.

但这种兴奋只持续两三天,当我们真正用龙芯 1 号计算机运行大型应用程序,如 Mozilla 浏览器、Open Office 等,就觉得性能还是太低了;我记得为了能够播放 MPEG 格式的媒体,我曾经在实验室三天三夜没有回家对一个叫 plaympeg 的媒体播放器进行软件优化,最后虽然勉强能放一些媒体,但效果还是不理想。经过初步的分析,龙芯 1 号 cache 太小,只有 8KB,转移猜测也没有做好。因此在龙芯 2 号时采用 4 发射乱序执行结构,cache 也增加到 32~64KB,转移猜测也花了很多工夫。当龙芯 2B 第一次运行程序时,主频才跑 66MHz,但明显感觉到 66MHz 的龙芯 2B 比 200MHz 的龙芯 1 号快多了。在龙芯 2B 上可以轻松地通过软解压播放 MPEG 格式的媒体。这种感觉很爽,但也持续不了多久,因为很快发现用龙芯 2B 放 MPEG2 格式的媒体还是很费劲,大型软件如 Mozilla 浏览器和 Open Office 还是觉得慢。接着又是优化结构又是提高主频,到龙芯 2C 时,播放 MPEG2 格式的 DVD 也很流畅了,但运行 Open Office 还是觉得慢。一直改进到龙芯 2E/2F 的时候,软解压播放 MPGE2 或 MPGE4 格式的媒体,只要 20%~30%的 CPU 利用率,像 Mozilla、Open office 这些软件觉得基本可用。总之,每次流片出来,高兴两三天,马上就被新的压力所取代。但这么多年觉得乐在其中,妙处难以言表。

在龙芯 2E 之后,我们对龙芯 2 号系列 CPU 进行了产品化,2007 年推出了龙芯 2F 处理器。龙芯 2F 采用 4 发射 64 位的处理器核;指令 cache 和数据 cache 都是 64KB,二级 cache

是512KB；片内集成了DDR2的控制器、PCI/PCIX控制器等接口。龙芯2F采用90nm CMOS工艺，最高频率1GHz，典型频率800MHz，典型工作频率下功耗3W左右。龙芯2F的晶体管数为5100万个，面积为43mm^2。龙芯2F是龙芯的第一款芯片产品。

2．体会

下面讲一讲这些年结构设计的心得。到目前(2009)为止龙芯做了8年，在这又短又长的8年中，我们走过了处理器结构设计近二三十年的发展历程。从简单流水线开始，到动态调度，寄存器重命名，转移猜测、存储层次、非阻塞访问等，点点滴滴的优化我都亲身经历过。这个过程很难得，可能大家不会再有像我这样的机会，用几年的时间经历计算机体系结构二三十年的发展历程。在这个过程中，国家对龙芯处理器的研发投入数以亿计，所以我希望跟大家分享我的体验，使大家在以后的相关设计中可以少走弯路。

从龙芯1号到龙芯2E，主频提高到5倍，但性能提高到20多倍，大家可能比较好理解，因为龙芯1号是单发射、龙芯2E是4发射，龙芯2E的cache也比龙芯1号大。但从龙芯2C到龙芯2E，主频提高到2倍左右，性能提高到3倍就有些奇怪，因为二者都是4发射乱序执行结构，处理器核的参数也差不多，一般来说，实际性能与主频成正比就不错了，为什么有超线性提高呢？很难用一个单一的因素来解释这个结果，因为结构设计从来都是需要统筹兼顾综合平衡的，这也正是结构设计的魅力所在。

结构设计我们可以采用跨越的方法，例如，龙芯1号采用的是单发射乱序执行结构，而龙芯2号采用的是4发射乱序执行结构。但是认识的提高、经验的增长是无法跨越的，必须老老实实地从实践中得到。过去几年，我们坚持一条技术路线叫做"小步快跑"，每次的改进都比较稳妥以降低风险，经过流片验证后再进行改进，但努力缩短每次优化的周期。虽然这么做非常辛苦，但这样的技术路线加速了认识提高和经验成长的过程。

龙芯1号主频250MHz，当时有些媒体说，龙芯1号达到了Pentium II的水平，我们自己也有这样的认识。因为从主频的角度，龙芯1号达到了Pentium II的水平。但实际测试结果表明，相同主频下龙芯1号的性能比Pentium II低1/3到1/2。原因很简单，龙芯1号是单发射、简单的动态调度结构，而Pentium II相当于3发射结构。就像建马路，Pentium II是3车道，龙芯1号是单车道。当然还有一些其他问题，如cache容量太小，转移猜测也没有做好。

龙芯2C采用64位的4发射乱序执行结构，主频达到450MHz。在吸取了龙芯1号的教训以后，龙芯2号在转移猜测及cache结构等方面都下了很大的功夫，取得了很好的效果。当时MIPS R10000和Alpha 21264等4发射处理器在500MHz时的SPEC CPU 2000性能都和1GHz的Pentium III处理器差不多。龙芯2C也是4发射，结构特点也不比MIPS R10000和Alpha 21264差，因此觉得龙芯2C在500MHz的时候性能也应该和1GHz的Pentium III可比，SPEC CPU 2000分值达到300分以上。但实测结果表明，龙芯2C的性能和相同主频的Pentium III的性能差不多，远远没有达到比Pentium III高一倍的目标。分析表明龙芯2C的主要性能瓶颈并不在CPU内部，而在于访存带宽不够，出现了"茶壶里面倒饺子"的情况。

吸取了龙芯2C教训的龙芯2E/2F增加了片内的二级cache以及内存控制器，还进行了其他一些优化，SPEC CPU 2000的性能也不错，但是在实际使用中出现了明显的I/O瓶颈。在最近设计的3号中采用了HyperTransport高速总线，I/O的性能得到了换代的提高。

总之，持续改进是计算机结构设计永恒的话题，每次都是一个问题解决以后，新的问题又冒出来了，按下葫芦浮起来瓢。经过多年改进，我感觉到龙芯2号结构中现在多数葫芦慢慢都被按到水底下去了，浮在水面的不多了，已经做得比较平衡。质量的魅力在于持续改进，结构的魅力在于统筹兼顾。下面我从4个方面跟大家聊聊我的具体感悟，并用10个故事对它们进行阐述。

第一，硅是检验设计的唯一标准。在座的很多同学以后都会做研究，设计一些新方法新结构，并通过模拟、仿真等手段对这些新方法新结构进行分析。在这个过程中要注意我们做的很多是"work on paper"的设计，并不能"work on silicon"，两者有很大的差别。记得1997年我在美国参加一个关于高性能计算的学术会议，会上John Hennessy说把1990年以来计算机系统结构方面所有的论文都烧掉，对计算机系统结构没有任何损失。当时我感觉很不服，后来想想还真是这样，计算机体系结构的研究能够沉淀下来的东西不多。

第二，设计要统筹兼顾。做工程和做研究不一样，做研究做好一点就可以发表论文，做工程有一点没做好系统就不能工作。做研究通常是抓住几个关键的因素，将其无限放大，只要把某个因素进行改进，就可以写一篇很好的论文。但真正面对工程设计时，首先要考虑它是不是一个平衡的设计，某个因素的优化会不会对其他因素有影响，一个主要瓶颈消除后原来的次要瓶颈会不会成为主要瓶颈。就好比北京市长考虑北京市的交通系统时，首先确保北京市的交通系统是平衡的、畅通的，然后才考虑把立交桥建设得多高、多漂亮，如何成为北京市一个标志性建筑。不堵车比马路修得漂亮要重要得多。

第三，设计要重点突出。好钢用在刀刃上，因为资源总是有限的，人的精力也有限，要把有限的资源用在最值得投资的地方。在平衡的基础上要做好重点优化。当设计基本平衡以后，优化性能、改善功能时，要抓主要矛盾，要改进最频繁发生事件的执行效率。就是我们党的两点论和重点论统一的方法。

第四点我称为皮体系结构(Pico-Architecture)设计。大家都知道微体系结构(Micro-Architecture)的概念，微体系结构强调结构设计要考虑应用程序的特点，皮体系结构则强调结构设计要考虑工艺的特点，因此皮体系结构是面向工艺的结构设计。计算机结构设计要充分考虑各种软件的行为，如哪些是访存密集的，哪些是计算密集的，然后结合这些行为来做设计，例如RISC结构设计就是抓住了在程序执行中简单指令占了90%，复杂指令只占10%的特点。在现在的纳米级工艺下，工艺对结构的影响越来越大，进行结构设计时还要充分考虑工艺特点。不仅要上知天文，而且要下知地理。

下面我就上述4个方面以10个龙芯处理器设计过程中的故事为例介绍我的体会。

13.2 硅是检验结构设计的唯一标准

以后大家做研究时经常会通过模拟仿真来评价新方法和新结构，因为科研条件不允许所有研究都在真的平台上进行，尤其是计算机系统结构的研究经常使用各种模拟器。大家知道在欧洲有一个大的粒子加速器，进行重离子的对撞，模拟宇宙的形成过程。

龙芯设计过程中也写了很多模拟器，模拟器是龙芯结构设计的重要平台。记得刚开始做龙芯 1 号的时候什么也不会,连结构设计文档都不知道怎么写,就干脆用 C 语言来描述龙芯 1 号的结构,甚至在模拟器上把 Linux 操作系统都跑起来了。后来发现这种"可执行的结构设计"方法很好,不仅精确,还可以用于仿真验证,不仅可以通过仿真发现设计错误,还可以通过运行实际应用进行性能分析。龙芯处理器设计过程中非常依赖于模拟器,且依靠它来做性能分析和正确性验证。例如,cache 结构优化或转移猜测优化对提高性能有多大好处,先在模拟器上跑一跑,通过评估后再实现。

现场可编程门阵列(Field Programmable Gate Array,FPGA)也是龙芯处理器功能和性能验证的重要平台,是龙芯流片前的支柱性验证平台。可以把逻辑设计编程到 FPGA 里面去,并在真实的主板上运行。

但是模拟器和 FPGA 在性能分析方面都有欺骗性。实践中影响性能的结构参数常常相当复杂,模拟和仿真一般都关注几个重要的参数,如 cache 命中率、转移猜测命中率等,容易忽略一些次要因素,而这些被我们忽略的次要因素有时候非常关键。设计人员的经验不足会导致一些参数的设置不准确,从而影响评估的结果;此外设计人员的良好愿望导致其具有主观倾向,容易忽略对自己不利的因素,夸大对自己有利的因素。

现在好多结构设计的文章,说对某个方法或结构进行了改进,然后在模拟器上进行模拟,发现性能提高了。该问题的理想结果是一条直线,前人的方法是一条曲线,我的新方法比前人的曲线直一点。我现在审稿审到这种文章一般都倾向退稿,除非新方法确实让人眼睛一亮,才会去看它的模拟结果。因为我自己已经被模拟器误导得太多了。反之,如果看到一篇论文说做了一个芯片,有一些运行结果,哪怕其中提出的方法觉得比较一般,也倾向于推荐录用。模拟器很麻烦,不用不行,很多人不用就没有研究的手段;用了又经常被它误导,把模拟器做准更是需要很高的学问。

故事 1:硅和模拟器的校准

我要讲的第一个故事是在流片前进行性能分析时不要被模拟器和仿真器所蒙蔽,更不要自己骗自己。

在设计龙芯 1 号的时候我就吃过一次 FPGA 仿真环境的亏。龙芯 1 号最早在 FPGA 上跑,频率是 12.5MHz。实际测试的结果表明,龙芯 1 号的 FPGA 运行 12.5MHz 时的性能和 50MHz 的 80486 可比。表 13.3 列出了龙芯 1 号 FPGA 和 80486 运行一些测试程序所需要的时间。可以看出,12.5MHz 龙芯 1 号的性能和 50MHz 的 80486 确实具有可比性。因此当时我们对龙芯 1 号的性能很乐观,认为龙芯 1 号流片后运行在 200MHz 时跟 Pentium II 有一拼,因为主频从 12.5MHz 提高到 200MHz 时性能也应该相应提高 16 倍。

但龙芯 1 号流片后我们发现高估了它的性能,相同主频下的性能比 Pentium II 低 1/3~1/2。我们被 FPGA 和自己的良好愿望给骗了。怎么说呢?龙芯 1 号的 FPGA 跑 12.5MHz 时主板频率是 50MHz,主板频率比 CPU 还高,意味着访问主板上的内存比访问片内的 cache 还快,在 FPGA 上进行性能分析时大大低估了访存延迟所带来的性能影响。龙芯 1 号芯片真正在主板上运行 200MHz 的时候,内存主频是 100MHz,所以用 FPGA 系统的性能来推算实际系统的性能时高估了它的性能,至少高估了 1 倍,将它打个对折就差不多了。大家说这种错误多么愚蠢啊。一方面是没有经验,另一方面是良好的主观愿望影响判断的客观性,其实在用 FPGA 系统进行性能分析时曾经考虑到访存延迟的不同,只是忽略了。

表 13.3　龙芯 1 号 FPGA 性能测试

测试程序	运行时间/s		相对时间	
	龙芯 1 号 FPGA	80486	龙芯 1 号 FPGA	80486
浮点矩阵乘法	1.99	2.68	1.00	0.99
FFT	52.89	56.02	1.00	1.06
SOR	5.59	5.60	1.00	1.00
计算圆周率	58.03	164.71	1.00	2.84
Whetstone	9.11	7.15	1.00	0.78
矩阵乘法	50.61	28.08	1.00	0.55
164.gzip	41.21	24.17	1.00	0.59

同样,在设计龙芯 2 号时,根据龙芯 2 号的结构特点,认为龙芯 2 号运行在 500MHz 的时候,它的性能应该跟 1GHz 的 Pentium Ⅲ 是可比的。因为 500MHz 的 MIPS R10000 和 500MHz 的 Alpha 21264 性能都跟 1GHz 的 Pentium Ⅲ 差不多。龙芯 2 号也是 64 位 4 发射,队列大小,cache 大小等参数也跟 MIPS R10000 和 Alpha 21264 可比,该做的都做了,应该差不了太多。但实际的龙芯 2C 的性能也就是跟 500MHz 的 Pentium Ⅲ 差不多,又比估计的慢很多。我们在前期对龙芯 2 号的性能过于乐观,一个重要原因也是对 FPGA 访存的延迟过于乐观引起的。龙芯 2C 的 FPGA 主频只有 3MHz,主板频率跑 40MHz,虽然根据龙芯 1 号的教训加了些访存延迟,但还是低估了。

在龙芯 2C 芯片回来以后,我们把 FPGA 系统和真实的芯片进行了认真的校准,主要是增加访存延迟。通过在 FPGA 内部访存通路上增加延迟,使得 FPGA 系统的访存延迟与真实系统差不多。我记得当时里面加了 900 多拍的延迟,进行了认真的校准。表 13.4 列出了经过校准后 FPGA 系统和真实系统的基本访存性能,可以看出二者的性能基本一致。表 13.5 左边部分列出了 FPGA 系统和实际的龙芯 2C 计算机运行 SPEC CPU 2000 的时间比较,从中可以看出,虽然总体上比较一致,但还是有一部分不一致的,例如 255.vortex 在 FPGA 上估计的运行时间是 134s 而实际上运行 144.6s,172.mgrid 估计是 213s 实际是 229s。即使进行了认真的校准,有些程序还是有 5%~10% 的误差。有些细节,例如内存访问冲突、内存刷新等很难调得精确。所以现在我看到一些论文说对某个结构进行了改进,模拟结果表明性能提高了 3% 或 5%,基本上是在实验的误差范围内。

表 13.4　龙芯 2C 和 FPGA 的延迟校准

	Read/cycles	Write/cycles	Copy/MB/s	Scale/MB/s	Add/MB/s	Triad/MB/s
Godson-2C	26.00	37.88	71.88	70.00	75.12	76.09
FPGA	25.97	37.98	71.70	70.30	76.20	77.20

表 13.5　FPGA 和真实系统上的 SPEC CPU 2000 性能

	2C(test data set)		2E(train data set)	
	Real/s	FPGA/s	Real/s	FPGA/s
164.gzip run time	23.9	23.4	52.5	53.0
175.vpr run time	20.0	19.9	30.5	30.8
176.gcc run time	25.1	24.6	5.3	5.4

续表

	2C(test data set)		2E(train data set)	
	Real/s	FPGA/s	Real/s	FPGA/s
181. mcf run time	3.91	3.79	48.1	41.6
186. crafty run time	73.1	69.3	25.3	26.9
197. parser run time	37.3	35.9	12.5	12.1
253. perl run time	19.3	19.0	85.6	93.4
254. gap run time	11.4	11.3	11.0	10.2
255. vortex run time	134	145	18.6	19.6
256. bzip2 run time	58.9	60.9	63.4	68.5
300. twolf run time	1.92	2.10	—	20.5
168. wupwise run time	66.1	63.0	63.2	53.1
171. swim run time	11.0	10.6	26.9	15.2
172. mgrid run time	213	229	37.4	28.9
173. applu run time	4.28	4.06	26.8	19.0
177. mesa run time	15.7	16.0	67.4	76.2
179. art run time	96.7	91.3	27.4	13.6
183. equake run time	12.3	12.1	59.4	42.9
188. ammp run time	130	127	70.7	80.6
200. sixtrack run time	96.5	94.3	134	162
301. apsi run time	82.4	78.9	19.5	16.7

龙芯 2E 也存在 FPGA 性能评估和实际性能不一致的情况。龙芯 2E 的一个重要指标是 SPEC CPU 2000 分值达到了 500 分。在吸取了龙芯 2C 的教训以后，在用龙芯 2E 的 FPGA 系统进行性能分析时，我们更保守了一些，在 FPGA 上把延迟设置得比实际系统还慢 10%。当时的考虑是实际系统中由于 CPU 快内存慢，CPU 发出多个内存访问时可能由于存在访存冲突而等待；而 FPGA 系统中内存比 CPU 快，不会有访存冲突的情况，因此增加 10% 的访存延迟来体现冲突引起的延迟增加。表 13.5 的右半部分是龙芯 2E 实测性能和 FPGA 预测性能的比较。可以看出，有些程序 FPGA 确实估计得比较保守，但总体上 FPGA 仍然总体高估了 10%～20%。例如 200.sixtrack，FPGA 预计需要 162s 而实际上只需要 134s；又如 171.swim，FPGA 只需 15s，而实际上需要 27s。龙芯 2E 的一个重要指标是 SPEC CPU 2000 分值达到 500 分，实际上芯片刚拿回来时只有 400 多分。由于研制龙芯 2E 的项目要验收，导致我们连续 2 个月天天晚上加班加点，把性能通过软件优化提高上去了，可费劲了。

从龙芯 1 号到龙芯 2C 到龙芯 2E，都存在流片前的性能分析和实际性能不一致的情况，这些都充分说明硅是检验结构设计的唯一标准。

故事 2：细节决定成败

我要讲的第 2 个故事是在设计时不要忽略细节，细节决定成败。

龙芯 2C 的一级 cache 为 4 路组相联，共 64KB。前人的研究表明，4 路的 cache 在 64KB 的时候，随机替换和 LRU 的替换性能差不多，所以当时就选用了随机替换。怎么做随机替换呢？在处理器内做个 2 位循环计数器，每拍加 1，这样计数器的值就会在 00、01、10、11 之间不断变化。当需要进行 cache 替换时,根据计数器的值决定替换 4 路中的哪一路。因为程序访问是随机的,因此需要进行随机 cache 替换时计数器的值也是随机的。

结果这个小小的 2 位随机计数器竟让我们栽了大跟头。龙芯 2C 流片回来后运行系统时发现一个奇怪的现象,那就是处理器的 cache 性能跟处理器内外频关系十分紧密。例如主板频率为 100MHz,CPU 频率为 300MHz 时,即 CPU 频率是内存频率的 3 倍时,cache 测试性能是正常的;而主板频率为 100MHz,CPU 频率为 200MHz 或 400MH 时,即 CPU 频率是内存频率的 2 倍或 4 倍时,测得的 cache 容量只有 32KB。图 13.1 给出了用 Lmbench

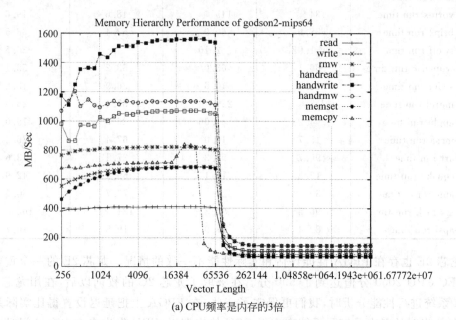

(a) CPU频率是内存的3倍

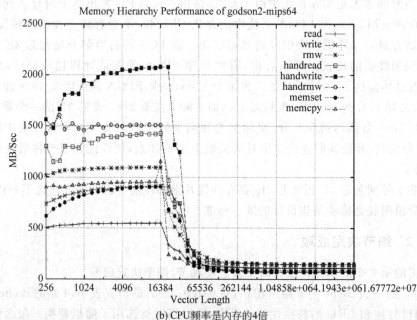

(b) CPU频率是内存的4倍

图 13.1　龙芯 2C 的访存带宽测试

对龙芯 2C 进行访存带宽测试的结果,其中图 13.1(a)是 CPU 频率为内存频率 3 倍时的结果,图 13.1(b)是 CPU 频率为内存频率 4 倍时的结果。从图中可以看出,在图 13.1(a)中,访问的块大小超过 cache 容量 64KB 时,访存带宽明显下降;而在图 13.1(b)中,访问块大小超过 32KB 时,访存带宽就开始下降,表明 cache 容量只有 32KB。大家知道,cache 大小对性能影响很大,可是明明做了 64KB 的 cache,为什么测出来只有 32KB 呢?

后来经过分析和仿真发现,当 CPU 频率为内存的 2 倍或 4 倍时,每次 cache 替换总是碰到 4 路 cache 中的固定 2 路,另外两路闲着没用。由于用于随机替换的 2 位计数器与 CPU 时钟有固定的关系,而内存访问也与 CPU 时钟有固定关系,因此随机替换不随机了。就是一个 2 位的计数器,多简单的东西,顶多几十个晶体管,但由于没有经验,考虑不周,使得 cache 容量小了一半,真是细节决定成败!后来我们通过实现一个伪随机计数器解决了这个问题。

故事 3:正确对待前人的做法和结果

我要讲的第 3 个故事是对教科书或论文中前人的做法和结果要具体情况具体分析,不要被教科书和论文的结果所误导。

龙芯 2 号有两个定点部件 ALU1 和 ALU2。最早分配 ALU1 和 ALU2 两个部件的功能时,主要是参考了其他处理器如 MIPS R10000 的做法以及《计算机系统结构:量化研究方法(第 3 版)》[12]这本教科书中的指令统计。ALU1 主要做只要 1 拍就能完成的运算,如加减运算(包括比较运算)、逻辑运算、移位运算、定点转移运算等;ALU2 主要进行定点乘法和除法等需要多拍完成的运算,以及程序中很频繁出现的加减和逻辑运算。也就是说加减和逻辑运算 ALU1 和 ALU2 都能做,其他指令由 ALU1 和 ALU2 分工做。对于 ALU1 和 ALU2 都能做的指令,则参照 MIPS R10000 的做法,根据该指令重命名后物理寄存器号的奇偶来决定由 ALU1 还是 ALU2 进行运算,因为重命名寄存器的分配是随机的。

在性能分析时,发现根据上述指令分配策略,ALU1 忙死而 ALU2 闲死。经过仔细模拟分析,发现主要有 2 个原因。

第 1 个原因是移位指令比预想的多得多,比教科书上列举的移位指令比例多很多,经过分析发现,GCC 编译器特别喜欢把一些简单的乘法指令拆成加法和移位来做,主要是由于早期处理器的硬件乘法器功能不强,需要很多拍,编译器尽量少用乘法指令。后来龙芯 2 号中 ALU2 也增加了移位功能。

第 2 个导致 ALU1 和 ALU2 指令分布不均的原因是对于 ALU1 和 ALU2 都能做的运算,根据目标物理寄存器号的奇偶进行分配的算法不合理,导致大多数公共指令都被分配到 ALU1 去运算。根据物理寄存器的奇偶来分配指令到 ALU1 或 ALU2 是参照了 MIPS R10000 的做法,但是由于分配物理寄存器的方法不一样,这种方法在龙芯 2 号结构中不适用。后来龙芯 2 号通过轮转的方法在 ALU1 和 ALU2 间进行公共指令的分配。

通过在 ALU2 中增加移位功能以及优化 ALU1 和 ALU2 公共指令的分配方法,龙芯 2 号的性能提高了 5% 以上。图 13.2 是龙芯 2 号运行程序时指令在两个定点部件、两个浮点部件以及访存部件之间的分布。从中可以看出定点指令在 ALU1 和 ALU2 之间的分布基本是平衡的。

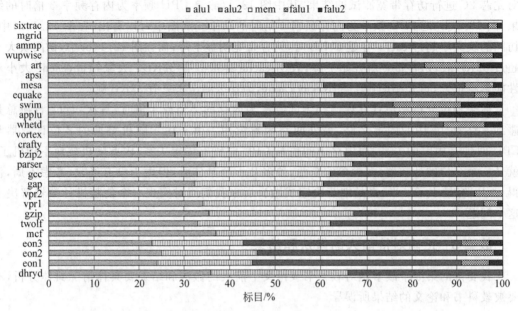

图 13.2 指令在龙芯 2 号各功能部件间的分布

可见,当我们参照或引用前人的做法或结果时一定要结合自己的具体情况,不要生搬硬套。

故事 4:编译器和硬件的磨合

第 4 个故事关于硬件和编译器的磨合。结构设计和编译是密不可分的,合则两利,分则两败。

MIPS 转移指令的一个特点是任何一条条件转移指令都有普通转移指令和 likely 转移指令 2 类。所谓 likely 就是编译器判断这条指令跳转的可能性较大,likely 类转移指令和普通转移指令的不同之处是 likely 类转移指令的延迟槽指令取自转移目标的基本块,因此只有转移成功时才执行延迟槽指令。根据 MIPS 转移指令的特点,龙芯 2 号的转移预测采用混合转移预测的方法,即硬件只对普通转移指令进行转移预测,对 likely 类转移指令则直接预测其跳转成功。也就是说,相信编译器在比较有把握的情况下会使用 likely 类转移指令(例如循环次数固定的大循环,编译器可以判断得很准,就用 likely 类转移指令),而一般情况下会使用普通转移指令。

在实际测试中,发现龙芯 2 号的转移猜测命中率不高,只有 70% 多,这与常识不符。龙芯 2 号的转移预测器包括 4096~8192 项的 PHT 表、9 位 GHR、16 项的 BTB、4 项 RAS 等,这种复杂程度的预测器转移预测准确度应该在 90% 以上。经过分析发现,主要原因是编译器不管有没有把握,只考虑延迟槽指令的来源,经常使用 likely 类转移指令,而硬件只要碰见 likely 类转移指令就猜测转移成功,导致转移预测命中率低。通过禁止编译器滥用 likely 类转移指令,转移命中率得到大幅度提高,达到 90% 以上,程序性能也显著提高。图 13.3 是龙芯 2E 计算机上使用和不用 likely 类转移指令的性能比较。从中可以看出,在禁用 likely 类转移指令后,部分程序的性能得到明显提高。

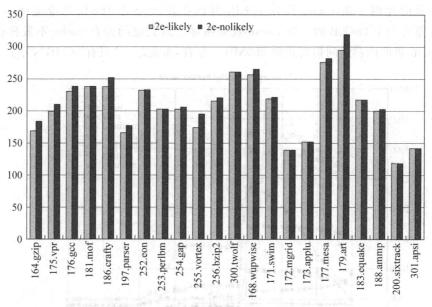

图 13.3 龙芯 2E 上使用和不使用 likely 类转移指令的性能比较

13.3 设计要统筹兼顾

一般的结构研究专注于结构中某些重要因素如 cache 命中率和转移猜测命中率的改善,但在一个通用的设计中影响性能的因素非常复杂,可能有成百上千个。一些次要因素往往会成为整个设计的瓶颈,或者当主要的瓶颈问题解决以后,原来不是瓶颈的次要因素成为瓶颈。就像修马路,北京的三环、四环修起来后环路畅通了,但原来不堵车的通向环路的很多路口开始堵车了。在一个本来堵车的路口修个高架桥,结果这个路口不堵车了,但与这个路口相邻的路口马上堵起来。

结构设计师要统筹兼顾,抓住主要因素的同时不要忽略次要因素,否则次要因素会成为整个系统的瓶颈。另外,设计者经验的缺乏往往也会忽视一些瓶颈问题,等到发现的时候已经晚了。像龙芯这样可以持续改善的设计机会并不多,需要国家的持续支持,一步步去改进设计、提高认识。如果现在让我从零开始重新设计龙芯处理器,只要 2~3 年的时间就可以从头开始做到目前的性能,因为认识提高了。所以,做一个好的设计首先要统筹兼顾,就像做人一样,有些人很有个性,很有能力,但是不统筹兼顾,爱走极端,顶多是个专才,当不了帅才。

故事 5:克服访存带宽瓶颈

前面讲过,龙芯 2C 没有达到预期的性能,其中的技术原因很多,但最重要的原因是龙芯 2C 的访存带宽不足,成为一个"茶壶里面倒饺子"的设计。

图 13.4 是 450MHz 的龙芯 2C 和相同主频 Pentium Ⅲ 的 Lmbench 带宽测试结果。龙芯 2C 的带宽在块大小为 64KB 的时候开始下降,然后比较平缓,虽然龙芯 2C 可以通过前端总线连接多达 8MB 的二级 cache,但由于前端总线带宽有限,二级 cache 的效果不明显。

Pentium Ⅲ 的片内一级 cache 只有 16KB,所以在块大小为 16KB 处带宽明显下降,但 Pentium Ⅲ 有一个 256KB 的二级 cache 效果明显。最关键的是在 cache 不发挥作用的时候,Pentium Ⅲ 的内存访问带宽达到 200MB/s 左右,而龙芯 2C 只有 90MB/s 左右。

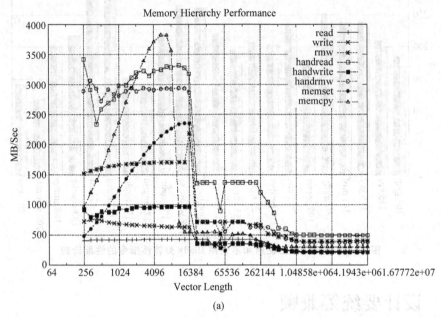

(a)

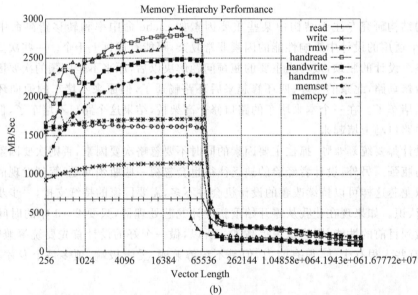

(b)

图 13.4 相同主频 Pentium Ⅲ(左)和龙芯 2C(右) Lmbench 带宽测试结果

图 13.5 是 450MHz 的龙芯 2C 和相同主频 Pentium Ⅲ 的 SPEC CPU 2000 性能比较结果。在 SPEC CPU 2000 的性能比较中,统一采用 GCC 编译器的 -O2 优化选项。可以看出,对访存带宽要求不高的部分程序,如 186.crafty、252.eon、177.mesa、179.art,龙芯 2C 的优势比较明显,而对带宽要求比较高的程序,龙芯 2C 就不如 Pentium Ⅲ。应该说,在处理器

核的结构方面,龙芯 2C 还是超过 Pentium Ⅲ 的,其包括 4 发射、转移猜测、寄存器重命名、动态调度、cache 大小、非阻塞 cache 访问等,龙芯 2C 都达到了现代处理器的先进水平,不比 MIPS R10000 和 Alpha 21264 差,但在访存带宽方面的差距使得龙芯 2C 在性能方面吃了大亏。

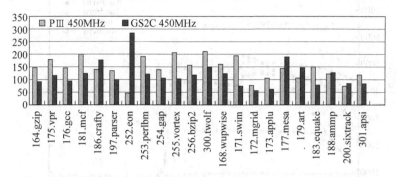

图 13.5　相同主频 Pentium Ⅲ 和龙芯 2C 的 SPEC CPU 2000 性能比较

知耻而后勇。龙芯 2E 在设计时重点优化了与访存带宽紧密相关的存储子系统,包括片内集成了 512KB 的二级 cache 以及 DDR 内存控制器。图 13.6 是 1GHz 的龙芯 2E 和相同主频 Pentium Ⅲ 的 Lmbench 带宽测试结果。从中可以看出,1GHz 的 Pentium Ⅲ 和 450MHz 的 Pentium Ⅲ 带宽特点差不多,都是 16KB 处有 1 个下降,256KB 处 1 个下降,片外访存带宽还是 200MB/s 左右。但龙芯 2E 的带宽比龙芯 2C 就有了明显的提高,一是片内 512KB 的二级 cache 效果明显;二是片外的访存带宽达到 500MB/s 左右,远高于 Pentium Ⅲ 的带宽。

图 13.7 是 1GHz 的龙芯 2E 和相同主频 Pentium Ⅲ 的 SPEC CPU 2000 性能比较结果。从中可以看出,除了 3 个程序以外,所有的程序中龙芯 2E 性能都超过了 Pentium Ⅲ。

现代处理器普遍把内存控制器集成在 CPU 内来提高性能。一般认为,把内存控制器集成在 CPU 内部可以将性能提高 20% 以上。Intel 公司一直通过前端总线的专利来控制产业,因此一直不愿意把内存控制器集成在片内,但最近也开始在 CPU 内部集成内存控制器。

可以预见,在多核时代,随着处理器处理能力的提高,带宽瓶颈将越来越突出。如果带宽问题解决不好,多核处理器将成为"茶壶里煮饺子"的怪物。

故事 6:间接转移的猜测很重要

第 6 个故事关于间接转移指令的猜测,间接转移指令占转移指令的比重不大,但如果处理不好,对性能影响不小。

在动态流水线中,每一次转移猜测失效都要清空指令流水线重新进行取指,对性能影响很大,高性能处理器的转移猜测命中率对处理器性能至关重要,至少要达到 90% 以上。转移指令包括直接转移指令和间接转移指令。直接转移的转移目标地址可以从指令中推出,转移猜测只要猜跳转方向;而间接转移的目标地址不能从指令中推出,需要从某个寄存器里面读出来。一般来说,程序中直接转移占 80%~90%,间接转移占 10%~20%。由于间接转移占的比例较小,而且猜测转移目标地址比较困难,因此在早期的龙芯 2B 中没有对间接转移指令进行猜测。图 13.8 是龙芯 2B 的转移猜测命中率以及间接转移失效占所有转移猜测失效的比率。从中可以看出,龙芯 2B 的转移猜测失效率有 20%~30%;浮点好一点,

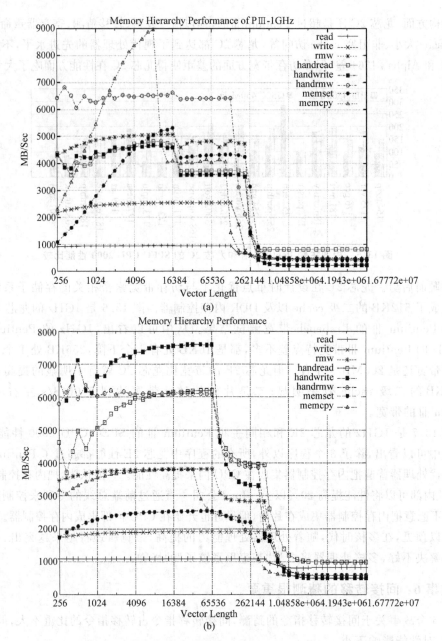

图 13.6 相同主频 Pentium Ⅲ（左）和龙芯 2E（右）Lmbench 带宽测试结果

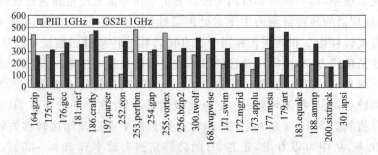

图 13.7 相同主频 Pentium Ⅲ 和龙芯 2C 的 SPEC CPU 2000 性能比较

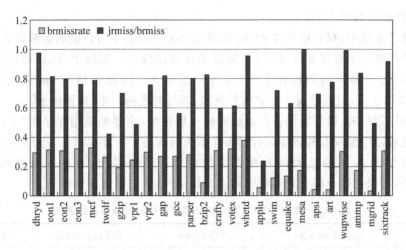

图 13.8 龙芯 2B 转移猜测命中率及间接转移失效的比率

但定点转移猜测失效率接近 30%；其中 70%~80% 的转移猜测失效是由间接转移指令引起的。这是因为龙芯 2B 没有对间接转移指令进行猜测，所有间接转移指令都引起猜测失效。可见虽然间接转移指令在所有转移指令中只占少数，但由于没有对间接转移指令进行转移猜测，在转移猜测失效率中少数成了多数。

为了提高转移猜测命中率，龙芯 2C 中增加了 BTB（Branch Target Buffer）和 RAS（Return Address Stack）对间接转移指令进行猜测。图 13.9 给出了进行间接转移猜测后 IPC 的提高幅度，平均定点性能提高了 11.7%，浮点性能提高了 6.2%。

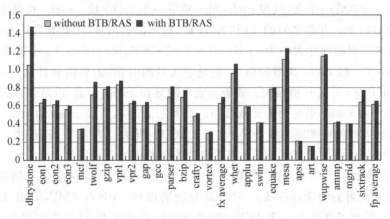

图 13.9 进行间接转移猜测后 IPC 的提高

可见，虽然间接转移指令只占所有转移指令的 10%~20%，在转移指令中占少数，是次要矛盾，但主要矛盾解决了，次要矛盾就成为了主要矛盾，成为了提高性能的瓶颈。虽然 80%~90% 很重要，但剩下的 10%~20% 同样重要。结构设计要统筹兼顾，不要忽视次要矛盾。

故事 7：TLB 例外的开销也很重要

第 7 个故事讲 TLB 的失效开销。TLB 的失效比 cache 失效概率小很多，但如果不加以重视,对性能的影响可不小。

在存储子系统中,我们最关注 cache 失效率,cache 失效率对性能的影响很大;而对于存储子系统的另外一个重要部件 TLB,大家都关注得比较少。实际上 TLB 是页表的 cache,而且 TLB 的失效要影响到操作系统,失效开销很大。因此虽然与 cache 失效比起来,TLB 失效没那么多,但也是属于需要统筹兼顾、不可忽视的一个"次要因素"。

应用程序运行时,操作系统占的系统时间一般很少,主要是应用程序在"干活",但在早期的龙芯处理器中发现有些程序运行时操作系统时间占了 30%以上。表 13.6 给出了部分 SPEC CPU 2000 程序的总时间和操作系统时间。可以看出,有些程序的系统时间占 10%~30%,后来经过分析发现系统时间主要是由 TLB 失效例外引起的。

表 13.6 部分 SPEC CPU 2000 程序运行时的操作系统开销

程 序	Total cycles	OS cycles	OS percentage	TLB misses
Eon	941 904 123	8 478 817	0.90%	2 147
Parser	1 071 248 381	51 328 234	4.79%	98 976
Equake	1 071 008 004	68 737 907	6.42%	107 727
Gcc	1 072 539 177	73 025 370	6.81%	284 122
Mcf	681 765 369	63 143 562	9.26%	557 814
Crafty	1 072 161 097	125 172 455	11.67%	1 061 420
Mesa	1 071 869 442	196 088 410	19.29%	1 305 843
Vortex	1 072 127 164	214 648 139	20.02%	1 412 038
Bzip	1 071 228 969	326 063 247	30.44%	2 526 992

TLB 每一项就管一个页,就像 cache 每一项管一个 cache 块。cache 块是 32 个字节,而页大小为 4KB 以上。龙芯 2 号的 TLB 为 64 项,每项映射两页,因此如果页大小为 4KB,则 TLB 可以硬件映射的内存大小为 4KB×64×2=512KB,比一级 cache 大很多。虽然 TLB 失效的概率小于一级 cache 失效的概率,但是它失效的时候,需要由软件从 cache 或内存里面把页表项取进来,失效开销很大。如果页表项刚好在 cache 里面 TLB 失效开销需要几十拍,如果页表不在 cache 里面则需要几百拍。在龙芯 2E 中,二级 cache 也有 512KB,因此龙芯 2E 中 TLB 失效的概率跟二级 cache 失效的概率一样大。在龙芯 2E 通过 512KB 的二级 cache 降低片内 cache 失效率后,TLB 失效成为不可忽视的重要因素。

可以通过增加页大小来降低 TLB 失效率。例如,当把页大小从 4KB 增加到 16KB 和 64KB 时,TLB 映射的物理内存就从 512KB 分别增加到 2MB 和 8MB,TLB 失效率就会降低。图 13.10 给出了在页大小为 4KB、16KB、64KB 的情况下 TLB 失效率和性能的比较。可以看出,随着页大小的增加,TLB 失效次数大幅度减少,性能明显提高,有的程序性能提高达 70%。

与 cache 失效比,TLB 失效确实是一个次要因素,但是如果不加以重视,次要因素也会成为性能瓶颈。

前面介绍的几个故事,包括带宽、间接转移的猜测、TLB 失效,刚开始都不是影响性能的最重要的因素,是次要矛盾。但当主要矛盾解决后,次要矛盾都上升为主要矛盾。最好是设计初期就统筹兼顾,做一个平衡的设计。

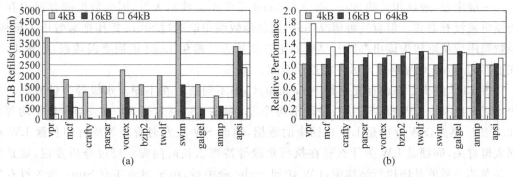

图 13.10　不同页大小的 TLB 失效和性能比较

13.4　设计要重点突出

系统性能基本平衡后,要把有限的资源投入到优化效果最明显的地方,就是"好钢用在刀刃上"。怎么做呢?要花力气优化在程序运行中最经常发生的事件,加快最频繁发生的事情,整个程序一下就快了。龙芯 2 号在整个设计过程中进行了大大小小几百处优化,应该说性能是一点点抠出来的。下面举两个我自己印象比较深刻的例子。

故事 8:降低 Load-to-use 延迟

Load-to-use 延迟是处理器结构中一个非常重要的参数,指的是在 Load 指令 cache 命中的情况下后面的指令隔几拍可以使用 Load 返回的值。在冯·诺依曼结构中,所有数据都在内存,寄存器只能存少量的临时数据,因此 Load-to-use 延迟对处理器的性能至关重要。

Load-to-use 延迟与两个因素有关。一是 Load 命中延迟,即在数据 cache 命中情况下经过多少拍数据能够送到寄存器;二是从寄存器到运算部件的延迟,即 Load 数据返回寄存器后多长时间能送到运算部件。

龙芯 2 号访存流水线有 4 拍:第 1 拍进行地址运算;第 2 拍查找 TLB 的 cache;第 3 拍 Tag 比较;第 4 拍数据返回。返回后从寄存器到运算器需要 2 拍:第 1 拍从保留站读出指令发射到寄存器堆;第 2 拍读寄存器并送到运算部件。根据上述流水线延迟,Load 指令之后要空 5 拍,其后面的指令才能使用 Load 返回的数据。为了降低 Load-to-use 延迟,龙芯 2 号采用了猜测前递(Speculative Forward)技术,即 Load 指令在访问 cache 时就提前告诉保留站 Load 的数据可用,在 Tag 比较时如果发现 cache 不命中再告诉保留站取消发射。通过猜测前递技术,Load 指令的 Tag 比较及返回两级流水与后续数据相关指令的发射及读寄存器两级流水重叠。Load 指令之后只要空 3 拍,后面的指令就可以使用 Load 返回的数据。

龙芯 2 号的访存流水线是乱序执行的,也就是说在程序中后面的访存指令可以先于前面的访存指令发射并访问 cache。这就存在一个问题,那就是如果程序中 Store 指令后面的 Load 指令先于 Store 指令发射并且 cache 命中,该 Load 指令的数据是否可以返回到寄存器使用?理论上这样做是有问题的,因为 Store 指令跟 Load 指令之间存在地址相关,在这种情况下 Load 指令从 cache 中读到的不是最新的数据,因为最新的数据还没有写进去。

一般来说，地址相关的 Store 指令和 Load 指令不会挨得太近，因为数据刚存回内存又要读出来没有必要。但有一种情况例外，就是函数调用前通过 Store 操作把参数压入堆栈，函数调用后从堆栈中读出参数。早期的龙芯 2 号为了避免 Load 返回错误数据，要求 Load 在前面的 Store 地址都确定后才能返回数据。

表 13.7 列出了在内存复制程序 memcpy() 中不同指令在不同流水级等待的时间。从中可以看出其中 LW 指令在执行阶段平均等待时间有 18.5 拍，而 SW 在发射阶段平均等待 20.8 拍。显然，SW 存的是 LW 取回来的数据，因此 SW 在发射阶段等待时间长跟 LW 返回太慢有关，问题是 LW 为什么要在执行阶段等待那么长时间呢？经过分析发现，就是因为在龙芯 2 号的乱序执行结构中，LW 访问 cache 命中后，由于前面还有 Store 指令没有发射上去（Store 指令在等待前面一条 LW 指令的数据）从而无法返回数据。LW 不能返回数据的原因是其跟前面的 Store 指令存在地址相关。LW 跟 SW 互相等待陷入了恶性循环，大大降低了性能。

表 13.7　内存复制程序段的流水级时间统计

Program Segment	Exe. Times	Fetch/ Dec.	Reg. Map	Issue	Exe.	Cmt.	Branch Miss	cache Miss
433e58: lw $v0,0($a1)	290096	2.3	1.5	2.4	18.5	0.0	0	8609
433e5c: addiu $a2,$a2,-1	290096	2.3	1.5	2.4	1.0	17.3	0	0
433e60: addiu $a1,$a1,4	290096	2.6	1.0	2.4	1.0	16.5	0	0
433e64: sw $v0,0($v1)	290096	2.6	1.0	20.8	5.0	0.0	0	15105
433e68: bgez $a2,433e58	290096	2.6	1.0	2.9	1.0	21.9	27181	0
433e6c: addiu $v1,$v1,4	290096	2.6	1.0	3.4	1.0	21.5	0	0

性能分析表明，在龙芯 2 号结构中有 1/3 左右的 Load 在 cache 命中的情况下，由于担心与前面未发射的 Store 存在地址相关可能，故无法及时返回数据，对性能影响很大。为了提高性能，龙芯 2C 以及以后的版本实现了猜测取数（Speculative Load）技术，即 cache 命中的 Load 不管前面有没有未发射的 Store，直接把数据猜测返回到寄存器供后面指令使用，如果在数据猜测返回后前面的 Store 操作发现确实与已返回的 Load 操作存在数据相关，则该 Store 发出一种特殊的例外取消猜测返回的 Load 以及后续所有已经执行的指令。

图 13.11 给出了由 Speculative Load 优化带来的性能提高。从中可以看出，定点性能平均提高了 11% 左右，浮点性能平均提高了 7% 左右，最高性能提高达到了 20%。就是一个小的优化，性能可以提高 10%，因为找到了性能瓶颈。就像城市的地面交通疏通了一个最堵车的地方，整个城市的车流量就可以增加 10%。处理器的性能瓶颈就像马路上发生了交通事故后把 4 车道变成了双车道，整个车流量都下降。所以性能优化要抓住关键的地方，好钢用在刀刃上。

故事 9：降低 Store 失效开销

刚才说的是降低 Load 命中延迟很重要，第 9 个故事讲降低 Store 的失效延迟。

龙芯 2 号实现写回式 cache。在写回式 cache 中，如果写操作在一级 cache 失效，就需要从下一级存储（如内存）中取回这个失效的块到一级 cache 中再写 cache。这个过程是很自

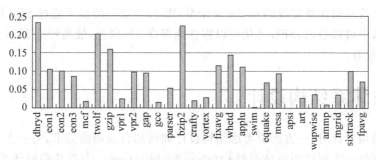

图 13.11 Speculative Load 优化带来的性能提高

然的。但是后来有研究发现,在写失效时,把数据块从内存取回来后,往往后面有一连串的写,把从内存取回的 cache 块整个覆盖掉。既然整个块都重新写过了,还"大老远地"到内存去取回来干什么呢?

图 13.12(a)给出了在部分程序中每 1000 条指令引起的写 cache 失效个数,图 13.12(b)给出了在所有写失效中从内存取回的数据被完整覆盖的比例。从中可以看出,在所有写失效中,约 50% 的 cache 块从内存取回来后会被后续的 Store 完整覆盖,没必要从内存取相应的 cache 块。

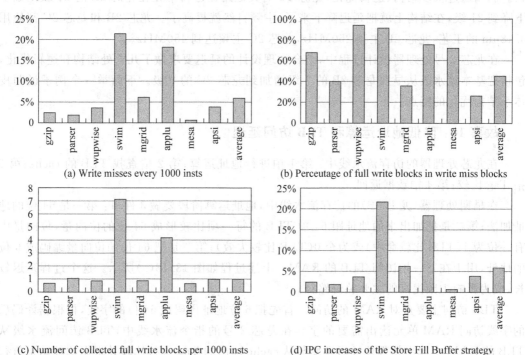

图 13.12 Store Fill Buffer 优化带来的性能提高

针对上述分析,龙芯 2E 处理器实现了写填充缓存(Store Fill Buffer,SFB)优化。在写失效的时候不直接从内存取,而是把写失效操作保存在 SFB 中。当后面的写失效在 SFB 拼成一个 cache 块后直接写到 cache 中;或者当后面有对同一 cache 块的取数指令时从内存取出相应的 cache 块与 SFB 中的内容拼接后送到 cache 中。图 13.12(c)给出了每 1000 条指令可以通过失效写操作拼接成的 cache 块个数，图 13.12(d)给出了通过 SFB 优化提高性能的百分比。从中可以看出，SFB 优化可以将性能提高 5% 以上，最高可达 20%。这个优化很简单，但效果很好。

13.5 皮体系结构设计

在体系结构设计时，一方面要考虑结构设计如何结合应用的需求，另一方面要考虑结构设计的实现代价。之所以叫皮体系结构(Pico-Architecture)，主要是跟微体系结构(Micro-Architecture)相对，强调结构设计如何考虑工艺实现的制约。

现在工艺对处理器结构的影响越来越大，尤其是纳米级工艺情况下结构设计出现一些新特点。例如由于内存速度没有 CPU 速度快引起的"存储墙"问题就是工艺引起的，跟"存储墙"相关的结构研究不知成就了多少教授。在纳米级工艺下漏电问题、连线延迟问题都是工艺引起的新问题，都需要新的结构研究来解决这些问题。

皮体系结构就是面向物理实现的结构和组织，而不是面向应用程序的结构和组织。结构设计和物理设计紧密结合和融会贯通是龙芯处理器设计这几年的关键优势和重要经验所在。例如通过很多结构、逻辑优化，龙芯 2C 的关键路径逻辑单元在龙芯 2B 的 34 级基础上下降到 21 级，在结构上就把延迟降下来了，主频自然就提高了。龙芯 2B 和龙芯 2C 都使用 $0.18\mu m$ 的工艺，龙芯 2B 主频 250MHz，龙芯 2C 主频达到 450MHz。

在龙芯 2 号处理器设计过程中，结合物理设计的延迟要求做了几百处结构和逻辑优化，包括把基本流水级从早期龙芯 2B 的 7 级增加到龙芯 2C 的 9 级。下面举一个例子说明皮体系结构优化的特点。

故事 10：降低地址运算和 TLB 访问延迟

在龙芯处理器的访存流水线中：第 1 拍进行地址运算；第 2 拍查找 TLB 的 cache；第 3 拍 Tag 比较；第 4 拍数据返回。

在早期处理器(龙芯 2B)的访存流水线中，地址运算阶段要做 3 件事：第一是 64 位的地址加法；第二是把加出来的地址跟 64 项 TLB 的每一项比较形成 64 位的位向量，位向量中有一位为 1(TLB 比较命中)或为全 0(TLB 比较失效)；第三是把 64 位的位向量编码成 6 位的地址，用于在下一拍访问 TLB 的 RAM。上述过程如图 13.13(a)所示。这个过程延迟较长，成为影响主频提高的主要关键路径。

TLB 访问主要是对 RAM 的访问。首先把 6 位地址译码成 64 位的字线，再根据译码后的字线访问 RAM 单元读出需要的字。在龙芯 2 号的指令流水线中，TLB 访问流水级从 TLB 的 RAM 中读出物理地址后还要与从 cache 读出的 Tag 进行比较并根据比较结果进行选择，这个阶段的延迟也比较长。

为了降低地址运算和 TLB 访问流水级的延迟，在龙芯 2C 及后续的处理器中取消了地址运算流水级的编码阶段和访问 TLB RAM 流水级的译码阶段，即地址运算阶段直接用 64 位的比较结果去访问 TLB RAM，在 TLB RAM 中直接用 64 位的输入地址做字线选择 RAM 单元。图 13.13(a)显示了优化前后的地址运算和 TLB 访问流水级。当然直接用字线访问的 RAM 模块需要专门定制。

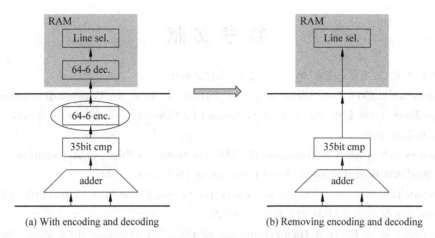

(a) With encoding and decoding　　　(b) Removing encoding and decoding

图 13.13　地址运算和 TLB 访问的延迟优化

上述优化从结构的角度没有任何区别,但是物理上降低了延迟,提高了主频。因此属于皮体系结构优化的范畴。

13.6　本章小结

本章介绍的内容包括 6 个方面。第一,不要被模拟器所欺骗,更不要自己骗自己,在模拟时有些不受重视的次要因素或参数可能导致重大误差。第二,平衡的设计至关重要,注意在一些影响性能的主要问题解决后,原来的次要问题会成为主要问题。第三,要优化最频繁的事件,总的来说,投资在存储子系统和转移猜测,为处理器提供足够的指令和数据总是有回报的。第四,"喂饱饥饿的 CPU",由于冯·诺依曼结构的特点,CPU 是"永远喂不饱"的,要想方设法"喂饱"它。第五,软硬件融合是提高性能的关键,软硬件要互相充分理解对方的行为,简单而频繁的事情由硬件负责,复杂而不频繁的事情由软件来做。最后,通过皮体系结构设计优化性能,在纸上画结构图的方块时心中要明白将来物理上会是什么样子。

龙芯处理器的结构设计和优化是一个螺旋式上升的过程。每次在发现一些体系结构的瓶颈后要努力通过优化设计克服瓶颈;好不容易流片后开始焦急而充满期望地等待;芯片流片回来后,为性能的提高又而喜悦,同时又为新出现的问题而郁闷,从而开始新的一轮优化。这个螺旋式上升的过程是一个非常痛苦,但也是非常激动人心的过程。

一个好的计算机体系结构设计师需要有如下 3 个非常重要素质。第一,是面向"在硅上工作"进行设计的态度,永远记住硅是检验设计的唯一标准。第二,是对软件和工艺的融会贯通,就是本教材反复强调的要"上知天文、下知地理",对软件、结构、电路器件做到一以贯之。最后是持续的改进和优化,永不放弃、永不言败。这 3 个素质缺一不可。

最后用古人的两句诗结束本章,那就是"纸上得来终觉浅,绝知此事要躬行。"

参 考 文 献

[1] 毛泽东. 实践论. 毛泽东选集(第一卷). 北京：人民出版社, 1991.

[2] V Agarwal, et al. Clock Rate Versus IPC: The End of the Road for Conventional Microarchitectures. Proceedings of the 27th International Symposium on Computer Architecture (ISCA), Vancouver, Canada, June 2000.

[3] D Anderson, F Sparacio, R Toimasulo. The IBM 360 Model 91: Processor philosophy and instruction handling. IBM Journal of Research and Development. 1967, 11(1): 8-24.

[4] S Borkar. Thousand core chips: a technology perspective. Proceedings of the 44th IEEE Design Automation Conference(DAC07). 2007: 746-749.

[5] S Chaudhry, et al. Rock: A High-Performance SPARC CMT Processor. IEEE Micro. 2009, 29(2): 6-16.

[6] M Dubios, C Scheurich, F Briggs. Memory Access Buffering In Multiprocessors. in Proceedings of the 13th International Symposium on Computer Architecture. 1986: 434-442.

[7] M Flynn, S Oberman. Advanced Computer Arithmetic Design. New York John Wiley & Sons, Inc., 2001.

[8] K Gharachorloo, D Lenoski, J Laudon, et al. Memory Consistency and Event Ordering in Scalable Shared-Memory Multiprocessors. in Proceedings of the 17th Annual International Symposium on Computer Architecture. 1990: 15-26.

[9] L Hammond, et al. A Single-Chip Multiprocessor. Computer. 1997, 30(9): 79-85.

[10] J Hennessy, D Patterson. Computer Architecture: A Quantitative Approach. 3rd ed. San Francisco: Morgan Kaufmann Publishers, 2003.

[11] G Hinton, D Sager, et al. The Microarchitecture of the Pentium 4 Processor. Intel Technology Journal. Q1, 2001.

[12] T Horel, G Lauterbach. UntraSPARC-Ⅲ: Designing Third-Generation 64-bit Performance. IEEE Micro. 1999, 19(3): 73-85.

[13] Weiwu Hu, Weisong Shi, Zhimin Tang, et al. A Lock-Based cache Coherence Protocol for Scope Consistency. Journal of Computer Science and Technology. 1998, 13(2): 97-109.

[14] Weiwu Hu, Weisong Shi, Zhimin Tang. A Framework of Memory Consistency Models. Journal of Computer Science and Technology. 1998, 13(2): 110-124.

[15] Weiwu Hu, Peisu Xia. Out-of-Order Execution in Sequentially Consistent Shared Memory Systems: Theory and Experiments. Journal of Computer Science and Technology. 1998, 13(2): 125-140.

[16] 胡伟武. 共享存储系统结构. 北京：高等教育出版社, 2001.

[17] 胡伟武, 唐志敏. 龙芯1号处理器结构设计. 计算机学报. 2003, 26(4): 385-396.

[18] Weiwu Hu, Fuxin Zhang, Zusong Li. Microarchitecture of the Godson-2 Processor. Journal of Computer Science and Technology. 2005, 20(2): 243-249.

[19] Weiwu Hu, Jian Wang. Making Effective Decisions in Computer Architects' Real World: Lessons and Experiences with Godson-2 Processor Designs. Journal of Computer Science and Technology. 2008, 23(4): 620-632.

[20] Weiwu Hu, Jian Wang, Xiang Gao, et al. Godson-3: A Scalable Multicore RISC Processor With X86

Emulation. IEEE Micro,2009,29(2):17-29.

[21] J Huck,et al. Introducing the IA-64 Architecture. IEEE Micro,2000,20(5):12-23.

[22] L Iftode,J Singh,K Li. Scope Consistency: A Bridge between Release Consistency and Entry Consistency. in Proceedings of the 8th Annual ACM Symposium on Parallel Algorithms and Architectures,1996.

[23] Intel Corporation. First the tick,now the tock: Next generation Intel Microarchitecture (Nehalem). Whitepaper,Intel Corporation,2008.

[24] Bruce Jacob,et al. Memory Systems: cache,DRAM,Disk. Morgan Kaufmann Publishers,2007.

[25] J Kahle,M Day,et al. Introduction to the CELL Multiprocessor. IBM Journal of Research and Development. 2005,49(4/5):589-604.

[26] R Kalla,et al. IBM POWER5 Chip: A Dual-Core Multithreaded Processor. IEEE Micro,2004,24(2):40-47.

[27] R Kalla,B Sinharoy,et al. POWER7: IBM's Next-Generation Server Processor. IEEE Micro,2010,30(2):7-15.

[28] C Keltcher,et al. The AMD Opteron Processor for Multiprocessor Servers. IEEE Micro,2003,23(2):66-76.

[29] R Kessler. The Alpha 21264 Microprocessor. IEEE Micro,1999,19(2):24-36.

[30] P Kongetira,et al. Niagara: A 32-Way Multithreaded Sparc Processor. IEEE Micro,2005,25(2):21-29.

[31] A Kumar. The HP PA-8000 RISC CPU. IEEE Micro,1997,17(2):27-32.

[32] L Lamport. How to Make a Multiprocessor Computer That Correctly Executes Multiprocessor Programs. IEEE Transactions on Computers,1979,C-28(9):690-691.

[33] H Le,et al. POWER6 System Microarchitecture. IBM Journal of Research and Development,2007,51(6):639-662.

[34] D Lenoski,J Laudon,K Gharachorloo,et al. The Directory-Based cache Coherence Protocol for the DASH Multiprocessors. in Proceedings of the 17th Annual International Symposium on Computer Architecture,1990:148-158.

[35] K Li. IVY: A Shared Virtual Memory System for Parallel Computing. in Proceedings of the 1988 International conference on Parallel Processing,1988(2):94-101.

[36] T Maruyama,et al. SPARC64 VIIIFx: A New-Generation Octocore Processor for Petascale Computing. IEEE Micro 2010,30(2):30-40.

[37] J Rabaey,A Chandrakasan,B Nikolic. Digital Integrated Circuits: A Design Perspective. 2nd ed. Prentice Hall,2003.

[38] S Rusu,et al. A 45nm 8-core enterprise Xeon processor. ISSCC,2009.

[39] K Sankaralingam,et al. Exploiting ILP,TLP,and DLP with the Polymorphous TRIPS Architecture. Proc. 30th Int'l Symp. Computer Architecture,ACM Press,2003:422-433.

[40] A Saulsbury,F Pong,A Nowatzyk. Missing the Memory Wall: The Case for Processor Memory Integration. in Proceedings of the 23rd International Symposium on Computer Architecture,1996:99-101.

[41] J Smith,G Sohi. The Microarchitecture of Superscalar Processors. Proceedings of the IEEE1995(83):1609-1624.

[42] D Sweetman. See MIPS Run. 2nd ed. San Francisco: Morgan Kaufmann Publishers, 2006.

[43] M Taylor, J Kim, J Miller. The RAW Microprocessor: A Computational Fabric For Software Circuits and General-Purpose Program. IEEE Micro, 2002.

[44] J Tendler, J Dodson, et al. POWER4 system microarchitecture. IBM Journal of Research and Development. (2002) 46 (1): 5-26.

[45] K Yeager. The MIPS R10000 Superscalar Microprocessor. IEEE Micro. 1996, 16(2): 28-41.

后　　记

　　教学相长。给学生上课，我自己也学到很多东西。每次学生在课间和课后问我这样那样的问题，都会促使我进行新的思考并有所得。同时，整理课件或教材的过程，使我能够从宏观的角度思考计算机系统结构学科的发展，从历史的角度观察计算机体系结构几十年发展的沉淀，并从学科的角度对自己的研究进行深化和系统化。

　　计算机系统结构是一门实践性很强的学科，我们研究的问题应该与实践紧密结合，而不仅仅是跟踪别人从他们的实践中提出的问题。同时，计算机系统结构研究需要大的研究平台，不同的人在同一个平台上工作可以形成合力，长时间在同一平台上工作可以形成积累。如果没有结合实践的研究平台，不知道实践的需求，我们的研究只能基于别人提出的问题，利用别人的技术平台进行增量式的改进性研究。别人从实践到认识、再从提高了的认识回到实践的时候，我们只能从别人的认识到我们的认识，却没有机会回到自己的实践中去。在从"从实践到认识，再从认识到实践"的螺旋上升过程中，每次只能跟着转半圈，不能形成螺旋式的上升，科研水平就不能螺旋式地提高。

　　计算机系统结构的研究需要在跟实践紧密结合的基础上通过总结归纳以及思考不断提出新的科学问题。在花费大量时间和精力做具体烦琐的工程实践及实验的同时，还需要退一步思考的智慧和勇气。例如，进入21世纪以来，低功耗已成为研究的热点，但所有的低功耗研究都是基于晶体管级的动态功耗和静态功耗模型进行结构改进，对结构级或算法级的功耗模型却少有人考虑，或许对一个算法来说，就像算法的计算复杂度一样，需要一个能量复杂度模型。矩阵乘法的能量复杂度是什么？排序算法的能量复杂度是什么？有没有可能通过算法优化降低能量复杂度？又如，一个算法只有算法的计算复杂度公式，而在冯•诺依曼结构中，多数程序的主要执行时间不是花在运算部件进行运算过程中，而是花在从内存到运算部件的数据搬运以及程序控制引起的转移控制过程中，那么有没有一个模型能够综合体现算法的运算、数据搬运以及控制复杂度呢？再退一步，现在计算机学科的发展是基于人类从认识自然的过程中建立物理学，从物理学的研究方法中建立数学，数学经过简化成为离散数学，再归约为加减乘除等基本算子，然后构造计算机进行加减乘除运算，可以看出现在的计算机学科是建立在17和18世纪人类认识自然的基础上的，现在人类对物理世界的认识已经大大提高了，为什么还要用加减乘除这些老的基本运算解决新的物理问题呢？有没有可能从人类对物理世界的新认识中（如基因学、智能科学）进行一次新的归约，产生加减乘除之外的新的算子，构造出新的计算机，解决现在的计算机解决不了的问题呢？

　　在中科院研究生院讲课，对我来说是很大的负担。尤其是龙芯的工作涉及产、学、研的方方面面，科研及事务性的工作很多，经常要出差。但每到上课的时间，不管在什么地方都得赶回来出现在教室；不管正在处理多急的事，都得把脑子换过来先把课上好。但我觉得别人很少有我这种能够从长期的实践中学习的机会，有责任把自己实践的体验与更多的学生分享。希望能够坚持在研究生院讲满10年。

　　让思想在科学的天空自由翱翔，不亦说乎？

　　在实践中学习，做出对国家和人民有用的创新贡献，不亦乐乎？

　　择天下英才而教之，为国家培养有用的人才，不亦君子乎？

胡伟武